普通高等学校数据科学与大数据技术专业精品教材·高级大数据人才培养丛书

大数据数学基础

丛书主编：刘　鹏　　张　燕
主　　编：邱　硕　　林洪伟
副 主 编：赵海峰　　张国印

電子工業出版社
Publishing House of Electronics Industry
北京•BEIJING

内 容 简 介

本书从大数据处理涉及的基础数学理论入手，围绕大数据研究涉及的基础数学知识，从线性代数、微积分基础、概率与统计、多维数据之间的距离度量、大数据中的优化问题及大数据分析中的图论基础六大方面展开介绍，以夯实读者在大数据领域的理论基础。本书不仅介绍了基本的数学概念，而且通过具体例子介绍了其在大数据领域的实际应用，以提高本书的易读性。本书每章都附有相应的习题，以便读者能够进一步理解相应的知识点。读者可登录华信教育资源网获取相关电子资源。

本书适合作为高等学校计算机、电子信息、大数据、人工智能等相关专业本科生的基础理论教材，也可作为大数据研究与开发人员的基础入门书籍。

图书在版编目（CIP）数据

大数据数学基础 / 邱硕，林洪伟主编. —北京：电子工业出版社，2022.1
（高级大数据人才培养丛书）
ISBN 978-7-121-42574-5

Ⅰ. ①大…　Ⅱ. ①邱…　②林…　Ⅲ. ①计算机科学—数学　Ⅳ. ①TP301.6

中国版本图书馆 CIP 数据核字（2022）第 015208 号

责任编辑：米俊萍
印　　刷：北京七彩京通数码快印有限公司
装　　订：北京七彩京通数码快印有限公司
出版发行：电子工业出版社
　　　　　北京市海淀区万寿路 173 信箱　邮编：100036
开　　本：787×1 092　1/16　印张：13　字数：293 千字
版　　次：2022 年 1 月第 1 版
印　　次：2024 年 4 月第 4 次印刷
定　　价：68.00 元

凡所购买电子工业出版社图书有缺损问题，请向购买书店调换。若书店售缺，请与本社发行部联系，联系及邮购电话：（010）88254888，88258888。

质量投诉请发邮件至 zlts@phei.com.cn，盗版侵权举报请发邮件至 dbqq@phei.com.cn。

本书咨询联系方式：mijp@phei.com.cn，（010）88254759。

编 写 组

丛书主编：刘　鹏　张　燕

主　　编：邱　硕　林洪伟

副 主 编：赵海峰　张国印

编　　委：伍　鸣　王丙均　业　宁

李勤丰　唐　明

总　序

短短几年间，大数据的发展速度一日千里，快速实现了从概念到落地的进程，直接带动了相关产业的井喷式发展。全球多家研究机构统计数据显示，大数据产业将迎来发展黄金期。

数据采集、数据存储、数据挖掘、数据分析等大数据技术在越来越多的行业得到了应用，随之而来的就是大数据人才问题。麦肯锡预测，每年数据科学专业的应届毕业生将增加 7%，然而仅高质量项目对专业数据科学家的需求每年就会增加 12%，完全供不应求。根据相关报道，未来 3～5 年，中国需要 180 万数据人才，但目前只有约 30 万人，人才缺口近 150 万人。

以贵州大学为例，其首届大数据专业研究生就业率达到 100%，可以说被“一抢而空”。急切的人才需求直接催热了大数据专业，教育部正式设立“数据科学与大数据技术”本科专业。

不过，就目前而言，在大数据人才培养和大数据课程建设方面，大部分高校仍然处于起步阶段，需要探索的问题还很多。首先，大数据是个新生事物，懂大数据的老师少之又少，院校缺“人”；其次，尚未形成完善的大数据人才培养和课程体系，院校缺“机制”；再次，大数据实验需要为每个学生提供集群计算机，院校缺“机器”；最后，院校没有海量数据，开展大数据教学科研工作缺少“原材料”。

其实，早在网格计算和云计算兴起时，我国科技工作者就曾遇到过类似的挑战，我有幸参与了这些问题的解决过程。为了解决网格计算问题，我在清华大学读博期间，于 2001 年创办了中国网格信息中转站网站，每天花几个小时收集有价值的资料并分享给学术界，此后我也多次筹办和主持全国性的网格计算学术会议，进行信息传递与知识分享。2002 年，我与其他专家合作完成的《网格计算》教材也正式面世。

2008 年，当云计算开始萌芽之时，我创办了中国云计算网站，2010 年编写了《云计算》，2011 年和 2015 年分别编写了《云计算》第 2 版和第 3 版，每一版都花费了大量成本制作并免费分享了对应的几十个教学 PPT。目前，这些 PPT 的下载总量达到了几百万次。同时，《云计算》各版次图书也成为国内高校的首选教材。在 CNKI 公布的高被引图书名单中，《云计算》在自动化和计算机领域排名全国第一（统计 2010 年后出版的所有图书）。除了资料分享，2010 年我还在南京组织了全国高校云计算师资培训班，培养了国内第一批云计算老师，并通过与华为、中兴、360 等知名企业合作，输出云计算技术，培养云计算研发人才。这些工作获得了大家的认可和好评，此后我接连担任了工业和信息化部云计算研究中心专家、中国云计算专家委员会云存储组组长等。

近几年，面对日益突出的大数据发展难题，我也正在尝试使用此前类似的办法去应对这些挑战。为了解决大数据技术资料缺乏和交流不够通透的问题，我于 2013 年创办了中国大数据网站，投入大量的人力进行日常维护；为了解决大数据师资匮乏的问题，我面向全国院校陆续举办了多期大数据师资培训班。从 2016 年年底至今，我在南京多次举办全国高校/高职/中职大数据免费培训班，基于《大数据》《大数据实验手册》及南京云创大数据科技股份有限公司（以下简称“云创大数据”）提供的大数据实验平台，帮助到场老师跑通了 Hadoop、Spark 等多个大数据实验，使他们跨过了“从理论到实践，从知道到用过”的门槛。2017 年 5 月，我还举办了全国千所高校大数据师资免费讲习班，盛况空前。

其中，为了解决大数据实验难的问题而开发的大数据实验平台，为高校的教学科研带去方便：2016 年，我带领云创大数据的科研人员，应用 Docker 容器技术，成功开发了 BDRack 大数据实验一体机，打破了虚拟化技术的性能瓶颈，可以为每个参加实验的人员虚拟出 Hadoop 集群、Spark 集群、Storm 集群等，自带实验所需数据，并准备了详细的实验手册（包含 42 个大数据实验）、PPT 和实验过程视频，可以开展大数据管理、大数据挖掘等各类实验，并可以进行精确营销、信用分析等多种实战演练。大数据实验平台已经在郑州大学、西京学院、郑州升达经贸管理学院、镇江高等职业技术学校等多所院校成功应用，并广受校方好评。

同时，为了解决缺乏权威大数据教材的问题，我所负责的南京大数据研究院，联合金陵科技学院、河南大学、云创大数据、中国地震局等多家单位，历时两年，编著出版了适合本科教学的《大数据》《大数据库》《大数据实验手册》《数据挖掘》《大数据可视化》《深度学习》《Python 程序设计》等教材。另外，《大数据数学基础》等本科教材也将于近期出版。在大数据教学中，本科院校的实践教学应更具系统性，偏向新技术的应用，且对工程实践能力要求更高；而高职高专院校则更偏向技术性和技能训练，理论以够用为主，学生将主要从事数据清洗和运维方面的工作。基于此，我们还联合多家高职院校的专家准备了《云计算基础》《大数据基础》《数据挖掘基础》《R 语言》《数据清洗》《大数据系统运维》《大数据实践》系列教材。

此外，这些图书的配套 PPT 和其他资料也将继续在中国大数据和中国云计算等网站免费提供。同时，免费的物联网大数据托管平台万物云和环境大数据免费分享平台环境云将持续开放，使资源与数据唾手可得，让大数据学习变得更加轻松。

在此，特别感谢我的硕士生导师谢希仁教授和博士生导师李三立院士。谢希仁教授所著的《计算机网络》已经更新到第 8 版，与时俱进且日臻完善，时时提醒学生要以这样的标准来写书。李三立院士是留苏博士，为我国计算机事业做出了杰出贡献，曾任国家攀登计划项目首席科学家。他严谨治学，带出了一大批杰出的学生。

本丛书是集体智慧的结晶，在此谨向付出辛勤劳动的各位作者致敬！书中难免会有不当之处，请读者不吝赐教。

我的邮箱：gloud@126.com。

刘　鹏

于南京大数据研究院

前言

“大数据”这一概念最早公开出现于 1998 年，并在 2012 年因牛津大学教授维克托·迈尔-舍恩伯格（Viktor Mayer-Schnberger）出版的《大数据时代》而广受关注并逐渐形成概念体系。伴随着大数据的快速发展，涌现出大量基于大数据开发的开源平台及工具、应用等，带来的自动化信息服务也越来越多，如人工智能机器人、VR/AR、物联网应用等；科研人员发表了很多相关领域的论文；越来越多的企业亟须这方面的专业技术人才。但是，国内尚缺乏针对本科生入门学习大数据相关理论的系统性教材。

中国大数据专家委员会委员刘鹏教授顺势而为，周密思考，在高级大数据人才培养课程体系中，邀请全国上百家高校中从事一线教学科研任务的教师一起，编撰了“高级大数据人才培养丛书”。本书即该套丛书之一，旨在帮助本科生建立扎实的理论基础，为其进一步学习大数据相关的后续课程及技术奠定基础。

本书主要介绍了大数据相关的基础数学理论，在理论内容中穿插实际应用案例，将复杂枯燥的数学问题通过浅显易懂的形式展现给读者。作为大数据学习的数据基础教材，本书从线性代数、微积分、概率与统计、距离度量、优化问题及图论六大方面展开介绍，夯实读者在大数据领域的理论基础。另外，书中每章都附有相应的习题，以便读者进一步理解相应的知识点。

本书得到了中国大数据专家委员会委员刘鹏教授及金陵科技学院副校长张燕教授的大力支持，感谢他们在书稿提纲和内容方面提出的诸多建设性意见。感谢审稿专家及编辑给予的宝贵修改意见。

当前，大数据技术处于高速发展与更新的阶段，其理论基础、技术方法及应用方法都在不断迭代升级。由于作者团队知识水平有限，书中难免存在不足之处，希望读者不吝指正，多提宝贵意见。

编者

2021.10

目 录

第 1 章　线性代数

随着大数据时代的到来，数据规模膨胀，数据挖掘技术面临如何提高效率及提高可扩展性的挑战。为此研究人员提出了很多应对该挑战的思路，其中基于矩阵计算或线性代数的数据挖掘技术因易于并行化且计算效率相对较高等优势受到研究人员的青睐。

线性代数与大数据技术的关系很密切，矩阵、转置、秩、分块矩阵、向量、正交矩阵、向量空间、特征值与特征向量等在大数据建模及分析中很常用。

在互联网大数据中，许多应用场景的分析对象都可以抽象成矩阵，大量 Web 页面及其关系、微博用户及其关系、集中的文本与词汇的关系等都可以用矩阵表示。例如，用矩阵表示 Web 页面及其关系时，矩阵元素就代表了页面 a 与页面 b 的关系，这种关系可以是指向关系，1 表示 a 与 b 之间有超链接，0 表示 a 与 b 之间没有超链接。著名的 PageRank 算法就是基于这种矩阵进行页面重要性量化的，并证明了其收敛性。

以矩阵为基础的各种运算则是提取分析对象特征的途径，如矩阵分解，因为矩阵代表了某种变换或映射，所以分解后得到的矩阵就代表了分析对象在新空间中的一些新特征。奇异值分解（SVD）、主成分分析（PCA）、矩阵分解（MF）等在大数据分析中的应用是很广泛的。

1.1　行列式

定义 1-1　用 n^2 个元素 $a_{ij}\ (i,j=1,2,\cdots,n)$ 排成的 n 行 n 列的符号

$$\begin{vmatrix} a_{11} & a_{12} & \cdots & a_{1n} \\ a_{21} & a_{22} & \cdots & a_{2n} \\ \vdots & \vdots & \ddots & \vdots \\ a_{n1} & a_{n2} & \cdots & a_{nn} \end{vmatrix}$$

表示 n 阶行列式，记作 $D=\begin{vmatrix} a_{11} & a_{12} & \cdots & a_{1n} \\ a_{21} & a_{22} & \cdots & a_{2n} \\ \vdots & \vdots & \ddots & \vdots \\ a_{n1} & a_{n2} & \cdots & a_{nn} \end{vmatrix}$。

为方便起见，行列式 D 也可简记为 $|a_{ij}|$、$|a_{ij}|_{n\times n}$ 或 $\det(a_{ij})_{n\times n}$。n 阶行列式 D 表示一个数值，其值规定如下：

当 $n=1$ 时，$D=|a_{11}|=a_{11}$；

当 $n\geqslant 2$ 时，$D=a_{11}A_{11}+a_{12}A_{12}+\cdots+a_{1n}A_{1n}=\sum\limits_{j=1}^{n}a_{1j}A_{1j}$。

其中，$A_{1j}=(-1)^{1+j}M_{1j}$，M_{1j} 为在原行列式 D 中划去第 1 行、第 j 列元素后，余下的元素保持原来位置相对不变构成的 $n-1$ 阶行列式，即

$$M_{1j}=\begin{vmatrix} a_{21} & \cdots & a_{2,j-1} & a_{2,j+1} & \cdots & a_{2n} \\ a_{31} & \cdots & a_{3,j-1} & a_{3,j+1} & \cdots & a_{3n} \\ \vdots & \ddots & \vdots & \vdots & \ddots & \vdots \\ a_{n1} & \cdots & a_{n,j-1} & a_{n,j+1} & \cdots & a_{nn} \end{vmatrix}$$

并称 M_{1j} 为元素 a_{1j} 的余子式，A_{1j} 为 a_{1j} 的代数余子式，$j=1,2,\cdots,n$，即行列式 D 等于它的第一行各元素与其对应的代数余子式的乘积之和。

一般地，可用 M_{ij} 表示在 n 阶行列式 D 中划去元素 a_{ij} 所在的第 i 行、第 j 列元素后，余下的元素保持原来位置相对不变构成的 $n-1$ 阶行列式，称之为元素 a_{ij} 的余子式，并称 $A_{ij}=(-1)^{i+j}M_{ij}$ 为元素 a_{ij} 的代数余子式。

例如，对行列式 $D=\begin{vmatrix} 1 & 0 & 2 \\ 1 & 1 & 3 \\ -2 & 3 & 1 \end{vmatrix}$，有如下结果：

$$M_{12}=\begin{vmatrix} 1 & 3 \\ -2 & 1 \end{vmatrix}=7，\quad A_{12}=(-1)^{1+2}M_{12}=-7$$

$$M_{31}=\begin{vmatrix} 0 & 2 \\ 1 & 3 \end{vmatrix}=-2，\quad A_{31}=(-1)^{3+1}M_{31}=-2$$

例 1-1 计算行列式 $D=\begin{vmatrix} 1 & 0 & 2 & 4 \\ 0 & -1 & 0 & 1 \\ 3 & 2 & 0 & 7 \\ 1 & 0 & 5 & 2 \end{vmatrix}$。

解： $D=1\times A_{11}+0\times A_{12}+2\times A_{13}+4\times A_{14}$

$$=1\times(-1)^{1+1}\times\begin{vmatrix} -1 & 0 & 1 \\ 2 & 0 & 7 \\ 0 & 5 & 2 \end{vmatrix}+2\times(-1)^{1+3}\times\begin{vmatrix} 0 & -1 & 1 \\ 3 & 2 & 7 \\ 1 & 0 & 2 \end{vmatrix}+4\times(-1)^{1+4}\times\begin{vmatrix} 0 & -1 & 0 \\ 3 & 2 & 0 \\ 1 & 0 & 5 \end{vmatrix}$$

$$=1\times 45+2\times(-3)-4\times 15=-21。$$

定理 1-1 $n(n\geqslant 2)$ 阶行列式 $D=\begin{vmatrix} a_{11} & a_{12} & \cdots & a_{1n} \\ a_{21} & a_{22} & \cdots & a_{2n} \\ \vdots & \vdots & \ddots & \vdots \\ a_{n1} & a_{n2} & \cdots & a_{nn} \end{vmatrix}$ 等于它的任意一行（列）各元素与其对应的代数余子式的乘积之和，即

$$\begin{aligned} D &= a_{i1}A_{i1}+a_{i2}A_{i2}+\cdots+a_{in}A_{in}\ (i=1,2,\cdots,n) \\ &= a_{1j}A_{1j}+a_{2j}A_{2j}+\cdots+a_{nj}A_{nj}\ (j=1,2,\cdots,n) \end{aligned}$$

该定理可用数学归纳法给出证明，此处从略。

在 n 阶行列式 $D=\left|a_{ij}\right|$ 中，元素 $a_{11},a_{22},\cdots,a_{nn}$ 所在的对角线称为 D 的主对角线，相应地，元素 $a_{11},a_{22},\cdots,a_{nn}$ 称为主对角元。元素 $a_{n1},a_{n-1,2},\cdots,a_{1n}$ 所在的对角线则称为 D 的副对角线。

主对角线以上元素全为零的行列式（当 $i<j$ 时，$a_{ij}=0$）

$$\begin{vmatrix} a_{11} & 0 & 0 & \cdots & 0 \\ a_{21} & a_{22} & 0 & \cdots & 0 \\ a_{31} & a_{32} & a_{33} & \cdots & 0 \\ \vdots & \vdots & \vdots & \ddots & \vdots \\ a_{n1} & a_{n2} & a_{n3} & \cdots & a_{nn} \end{vmatrix} \text{或简记为} \begin{vmatrix} a_{11} & & & & \\ a_{21} & a_{22} & & & \\ a_{31} & a_{32} & a_{33} & & \\ \vdots & \vdots & \vdots & \ddots & \\ a_{n1} & a_{n2} & a_{n3} & \cdots & a_{nn} \end{vmatrix}$$

称为下三角行列式。

例 1-2　计算如下 n 阶下三角行列式。

$$D_n=\begin{vmatrix} a_{11} & 0 & 0 & \cdots & 0 \\ a_{21} & a_{22} & 0 & \cdots & 0 \\ a_{31} & a_{32} & a_{33} & \cdots & 0 \\ \vdots & \vdots & \vdots & \ddots & \vdots \\ a_{n1} & a_{n2} & a_{n3} & \cdots & a_{nn} \end{vmatrix}$$

解： $D_n=a_{11}A_{11}+0A_{12}+\cdots+0A_{1n}$

$$=a_{11}\begin{vmatrix} a_{22} & 0 & \cdots & 0 \\ a_{32} & a_{33} & \cdots & 0 \\ \vdots & \vdots & \ddots & \vdots \\ a_{n2} & a_{n3} & \cdots & a_{nn} \end{vmatrix}=a_{11}a_{22}\begin{vmatrix} a_{33} & 0 & \cdots & 0 \\ a_{43} & a_{44} & \cdots & 0 \\ \vdots & \vdots & \ddots & \vdots \\ a_{n3} & a_{n4} & \cdots & a_{nn} \end{vmatrix}$$

$$=\cdots$$

$$=a_{11}a_{22}\cdots a_{nn}。$$

类似地，主对角线以下元素全为零的行列式（当 $i>j$ 时，$a_{ij}=0$）称为上三角行列式，此时对其可按第一列展开，有

$$\begin{vmatrix} a_{11} & a_{12} & a_{13} & \cdots & a_{1n} \\ 0 & a_{22} & a_{23} & \cdots & a_{2n} \\ 0 & 0 & a_{33} & \cdots & a_{3n} \\ \vdots & \vdots & \vdots & \ddots & \vdots \\ 0 & 0 & 0 & \cdots & a_{nn} \end{vmatrix}=a_{11}a_{22}\cdots a_{nn}$$

主对角线以外元素都为零的行列式（当 $i\neq j$ 时，$a_{ij}=0$）称为对角行列式，它既是下三角行列式也是上三角行列式，故有

$$\begin{vmatrix} a_{11} & 0 & 0 & \cdots & 0 \\ 0 & a_{22} & 0 & \cdots & 0 \\ 0 & 0 & a_{33} & \cdots & 0 \\ \vdots & \vdots & \vdots & \ddots & \vdots \\ 0 & 0 & 0 & \cdots & a_{nn} \end{vmatrix}=a_{11}a_{22}\cdots a_{nn}$$

1.2 矩阵及其运算

数学中的矩阵概念最早来自方程组的系数及常数所构成的方阵。这一概念由19世纪英国数学家凯利首先提出，经过不断完善和发展，现在矩阵已经成为自然科学和工程技术中常见的工具，广泛应用于统计分析等应用数学学科中。计算几何学、人工智能、网络通信等领域很多问题的研究常常反映为对矩阵的研究，甚至有些性质完全不同的、表面上完全没有联系的问题，都可归结为相同的矩阵问题。矩阵的运算是数值分析领域的重要问题；矩阵在力学、光学等物理领域均有应用；在计算机科学中，数字图像处理、计算机图形学等也需要用到矩阵，因此，矩阵知识已成为现代科技人员必备的数学基础。

本节介绍矩阵的概念、矩阵的基本运算、矩阵的乘法、逆矩阵、分块矩阵及矩阵的初等变换等内容，其他更详细的内容参见文献[1]。

1.2.1 矩阵的概念

关系式

$$\begin{cases} y_1 = a_{11}x_1 + a_{12}x_2 + \cdots + a_{1n}x_n \\ y_2 = a_{21}x_1 + a_{22}x_2 + \cdots + a_{2n}x_n \\ \qquad \vdots \\ y_m = a_{m1}x_1 + a_{m2}x_2 + \cdots + a_{mn}x_n \end{cases} \tag{1.1}$$

称为由变量 $x_1, x_2, \cdots, x_n$ 到变量 $y_1, y_2, \cdots, y_m$ 的线性变换，将各系数提取出来且相对位置保持不变，得到一个数表

$$\begin{bmatrix} a_{11} & a_{12} & \cdots & a_{1n} \\ a_{21} & a_{22} & \cdots & a_{2n} \\ \vdots & \vdots & \ddots & \vdots \\ a_{m1} & a_{m2} & \cdots & a_{mn} \end{bmatrix}$$

显然，形如式（1.1）的线性变换与上述数表是一一对应的。

定义 1-2 由 $m \times n$ 个数 $a_{ij}(i=1,2,\cdots,m; j=1,2,\cdots,n)$ 按一定顺序排成的 m 行 n 列数表

$$\begin{bmatrix} a_{11} & a_{12} & \cdots & a_{1n} \\ a_{21} & a_{22} & \cdots & a_{2n} \\ \vdots & \vdots & \ddots & \vdots \\ a_{m1} & a_{m2} & \cdots & a_{mn} \end{bmatrix}$$

称为 m 行 n 列矩阵，简称 $m \times n$ 矩阵，通常用大写英文字母表示，记作 $\boldsymbol{A}_{m \times n}$ 或 $\boldsymbol{A}$。这 $m \times n$ 个数称为矩阵 $\boldsymbol{A}$ 的元素，简称元，数 a_{ij} 位于矩阵 $\boldsymbol{A}$ 的第 i 行第 j 列，称为矩阵 $\boldsymbol{A}$ 的 (i,j) 元，因此以数 a_{ij} 为 (i,j) 元的矩阵还可记作 $(a_{ij})_{m \times n}$ 或 (a_{ij})。

上述数表称为线性变换式（1.1）的矩阵。

给定线性变换，它的矩阵也就确定了。反之，如果给定矩阵，则对应的线性变换也就确定了。在此意义上，线性变换和矩阵之间存在一一对应的关系。

n 元线性方程组

$$\begin{cases} a_{11}x_1 + a_{12}x_2 + \cdots + a_{1n}x_n = b_1 \\ a_{21}x_1 + a_{22}x_2 + \cdots + a_{2n}x_n = b_2 \\ \qquad\qquad \vdots \\ a_{m1}x_1 + a_{m2}x_2 + \cdots + a_{mn}x_n = b_m \end{cases} \tag{1.2}$$

的系数按原来的相对位置构成的 $m \times n$ 矩阵

$$\boldsymbol{A} = \begin{bmatrix} a_{11} & a_{12} & \cdots & a_{1n} \\ a_{21} & a_{22} & \cdots & a_{2n} \\ \vdots & \vdots & \ddots & \vdots \\ a_{m1} & a_{m2} & \cdots & a_{mn} \end{bmatrix}$$

称为形如式（1.2）的线性方程组的系数矩阵。

由式（1.2）的系数与常数项构成的矩阵

$$\overline{\boldsymbol{A}} = (\boldsymbol{A} \mid \boldsymbol{b}) = \begin{bmatrix} a_{11} & a_{12} & \cdots & a_{1n} & b_1 \\ a_{21} & a_{22} & \cdots & a_{2n} & b_2 \\ \vdots & \vdots & \ddots & \vdots & \vdots \\ a_{m1} & a_{m2} & \cdots & a_{mn} & b_m \end{bmatrix}$$

称为形如式（1.2）的线性方程组的增广矩阵。

元素都是实数的矩阵称为实矩阵，元素包含复数的矩阵称为复矩阵。除特别说明之外，本书中的矩阵都指实矩阵。

例如，$\boldsymbol{A} = \begin{bmatrix} 1 & 0 & 3 & 5 \\ -9 & 6 & 4 & 3 \end{bmatrix}$ 是一个 2×4 实矩阵，$\boldsymbol{B} = \begin{bmatrix} 13 & 6 & 2\mathrm{i} \\ 2 & 2 & 2 \\ 2 & 2 & 2 \end{bmatrix}$ 是一个 3×3 复矩阵，$\boldsymbol{C} = [4]$ 是一个 1×1 矩阵。

显然，矩阵与行列式这两个概念有本质的区别：行列式是一个特定算式，经过计算可求得只包含数字的行列式的值；而矩阵只是一个数表，它的行数和列数可以不同。

定义 1-3　当矩阵 $\boldsymbol{A}$ 与矩阵 $\boldsymbol{B}$ 行数对应相等，列数也对应相等时，称 $\boldsymbol{A}$ 、$\boldsymbol{B}$ 为同型矩阵。

例如，矩阵 $\boldsymbol{A} = \begin{bmatrix} 1 & 2 & 3 \\ -1 & 5 & 3 \end{bmatrix}$ 与 $\boldsymbol{B} = \begin{bmatrix} 0 & 1 & -3 \\ 2 & 1 & -1 \end{bmatrix}$ 是同型矩阵。

定义 1-4　对两个同型矩阵 $\boldsymbol{A} = (a_{ij})_{m \times n}$ 与 $\boldsymbol{B} = (b_{ij})_{m \times n}$，如果它们的对应元素相等，即

$$a_{ij} = b_{ij} \quad (i = 1, 2, \cdots, m;\ j = 1, 2, \cdots, n)$$

那么称矩阵 $\boldsymbol{A}$ 与矩阵 $\boldsymbol{B}$ 相等，记作 $\boldsymbol{A} = \boldsymbol{B}$ 。

定义 1-5　几种特殊形式的矩阵如下。

（1）元素全为零的矩阵称为零矩阵，$m \times n$ 的零矩阵记作

$$O_{m\times n}=\begin{bmatrix}0&0&\cdots&0\\0&0&\cdots&0\\\vdots&\vdots&\ddots&\vdots\\0&0&\cdots&0\end{bmatrix}\text{或}\boldsymbol{O}$$

值得注意的是，不同型的零矩阵是不相等的。

例如：

$$\begin{bmatrix}0&0&0&0\\0&0&0&0\\0&0&0&0\\0&0&0&0\end{bmatrix}\neq(0,0,0,0)$$

（2）只有一行的矩阵称为行矩阵，又称为行向量，记作

$$\boldsymbol{A}=(a_1,a_2,\cdots,a_n)\text{或}\boldsymbol{\alpha}=(a_1,a_2,\cdots,a_n)$$

（3）只有一列的矩阵称为列矩阵，又称为列向量，记作

$$\boldsymbol{A}=\begin{bmatrix}a_1\\a_2\\\vdots\\a_m\end{bmatrix}\text{或}\boldsymbol{\alpha}=\begin{bmatrix}a_1\\a_2\\\vdots\\a_m\end{bmatrix}$$

（4）行数和列数都等于 n 的矩阵称为 n 阶矩阵或 n 阶方阵，记作

$$\boldsymbol{A}=\boldsymbol{A}_n=\begin{bmatrix}a_{11}&a_{12}&\cdots&a_{1n}\\a_{21}&a_{22}&\cdots&a_{2n}\\\vdots&\vdots&\ddots&\vdots\\a_{n1}&a_{n2}&\cdots&a_{nn}\end{bmatrix}$$

此时，从左上角元素到右下角元素 $a_{11},a_{22},\cdots,a_{nn}$ 所形成的直线称为主对角线。

（5）主对角线下方的元素都为零的方阵称为上三角矩阵，即 $a_{ij}=0\,(i>j;\ i,j=1,2,\cdots,n)$，记作

$$\boldsymbol{A}_n=\begin{bmatrix}a_{11}&a_{12}&\cdots&a_{1n}\\0&a_{22}&\cdots&a_{2n}\\\vdots&\vdots&\ddots&\vdots\\0&0&\cdots&a_{nn}\end{bmatrix}\text{或}\boldsymbol{A}_n=\begin{bmatrix}a_{11}&a_{12}&\cdots&a_{1n}\\&a_{22}&\cdots&a_{2n}\\&&\ddots&\vdots\\&&&a_{nn}\end{bmatrix}$$

其中，未标出的元素均为0。

（6）主对角线上方的元素都为零的方阵称为下三角矩阵，即 $a_{ij}=0\,(i<j;\ i,j=1,2,\cdots,n)$，记作

$$\boldsymbol{A}_n=\begin{bmatrix}a_{11}&0&\cdots&0\\a_{21}&a_{22}&\cdots&0\\\vdots&\vdots&\ddots&\vdots\\a_{n1}&a_{n2}&\cdots&a_{nn}\end{bmatrix}\text{或}\boldsymbol{A}_n=\begin{bmatrix}a_{11}&&&\\a_{21}&a_{22}&&\\\vdots&\vdots&\ddots&\\a_{n1}&a_{n2}&\cdots&a_{nn}\end{bmatrix}$$

（7）除主对角线之外，其余元素都为零的方阵称为对角矩阵，即 $a_{ij}=0\,(i\neq j;$

$i,j=1,2,\cdots,n)$，记作

$$\boldsymbol{\Lambda}_n=\begin{bmatrix} a_{11} & 0 & \cdots & 0 \\ 0 & a_{22} & \cdots & 0 \\ \vdots & \vdots & \ddots & \vdots \\ 0 & 0 & \cdots & a_{nn} \end{bmatrix} \text{或} \boldsymbol{\Lambda}_n=\begin{bmatrix} a_{11} & & & \\ & a_{22} & & \\ & & \ddots & \\ & & & a_{nn} \end{bmatrix}$$

对角矩阵也常记作 $\boldsymbol{\Lambda}_n=\mathrm{diag}(a_{11},a_{22},\cdots,a_{nn})$。

（8）主对角线上元素都相等的对角矩阵称为数量矩阵，记作

$$\boldsymbol{A}_n=\begin{bmatrix} \lambda & 0 & \cdots & 0 \\ 0 & \lambda & \cdots & 0 \\ \vdots & \vdots & \ddots & \vdots \\ 0 & 0 & \cdots & \lambda \end{bmatrix} \text{或} \boldsymbol{A}_n=\begin{bmatrix} \lambda & & & \\ & \lambda & & \\ & & \ddots & \\ & & & \lambda \end{bmatrix}$$

（9）主对角线上元素都等于 1 的对角矩阵称为单位矩阵，记作

$$\boldsymbol{E}_n=\begin{bmatrix} 1 & 0 & \cdots & 0 \\ 0 & 1 & \cdots & 0 \\ \vdots & \vdots & \ddots & \vdots \\ 0 & 0 & \cdots & 1 \end{bmatrix} \text{或} \boldsymbol{E}_n=\begin{bmatrix} 1 & & & \\ & 1 & & \\ & & \ddots & \\ & & & 1 \end{bmatrix}$$

（10）在方阵 $\boldsymbol{A}=(a_{ij})_n$ 中，如果 $a_{ij}=a_{ji}\ (i,j=1,2,\cdots,n)$，则称 $\boldsymbol{A}$ 为对称矩阵；如果 $a_{ij}=-a_{ji}\ (i,j=1,2,\cdots,n)$，则称 $\boldsymbol{A}$ 为反对称矩阵。

例如：$\boldsymbol{A}=\begin{bmatrix} 1 & 6 & 3 \\ 6 & 2 & 1 \\ 3 & 1 & 2 \end{bmatrix}$是对称矩阵，$\boldsymbol{B}=\begin{bmatrix} 0 & 2 & 3 \\ -2 & 0 & -1 \\ -3 & 1 & 0 \end{bmatrix}$是反对称矩阵。

1.2.2　矩阵的基本运算

定义 1-6　设矩阵 $\boldsymbol{A}=(a_{ij})_{m\times n}$，$\boldsymbol{B}=(b_{ij})_{m\times n}$，那么矩阵 $\boldsymbol{A}$ 与 $\boldsymbol{B}$ 的和记作 $\boldsymbol{A}+\boldsymbol{B}$，规定

$$\boldsymbol{A}+\boldsymbol{B}=(a_{ij}+b_{ij})_{m\times n}=\begin{bmatrix} a_{11}+b_{11} & a_{12}+b_{12} & \cdots & a_{1n}+b_{1n} \\ a_{21}+b_{21} & a_{22}+b_{22} & \cdots & a_{2n}+b_{2n} \\ \vdots & \vdots & \ddots & \vdots \\ a_{m1}+b_{m1} & a_{m2}+b_{m2} & \cdots & a_{mn}+b_{mn} \end{bmatrix}$$

注意：只有当两个矩阵是同型矩阵时，才能进行矩阵的加法运算，且其和仍然是与原矩阵同型的矩阵。

例 1-3　设 $\boldsymbol{A}=\begin{bmatrix} 12 & 3 & -5 \\ 1 & -9 & 0 \\ 3 & 6 & 8 \end{bmatrix}$，$\boldsymbol{B}=\begin{bmatrix} 1 & 8 & 9 \\ 6 & 5 & 4 \\ 3 & 2 & 1 \end{bmatrix}$，求 $\boldsymbol{A}+\boldsymbol{B}$。

解： $\boldsymbol{A}+\boldsymbol{B}=\begin{bmatrix} 12 & 3 & -5 \\ 1 & -9 & 0 \\ 3 & 6 & 8 \end{bmatrix}+\begin{bmatrix} 1 & 8 & 9 \\ 6 & 5 & 4 \\ 3 & 2 & 1 \end{bmatrix}$

$$=\begin{bmatrix}12+1 & 3+8 & -5+9\\1+6 & -9+5 & 0+4\\3+3 & 6+2 & 8+1\end{bmatrix}=\begin{bmatrix}13 & 11 & 4\\7 & -4 & 4\\6 & 8 & 9\end{bmatrix}。$$

定义 1-7 数 λ 与矩阵 $\boldsymbol{A}=(a_{ij})_{m\times n}$ 的乘积称为数量乘矩阵，简称数乘矩阵，记作 $\lambda\boldsymbol{A}$ 或 $\boldsymbol{A}\lambda$，规定

$$\lambda\boldsymbol{A}=\boldsymbol{A}\lambda=(\lambda a_{ij})_{m\times n}=\begin{bmatrix}\lambda a_{11} & \lambda a_{12} & \cdots & \lambda a_{1n}\\\lambda a_{21} & \lambda a_{22} & \cdots & \lambda a_{2n}\\\vdots & \vdots & \ddots & \vdots\\\lambda a_{m1} & \lambda a_{m2} & \cdots & \lambda a_{mn}\end{bmatrix}$$

当 $\lambda=-1$，$\boldsymbol{A}=(a_{ij})_{m\times n}$ 时，数乘矩阵

$$(-1)\boldsymbol{A}=\begin{bmatrix}-a_{11} & -a_{12} & \cdots & -a_{1n}\\-a_{21} & -a_{22} & \cdots & -a_{2n}\\\vdots & \vdots & \ddots & \vdots\\-a_{m1} & -a_{m2} & \cdots & -a_{mn}\end{bmatrix}$$

称为矩阵 $\boldsymbol{A}$ 的负矩阵，记作 $-\boldsymbol{A}$。显然有

$$\boldsymbol{A}+(-\boldsymbol{A})=\boldsymbol{O}$$

由此，矩阵的减法可以规定为

$$\boldsymbol{A}-\boldsymbol{B}=\boldsymbol{A}+(-\boldsymbol{B})$$

矩阵的加法、减法与数乘统称为矩阵的线性运算。

例 1-4 设 $\boldsymbol{A}=\begin{bmatrix}1 & -2 & 0\\4 & 3 & 5\end{bmatrix}$，$\boldsymbol{B}=\begin{bmatrix}8 & 2 & 6\\5 & 3 & 4\end{bmatrix}$，满足 $2\boldsymbol{A}+\boldsymbol{X}=\boldsymbol{B}-2\boldsymbol{X}$，求 $\boldsymbol{X}$。

解： 由 $2\boldsymbol{A}+\boldsymbol{X}=\boldsymbol{B}-2\boldsymbol{X}$，解得 $\boldsymbol{X}=\frac{1}{3}(\boldsymbol{B}-2\boldsymbol{A})$。

因为 $\boldsymbol{B}-2\boldsymbol{A}=\begin{bmatrix}8 & 2 & 6\\5 & 3 & 4\end{bmatrix}-\begin{bmatrix}2 & -4 & 0\\8 & 6 & 10\end{bmatrix}=\begin{bmatrix}6 & 6 & 6\\-3 & -3 & -6\end{bmatrix}$，所以得

$$\boldsymbol{X}=\frac{1}{3}(\boldsymbol{B}-2\boldsymbol{A})=\frac{1}{3}\begin{bmatrix}6 & 6 & 6\\-3 & -3 & -6\end{bmatrix}=\begin{bmatrix}2 & 2 & 2\\-1 & -1 & -2\end{bmatrix}$$

1.2.3 矩阵的乘法

定义 1-8 设 $\boldsymbol{A}=(a_{ij})$ 是一个 $m\times s$ 矩阵，$\boldsymbol{B}=(b_{ij})$ 是一个 $s\times n$ 矩阵，那么矩阵 $\boldsymbol{A}$ 与 $\boldsymbol{B}$ 的乘积是一个 $m\times n$ 矩阵 $\boldsymbol{C}=(c_{ij})$，记作 $\boldsymbol{C}=\boldsymbol{AB}$，其中，

$$c_{ij}=a_{i1}b_{1j}+a_{i2}b_{2j}+\cdots+a_{is}b_{sj}=\sum_{k=1}^{s}a_{ik}b_{kj}\ \left(i=1,2,\cdots,m;\ j=1,2,\cdots,n\right)$$

定义 1-8 表明，只有当左乘矩阵 $\boldsymbol{A}$ 的列数等于右乘矩阵 $\boldsymbol{B}$ 的行数时，两个矩阵才能相乘。此时，乘积矩阵 $\boldsymbol{C}=\boldsymbol{AB}$ 的行数等于左乘矩阵 $\boldsymbol{A}$ 的行数，列数等于右乘矩阵 $\boldsymbol{B}$ 的列数，且 $\boldsymbol{C}=\boldsymbol{AB}$ 的 (i,j) 元 c_{ij} 就是左乘矩阵 $\boldsymbol{A}$ 的第 i 行与右乘矩阵 $\boldsymbol{B}$ 的第 j 列对应元素

乘积之和。

例 1-5　设 $A=\begin{bmatrix}3&-1\\0&3\\1&0\end{bmatrix}$，$B=\begin{bmatrix}1&0&1&-1\\0&2&1&0\end{bmatrix}$，求 AB。

解：因为 A 是 3×2 矩阵，B 是 2×4 矩阵，A 的列数等于 B 的行数，所以 A 与 B 可以相乘，且乘积 AB 是一个 3×4 矩阵，具体计算如下。

$$
\begin{aligned}
AB&=\begin{bmatrix}3&-1\\0&3\\1&0\end{bmatrix}\begin{bmatrix}1&0&1&-1\\0&2&1&0\end{bmatrix}\\
&=\begin{bmatrix}3\times1+(-1)\times0&3\times0+(-1)\times2&3\times1+(-1)\times1&3\times(-1)+(-1)\times0\\0\times1+3\times0&0\times0+3\times2&0\times1+3\times1&0\times(-1)+3\times0\\1\times1+0\times0&1\times0+0\times2&1\times1+0\times1&1\times(-1)+0\times0\end{bmatrix}\\
&=\begin{bmatrix}3&-2&2&-3\\0&6&3&0\\1&0&1&-1\end{bmatrix}。
\end{aligned}
$$

可以发现，B 的列数不等于 A 的行数，因而 BA 无意义。

例 1-6　设 $A=\begin{bmatrix}2&4\\-3&-6\end{bmatrix}$，$B=\begin{bmatrix}-2&4\\1&-2\end{bmatrix}$，求 AB 与 BA。

解：$AB=\begin{bmatrix}2&4\\-3&-6\end{bmatrix}\begin{bmatrix}-2&4\\1&-2\end{bmatrix}=\begin{bmatrix}0&0\\0&0\end{bmatrix}$；

$BA=\begin{bmatrix}-2&4\\1&-2\end{bmatrix}\begin{bmatrix}2&4\\-3&-6\end{bmatrix}=\begin{bmatrix}-16&-32\\8&16\end{bmatrix}$。

在式（1.2）中，若将系数矩阵记作 $A=\begin{bmatrix}a_{11}&a_{12}&\cdots&a_{1n}\\a_{21}&a_{22}&\cdots&a_{2n}\\\vdots&\vdots&\ddots&\vdots\\a_{m1}&a_{m2}&\cdots&a_{mn}\end{bmatrix}$，未知数矩阵记作 $X=\begin{bmatrix}x_1\\x_2\\\vdots\\x_n\end{bmatrix}$，常数项矩阵记作 $b=\begin{bmatrix}b_1\\b_2\\\vdots\\b_m\end{bmatrix}$，则式（1.2）可以用矩阵乘积表示为 $AX=b$。

矩阵乘法运算的特殊性决定了它具有一些特殊性质。

矩阵乘法不满足交换律，即在一般情况下，$AB\neq BA$。比如，在例 1-5 中，AB 有意义，BA 却没有意义；在例 1-6 中，AB 与 BA 都有意义，且是同阶方阵，但 $AB\neq BA$。由此可见，在矩阵乘法中，必须注意矩阵相乘的顺序。

定义 1-9　设有两个同阶方阵 A 与 B，若 $AB=BA$，则称方阵 A 与 B 是可交换的。

例 1-7　设 $A=\begin{bmatrix}1&1\\0&1\end{bmatrix}$，求与 A 可交换的一切矩阵。

解：设与 A 可交换的矩阵为 $B=\begin{bmatrix} a & b \\ c & d \end{bmatrix}$，于是有

$$AB=\begin{bmatrix} 1 & 1 \\ 0 & 1 \end{bmatrix}\begin{bmatrix} a & b \\ c & d \end{bmatrix}=\begin{bmatrix} a+c & b+d \\ c & d \end{bmatrix}$$

$$BA=\begin{bmatrix} a & b \\ c & d \end{bmatrix}\begin{bmatrix} 1 & 1 \\ 0 & 1 \end{bmatrix}=\begin{bmatrix} a & a+b \\ c & c+d \end{bmatrix}$$

根据 $AB=BA$，即对应元素相等有

$$\begin{cases} a+c=a \\ b+d=a+b \\ c=c \\ d=c+d \end{cases}$$

解得 $c=0$，$a=d$。因此与 A 可交换的一切矩阵 $B=\begin{bmatrix} a & b \\ 0 & a \end{bmatrix}$，其中 a,b 为任意数。

尽管矩阵乘法不满足交换律，但满足如下运算规律。

性质 1-1 设有矩阵 A,B,C 及单位矩阵 E，其行数与列数使得下列相应的运算有意义，λ 为数，则

（1）$(AB)C=A(BC)$；

（2）$\lambda(AB)=(\lambda A)B=A(\lambda B)$；

（3）$A(B+C)=AB+AC$；$(B+C)A=BA+CA$；

（4）$E_m A_{m\times n}=A_{m\times n}E_n=A_{m\times n}$ 或简写为 $AE=EA=A$。

可见，单位矩阵 E 在矩阵乘法中的作用类似于数 1 在数的乘法中的作用。

矩阵乘法不满足消去律，即若 $AX=AY$ 且 $A\neq O$，一般推不出 $X=Y$。

定义 1-10 设 A 是 n 阶方阵，记 $A^1=A, A^2=AA,\cdots, A^k=A^{k-1}A$，其中 k 为正整数，那么 k 个矩阵 A 的连乘积称为 A 的 k 次幂，记作 $A^k=\underbrace{AA\cdots A}_{k个}$。

根据矩阵乘法适合结合律，可知方阵的幂满足下列运算规律。

性质 1-2 设 A 是 n 阶方阵，k,l 为正整数，则

（1）$A^k A^l=A^{k+l}$；

（2）$(A^k)^l=A^{kl}$。

例 1-8 设 $A=\begin{bmatrix} 1 & 0 & 1 \\ & 2 & 0 \\ & & 1 \end{bmatrix}$，求 $A^k\ (k=1,2,\cdots)$。

解：$A=\begin{bmatrix} 1 & 0 & 1 \\ & 2 & 0 \\ & & 1 \end{bmatrix}=\begin{bmatrix} 1 & & \\ & 2 & \\ & & 1 \end{bmatrix}+\begin{bmatrix} 0 & 0 & 1 \\ 0 & 0 & 0 \\ 0 & 0 & 0 \end{bmatrix}=B+C$，其中，$B=\begin{bmatrix} 1 & & \\ & 2 & \\ & & 1 \end{bmatrix}$，$C=\begin{bmatrix} 0 & 0 & 1 \\ 0 & 0 & 0 \\ 0 & 0 & 0 \end{bmatrix}$，

由于 $BC=CB$，因此和代数中的二项式展开一样，有

$$A^k=(B+C)^k=B^k+C_k^1 B^{k-1}C+C_k^2 B^{k-2}C^2+\cdots+C^k$$

又因为$\boldsymbol{C}^2=\boldsymbol{C}^3=\cdots=\boldsymbol{C}^k=\boldsymbol{O}$及$\boldsymbol{BC}=\boldsymbol{C}$，所以

$$\boldsymbol{A}^k=(\boldsymbol{B}+\boldsymbol{C})^k=\boldsymbol{B}^k+k\boldsymbol{B}^{k-1}\boldsymbol{C}=\boldsymbol{B}^k+k\boldsymbol{C}$$
$$=\begin{bmatrix}1 & & \\ & 2^k & \\ & & 1\end{bmatrix}+k\begin{bmatrix}0 & 0 & 1\\ 0 & 0 & 0\\ 0 & 0 & 0\end{bmatrix}=\begin{bmatrix}1 & 0 & k\\ & 2^k & 0\\ & & 1\end{bmatrix}(k=1,2,\cdots)$$

数的乘法满足交换律，因此给定数 a、b，有$(ab)^k=a^kb^k$、$(a\pm b)^2=a^2\pm 2ab+b^2$、$(a+b)(a-b)=a^2-b^2$等重要公式，但矩阵乘法不满足交换律，所以一般地，$(\boldsymbol{AB})^k\neq\boldsymbol{A}^k\boldsymbol{B}^k$，$(\boldsymbol{A}+\boldsymbol{B})^2\neq\boldsymbol{A}^2+2\boldsymbol{AB}+\boldsymbol{B}^2$，$(\boldsymbol{A}+\boldsymbol{B})(\boldsymbol{A}-\boldsymbol{B})\neq\boldsymbol{A}^2-\boldsymbol{B}^2$。然而，当$\boldsymbol{A}$与$\boldsymbol{B}$可交换时，$(\boldsymbol{AB})^k=\boldsymbol{A}^k\boldsymbol{B}^k$、$(\boldsymbol{A}+\boldsymbol{B})^2=\boldsymbol{A}^2+2\boldsymbol{AB}+\boldsymbol{B}^2$、$(\boldsymbol{A}+\boldsymbol{B})(\boldsymbol{A}-\boldsymbol{B})=\boldsymbol{A}^2-\boldsymbol{B}^2$等公式必然成立。读者可自行证明。

定义 1-11 把一个矩阵$\boldsymbol{A}$的行列互换，所得到的新矩阵称为$\boldsymbol{A}$的转置矩阵，记作$\boldsymbol{A}^{\mathrm{T}}$或$\boldsymbol{A}'$。

例如：列矩阵$\boldsymbol{B}=\begin{bmatrix}1\\-2\\0\\3\end{bmatrix}$的转置矩阵为行矩阵$\boldsymbol{B}^{\mathrm{T}}=(1,-2,0,3)$。

矩阵的转置满足下列运算规律。

性质 1-3 设矩阵$\boldsymbol{A}$、$\boldsymbol{B}$的行数与列数使相应的运算有意义，λ为数，则

（1）$(\boldsymbol{A}^{\mathrm{T}})^{\mathrm{T}}=\boldsymbol{A}$；

（2）$(\boldsymbol{A}+\boldsymbol{B})^{\mathrm{T}}=\boldsymbol{A}^{\mathrm{T}}+\boldsymbol{B}^{\mathrm{T}}$；

（3）$(\lambda\boldsymbol{A})^{\mathrm{T}}=\lambda\boldsymbol{A}^{\mathrm{T}}$；

（4）$(\boldsymbol{AB})^{\mathrm{T}}=\boldsymbol{B}^{\mathrm{T}}\boldsymbol{A}^{\mathrm{T}}$；

（5）$\boldsymbol{A}$为对称矩阵的充要条件是$\boldsymbol{A}^{\mathrm{T}}=\boldsymbol{A}$；$\boldsymbol{A}$为反对称矩阵的充要条件是$\boldsymbol{A}^{\mathrm{T}}=-\boldsymbol{A}$。

例 1-9 设$\boldsymbol{A}=\begin{bmatrix}1 & 0\\ 2 & 3\\ 4 & 5\end{bmatrix}$，$\boldsymbol{B}=\begin{bmatrix}2 & 1\\ 4 & 3\end{bmatrix}$，求$\boldsymbol{B}^{\mathrm{T}}\boldsymbol{A}^{\mathrm{T}}$。

解： 因为$\boldsymbol{AB}=\begin{bmatrix}1 & 0\\ 2 & 3\\ 4 & 5\end{bmatrix}\begin{bmatrix}2 & 1\\ 4 & 3\end{bmatrix}=\begin{bmatrix}2 & 1\\ 16 & 11\\ 28 & 19\end{bmatrix}$，所以$\boldsymbol{B}^{\mathrm{T}}\boldsymbol{A}^{\mathrm{T}}=(\boldsymbol{AB})^{\mathrm{T}}=\begin{bmatrix}2 & 16 & 28\\ 1 & 11 & 19\end{bmatrix}$。

定义 1-12 n阶方阵$\boldsymbol{A}$的元素按原来的位置所构成的行列式称为方阵$\boldsymbol{A}$的行列式，记作$|\boldsymbol{A}|$或$\det\boldsymbol{A}$。

必须注意，只有方阵才能构成行列式。例如：方阵$\boldsymbol{A}=\begin{bmatrix}2 & 3\\ 6 & 8\end{bmatrix}$，而行列式$|\boldsymbol{A}|=\begin{vmatrix}2 & 3\\ 6 & 8\end{vmatrix}=-2$。

方阵行列式满足下列运算规律。

性质 1-4 设 $\boldsymbol{A},\boldsymbol{B}$ 为 n 阶方阵，λ 为数，则

（1）$|\boldsymbol{A}^{\mathrm{T}}|=|\boldsymbol{A}|$；

（2）$|\lambda\boldsymbol{A}|=\lambda^n|\boldsymbol{A}|$；

（3）$|\boldsymbol{AB}|=|\boldsymbol{A}||\boldsymbol{B}|=|\boldsymbol{BA}|$。

对于 n 阶方阵 $\boldsymbol{A},\boldsymbol{B}$，虽然一般有 $\boldsymbol{AB}\neq\boldsymbol{BA}$，但总有 $|\boldsymbol{AB}|=|\boldsymbol{BA}|$。

例 1-10 设 $\boldsymbol{A},\boldsymbol{B}$ 都是 3 阶方阵，已知 $|\boldsymbol{A}^5|=-32$，$|\boldsymbol{B}|=5$，求 $\big||\boldsymbol{A}|\boldsymbol{B}\big|$。

解： 因为 $|\boldsymbol{A}^5|=|\boldsymbol{A}|^5=-32$，所以 $|\boldsymbol{A}|=-2$，因此 $\big||\boldsymbol{A}|\boldsymbol{B}\big|=|\boldsymbol{A}|^3|\boldsymbol{B}|=(-2)^3\times5=-40$。

1.2.4 逆矩阵

前面介绍了矩阵的加法、减法和乘法运算，接下来将介绍矩阵的除法运算。在数的运算中有如下定义：当 $a\neq0$ 时，如果有 $a\dfrac{1}{a}=\dfrac{1}{a}a=1$，则称 $\dfrac{1}{a}$ 为 a 的倒数，也可以称为 a 的逆，记作 a^{-1}。这样，数的除法运算就能够通过乘法实现了，即若 a,b 是数且 $a\neq0$，则 $b\div a=ba^{-1}$。

类似地，为了实现方阵的除法运算，我们引入下列概念。

定义 1-13 对于 n 阶矩阵 $\boldsymbol{A}$，如果有一个 n 阶矩阵 $\boldsymbol{B}$，使得

$$\boldsymbol{AB}=\boldsymbol{BA}=\boldsymbol{E} \tag{1.3}$$

则称 $\boldsymbol{A}$ 为可逆的或可逆阵，且把 $\boldsymbol{B}$ 称为 $\boldsymbol{A}$ 的逆矩阵，简称逆阵。

如果不存在满足式（1.3）的矩阵 $\boldsymbol{B}$，则称 $\boldsymbol{A}$ 为不可逆的或不可逆阵。

由定义 1-13 可以看出：可逆阵必为方阵，其逆矩阵为同阶方阵，而且由式（1.3）可知，矩阵 $\boldsymbol{A},\boldsymbol{B}$ 的地位对称，$\boldsymbol{B}$ 也是可逆阵，$\boldsymbol{A}$ 为 $\boldsymbol{B}$ 的逆矩阵。

在平面解析几何中，存在变量之间的线性变换。在线性代数中，我们将用逆矩阵研究两组变量之间的逆线性变换。

例如：

$$\begin{cases}u=x+y\\v=x-y\end{cases} \tag{1.4}$$

是从变量 x,y 到变量 u,v 的一个线性变换，从中解出 x,y，可得到从变量 u,v 到变量 x,y 的一个线性变换：

$$\begin{cases}x=\dfrac{1}{2}u+\dfrac{1}{2}v\\[2ex]y=\dfrac{1}{2}u-\dfrac{1}{2}v\end{cases} \tag{1.5}$$

它们的矩阵分别为

$$\boldsymbol{A}=\begin{bmatrix}1&1\\1&-1\end{bmatrix},\quad \boldsymbol{B}=\begin{bmatrix}\dfrac{1}{2}&\dfrac{1}{2}\\[2ex]\dfrac{1}{2}&-\dfrac{1}{2}\end{bmatrix}$$

不难验证这两个矩阵满足 $\boldsymbol{AB}=\boldsymbol{BA}=\boldsymbol{E}$，所以 $\boldsymbol{A},\boldsymbol{B}$ 互为逆矩阵。对应地，式（1.4）与式（1.5）对应的变换互为逆变换。

定理 1-2　如果矩阵 $\boldsymbol{A}$ 是可逆的，则其逆矩阵是唯一的。

根据上述定理，$\boldsymbol{A}$ 的逆矩阵记作 $\boldsymbol{A}^{-1}$，总有

$$\boldsymbol{AA}^{-1}=\boldsymbol{A}^{-1}\boldsymbol{A}=\boldsymbol{E}$$

例如：因为 $\boldsymbol{EE}=\boldsymbol{E}$，所以单位阵 $\boldsymbol{E}$ 是可逆的，且其逆矩阵就是 $\boldsymbol{E}$ 本身，即 $\boldsymbol{E}^{-1}=\boldsymbol{E}$。

再如，当 $a_1a_2\cdots a_n\neq 0$ 时，对角矩阵 $\mathrm{diag}(a_1,a_2,\cdots,a_n)$ 是可逆的，且其逆矩阵是 $\mathrm{diag}(a_1^{-1},a_2^{-1},\cdots,a_n^{-1})$。

在数的运算中，数 0 是不可逆的，所有非 0 数均可逆。然而，在矩阵中，尽管零矩阵不可逆，但并非所有非零矩阵均可逆。那么方阵 $\boldsymbol{A}$ 可逆的条件是什么呢？若方阵 $\boldsymbol{A}$ 可逆，如何求 $\boldsymbol{A}^{-1}$ 呢？接下来，我们将要讨论这些问题。

定义 1-14　设 $\boldsymbol{A}$ 为 n 阶方阵，那么行列式 $|\boldsymbol{A}|$ 中每个元素 a_{ij} 的代数余子式 A_{ij} 构成的矩阵

$$\boldsymbol{A}^*=\begin{bmatrix} A_{11} & A_{21} & \cdots & A_{n1} \\ A_{12} & A_{22} & \cdots & A_{n2} \\ \vdots & \vdots & \ddots & \vdots \\ A_{1n} & A_{2n} & \cdots & A_{nn} \end{bmatrix}$$

称为矩阵 $\boldsymbol{A}$ 的伴随矩阵。

引例 1-1　设 $\boldsymbol{A}$ 为 n 阶方阵，$\boldsymbol{A}^*$ 是 $\boldsymbol{A}$ 的伴随矩阵，则

$$\boldsymbol{AA}^*=\boldsymbol{A}^*\boldsymbol{A}=|\boldsymbol{A}|\boldsymbol{E}$$

定理 1-3　方阵 $\boldsymbol{A}$ 可逆的充分必要条件是 $|\boldsymbol{A}|\neq 0$，且当 $\boldsymbol{A}$ 可逆时，有

$$\boldsymbol{A}^{-1}=\frac{1}{|\boldsymbol{A}|}\boldsymbol{A}^*$$

定义 1-15　当方阵 $\boldsymbol{A}$ 的行列式 $|\boldsymbol{A}|=0$ 时，称 $\boldsymbol{A}$ 为奇异矩阵，否则称其为非奇异矩阵。

由定理 1-3 可知，可逆矩阵就是非奇异矩阵，二者是等价的概念。

例 1-11　求方阵 $\boldsymbol{A}=\begin{bmatrix} 1 & 2 & 3 \\ 2 & 1 & 2 \\ 1 & 3 & 4 \end{bmatrix}$ 的逆矩阵。

解：因为 $|\boldsymbol{A}|=\begin{vmatrix} 1 & 2 & 3 \\ 2 & 1 & 2 \\ 1 & 3 & 4 \end{vmatrix}=1\neq 0$，所以 $\boldsymbol{A}^{-1}$ 存在。

计算代数余子式：

$$A_{11}=\begin{vmatrix} 1 & 2 \\ 3 & 4 \end{vmatrix}=-2，\quad A_{12}=-\begin{vmatrix} 2 & 2 \\ 1 & 4 \end{vmatrix}=-6，\quad A_{13}=\begin{vmatrix} 2 & 1 \\ 1 & 3 \end{vmatrix}=5$$

$$A_{21}=-\begin{vmatrix}2&3\\3&4\end{vmatrix}=1,\quad A_{22}=\begin{vmatrix}1&3\\1&4\end{vmatrix}=1,\quad A_{23}=-\begin{vmatrix}1&2\\1&3\end{vmatrix}=-1$$

$$A_{31}=\begin{vmatrix}2&3\\1&2\end{vmatrix}=1,\quad A_{32}=-\begin{vmatrix}1&3\\2&2\end{vmatrix}=4,\quad A_{33}=\begin{vmatrix}1&2\\2&1\end{vmatrix}=-3$$

得伴随矩阵 $\boldsymbol{A}^*=\begin{bmatrix}A_{11}&A_{21}&A_{31}\\A_{12}&A_{22}&A_{32}\\A_{13}&A_{23}&A_{33}\end{bmatrix}=\begin{bmatrix}-2&1&1\\-6&1&4\\5&-1&-3\end{bmatrix}$，于是 $\boldsymbol{A}^{-1}=\dfrac{1}{|\boldsymbol{A}|}\boldsymbol{A}^*=\begin{bmatrix}-2&1&1\\-6&1&4\\5&-1&-3\end{bmatrix}$。

有了逆矩阵的计算方法，我们就能够求解某些矩阵方程。

例 1-12 设矩阵方程 $\boldsymbol{AXB}=\boldsymbol{C}$，其中，

$$\boldsymbol{A}=\begin{bmatrix}2&1\\3&2\end{bmatrix},\boldsymbol{B}=\begin{bmatrix}1&-4&-3\\1&-5&-3\\-1&6&4\end{bmatrix},\boldsymbol{C}=\begin{bmatrix}1&2&3\\1&0&1\end{bmatrix}$$

求未知矩阵 $\boldsymbol{X}$。

解：因为 $|\boldsymbol{A}|=\begin{vmatrix}2&1\\3&2\end{vmatrix}=1\neq0$，$|\boldsymbol{B}|=\begin{vmatrix}1&-4&-3\\1&-5&-3\\-1&6&4\end{vmatrix}=-1\neq0$，所以 $\boldsymbol{A}^{-1},\boldsymbol{B}^{-1}$ 均存在，计算可得 $\boldsymbol{A}^{-1}=\begin{bmatrix}2&-1\\-3&2\end{bmatrix}$，$\boldsymbol{B}^{-1}=\begin{bmatrix}2&2&3\\1&-1&0\\-1&2&1\end{bmatrix}$。分别用 $\boldsymbol{A}^{-1},\boldsymbol{B}^{-1}$ 左乘、右乘方程的左、右两边得

$$\boldsymbol{A}^{-1}\boldsymbol{AXBB}^{-1}=\boldsymbol{A}^{-1}\boldsymbol{CB}^{-1}$$

由矩阵乘法的结合律得 $(\boldsymbol{A}^{-1}\boldsymbol{A})\boldsymbol{X}(\boldsymbol{BB}^{-1})=\boldsymbol{A}^{-1}\boldsymbol{CB}^{-1}$，即 $\boldsymbol{E}_2\boldsymbol{XE}_3=\boldsymbol{A}^{-1}\boldsymbol{CB}^{-1}$，其中 $\boldsymbol{E}_2,\boldsymbol{E}_3$ 分别是二阶和三阶单位阵，于是有

$$\boldsymbol{X}=\boldsymbol{A}^{-1}\boldsymbol{CB}^{-1}=\begin{bmatrix}2&-1\\-3&2\end{bmatrix}\begin{bmatrix}1&2&3\\1&0&1\end{bmatrix}\begin{bmatrix}2&2&3\\1&-1&0\\-1&2&1\end{bmatrix}$$

$$=\begin{bmatrix}1&8&8\\-1&-10&-10\end{bmatrix}$$

由定理 1-3，还可以得到下述推论。

推论 1-1 设 $\boldsymbol{A}$ 与 $\boldsymbol{B}$ 是 n 阶矩阵，如果 $\boldsymbol{AB}=\boldsymbol{E}$（或 $\boldsymbol{BA}=\boldsymbol{E}$），那么 $\boldsymbol{A}$ 与 $\boldsymbol{B}$ 都可逆，并且 $\boldsymbol{B}=\boldsymbol{A}^{-1}$，$\boldsymbol{A}=\boldsymbol{B}^{-1}$。

逆矩阵满足下列运算规律。

性质 1-5 若 $\boldsymbol{A},\boldsymbol{B}$ 为同阶方阵且均可逆，数 $\lambda\neq0$，则

（1）$\boldsymbol{A}^{-1}$ 也可逆，且 $(\boldsymbol{A}^{-1})^{-1}=\boldsymbol{A}$，$|\boldsymbol{A}^{-1}|=|\boldsymbol{A}|^{-1}$；

（2）$\lambda\boldsymbol{A}$ 也可逆，且 $(\lambda\boldsymbol{A})^{-1}=\dfrac{1}{\lambda}\boldsymbol{A}^{-1}$；

（3）A^{T} 也可逆，且 $(A^{\mathrm{T}})^{-1}=(A^{-1})^{\mathrm{T}}$；

（4）AB 也可逆，且 $(AB)^{-1}=B^{-1}A^{-1}$。

推广 若 $A_1,A_2,\cdots,A_s$ 为同阶可逆方阵，则 $A_1A_2\cdots A_s$ 也可逆，且

$$(A_1A_2\cdots A_s)^{-1}=A_s^{-1}\cdots A_2^{-1}A_1^{-1}$$

1.2.5 分块矩阵

在利用计算机进行矩阵运算时，若矩阵的阶数超过计算机的存储容量，就需要利用矩阵的分块技术将大矩阵化为一系列小矩阵后再进行运算。

定义 1-16 用若干条贯穿整个矩阵的横线与纵线将矩阵 A 划分为许多个小矩阵，称这些小矩阵为 A 的子块，形式上以子块为元素的矩阵称为分块矩阵。

例如：对于矩阵 $A=\left[\begin{array}{c|cc|c}1&0&-1&3\\\hline -1&3&1&0\\0&4&2&-2\end{array}\right]$，若记

$$A_{11}=[1],\quad A_{12}=[0\quad -1],\quad A_{13}=[3]$$

$$A_{21}=\begin{bmatrix}-1\\0\end{bmatrix},\quad A_{22}=\begin{bmatrix}3&1\\4&2\end{bmatrix},\quad A_{23}=\begin{bmatrix}0\\-2\end{bmatrix}$$

那么形式上以子块 $A_{11},A_{12},A_{13},A_{21},A_{22},A_{23}$ 为元素的分块矩阵可以表示为

$$A=\begin{bmatrix}A_{11}&A_{12}&A_{13}\\A_{21}&A_{22}&A_{23}\end{bmatrix}$$

矩阵分块的方法很多，上述 A 也可以分块为

$$A=\left[\begin{array}{cc|cc}1&0&-1&3\\-1&3&1&0\\\hline 0&4&2&-2\end{array}\right]=\begin{bmatrix}B_{11}&B_{12}\\B_{21}&B_{22}\end{bmatrix}$$

特别地，A 还可以按行或按列来分块：

$$A=\left[\begin{array}{cccc}1&0&-1&3\\\hline -1&3&1&0\\\hline 0&4&2&-2\end{array}\right],\quad A=\left[\begin{array}{c|c|c|c}1&0&-1&3\\-1&3&1&0\\0&4&2&-2\end{array}\right]$$

虽然矩阵分块是任意的，但可以发现分块矩阵同行上的子块具有相同的“行数”，同列上的子块具有相同的“列数”。选取哪种方式分块，主要取决于解决问题的需要和矩阵自身的特点。

分块矩阵满足下列运算规律。

（1）加法：设 A 与 B 为同型矩阵，且采用相同的分块方法，即

$$A=\begin{bmatrix}A_{11}&\cdots&A_{1r}\\\vdots&\ddots&\vdots\\A_{s1}&\cdots&A_{sr}\end{bmatrix},\quad B=\begin{bmatrix}B_{11}&\cdots&B_{1r}\\\vdots&\ddots&\vdots\\B_{s1}&\cdots&B_{sr}\end{bmatrix}$$

其中，A_{ij} 与 B_{ij} $(i=1,\cdots,s;\ j=1,\cdots,r)$ 的行数、列数对应相等，则

$$A+B=\begin{bmatrix} A_{11}+B_{11} & \cdots & A_{1r}+B_{1r} \\ \vdots & \ddots & \vdots \\ A_{s1}+B_{s1} & \cdots & A_{sr}+B_{sr} \end{bmatrix}$$

（2）数乘：设分块矩阵 $A=\begin{bmatrix} A_{11} & \cdots & A_{1r} \\ \vdots & \ddots & \vdots \\ A_{s1} & \cdots & A_{sr} \end{bmatrix}$，$\lambda$ 为数，则

$$\lambda A=\begin{bmatrix} \lambda A_{11} & \cdots & \lambda A_{1r} \\ \vdots & \ddots & \vdots \\ \lambda A_{s1} & \cdots & \lambda A_{sr} \end{bmatrix}$$

（3）乘法：设 A 是 $m\times l$ 矩阵，B 是 $l\times n$ 矩阵，分别分块为

$$A=\begin{bmatrix} A_{11} & \cdots & A_{1t} \\ \vdots & \ddots & \vdots \\ A_{s1} & \cdots & A_{st} \end{bmatrix},\quad B=\begin{bmatrix} B_{11} & \cdots & B_{1r} \\ \vdots & \ddots & \vdots \\ B_{t1} & \cdots & B_{tr} \end{bmatrix}$$

其中，A 的列的分法与 B 的行的分法一致，即子块 $A_{i1},A_{i2},\cdots,A_{it}\ (i=1,\cdots,s)$ 的列数分别等于 $B_{1j},B_{2j},\cdots,B_{tj}\ (j=1,\cdots,r)$ 的行数，则

$$AB=\begin{bmatrix} C_{11} & \cdots & C_{1r} \\ \vdots & \ddots & \vdots \\ C_{s1} & \cdots & C_{sr} \end{bmatrix}$$

其中，

$$C_{ij}=\begin{bmatrix} A_{i1} & \cdots & A_{it} \end{bmatrix}\begin{bmatrix} B_{1j} \\ \vdots \\ B_{tj} \end{bmatrix}=A_{i1}B_{1j}+\cdots+A_{it}B_{tj}$$

$$=\sum_{k=1}^{t}A_{ik}B_{kj}\quad(i=1,\cdots,s;\ j=1,\cdots,r)$$

（4）转置：设 $A=\begin{bmatrix} A_{11} & \cdots & A_{1r} \\ \vdots & \ddots & \vdots \\ A_{s1} & \cdots & A_{sr} \end{bmatrix}$，则 $A^{\mathrm{T}}=\begin{bmatrix} A_{11}^{\mathrm{T}} & \cdots & A_{s1}^{\mathrm{T}} \\ \vdots & \ddots & \vdots \\ A_{1r}^{\mathrm{T}} & \cdots & A_{sr}^{\mathrm{T}} \end{bmatrix}$。

注意：分块矩阵转置时，不仅整个矩阵要转置，而且其中每个子块也要转置。

例 1-13 设 $A=\begin{bmatrix} 2 & 0 & 0 & 0 \\ 0 & 2 & 0 & 0 \\ -1 & 2 & 1 & 0 \\ 1 & 1 & 0 & 1 \end{bmatrix}$，$B=\begin{bmatrix} 1 & 0 & -1 & 0 \\ -1 & 2 & 0 & -1 \\ 1 & 0 & 4 & 1 \\ -1 & -1 & 2 & 0 \end{bmatrix}$，求 AB。

解法 1：直接用矩阵乘法。

解法 2：如下所示，将 A 与 B 分成分块矩阵。

$$A=\left[\begin{array}{cc|cc}2&0&0&0\\0&2&0&0\\\hline -1&2&1&0\\1&1&0&1\end{array}\right]=\begin{bmatrix}2E&O\\A_{21}&E\end{bmatrix}$$

$$B=\left[\begin{array}{cc|cc}1&0&-1&0\\-1&2&0&-1\\\hline 1&0&4&1\\-1&-1&2&0\end{array}\right]=\begin{bmatrix}B_{11}&-E\\B_{21}&B_{22}\end{bmatrix}$$

则

$$AB=\begin{bmatrix}2E&O\\A_{21}&E\end{bmatrix}\begin{bmatrix}B_{11}&-E\\B_{21}&B_{22}\end{bmatrix}=\begin{bmatrix}2B_{11}&-2E\\A_{21}B_{11}+B_{21}&-A_{21}+B_{22}\end{bmatrix}$$

因为

$$2B_{11}=\begin{bmatrix}2&0\\-2&4\end{bmatrix},\quad -2E=\begin{bmatrix}-2&0\\0&-2\end{bmatrix}$$

$$A_{21}B_{11}+B_{21}=\begin{bmatrix}-3&4\\0&2\end{bmatrix}+\begin{bmatrix}1&0\\-1&-1\end{bmatrix}=\begin{bmatrix}-2&4\\-1&1\end{bmatrix}$$

$$-A_{21}+B_{22}=\begin{bmatrix}5&-1\\1&-1\end{bmatrix}$$

所以

$$AB=\begin{bmatrix}2B_{11}&-2E\\A_{21}B_{11}+B_{21}&-A_{21}+B_{22}\end{bmatrix}=\left[\begin{array}{cc|cc}2&0&-2&0\\-2&4&0&-2\\\hline -2&4&5&-1\\-1&1&1&-1\end{array}\right]$$

定义 1-17　设 A 为 n 阶方阵，若 A 的分块矩阵在主对角线上的子块均为方阵，且主对角线以外的子块均为零矩阵，即

$$A=\begin{bmatrix}A_1&&&\\&A_2&&\\&&\ddots&\\&&&A_s\end{bmatrix}$$

其中，$A_i\ (i=1,2,\cdots,s)$ 是方阵，则称 A 为分块对角矩阵，也可简记为 $A=\mathrm{diag}(A_1,A_2,\cdots,A_s)$。

容易发现，分块对角矩阵是对角矩阵概念的推广，因为当分块对角矩阵对角线上的子块是一阶方阵时，它就成为对角矩阵了。

分块对角矩阵不仅满足一般对角矩阵的运算规律，而且满足下列运算规律：

（1）$|A|=|A_1||A_2|\cdots|A_s|$；

（2）若 $|A_i|\neq 0$，即 A_i 有逆矩阵 $A_i^{-1}\ (i=1,2,\cdots,s)$，则 $|A|\neq 0$，且 A 的逆矩阵为

$$A^{-1}=\begin{bmatrix} A_1^{-1} & & & \\ & A_2^{-1} & & \\ & & \ddots & \\ & & & A_s^{-1} \end{bmatrix}$$

（3）设 $A=\begin{bmatrix} A_1 & & & \\ & A_2 & & \\ & & \ddots & \\ & & & A_s \end{bmatrix}$ 和 $B=\begin{bmatrix} B_1 & & & \\ & B_2 & & \\ & & \ddots & \\ & & & B_s \end{bmatrix}$ 均为分块对角矩阵，其中 $A_i,B_i\ (i=1,2,\cdots,s)$ 是同型子块，则

$$AB=\begin{bmatrix} A_1B_1 & & & \\ & A_2B_2 & & \\ & & \ddots & \\ & & & A_sB_s \end{bmatrix}$$

例 1-14 设 $A=\begin{bmatrix} 1 & 2 & 0 \\ -1 & 3 & 0 \\ 0 & 0 & 2 \end{bmatrix}$，求：（1）$|A^2|$；（2）$A^{-1}$；（3）$A^3$。

解：将矩阵分块为

$$A=\left[\begin{array}{cc:c} 1 & 2 & 0 \\ -1 & 3 & 0 \\ \hdashline 0 & 0 & 2 \end{array}\right]=\begin{bmatrix} A_1 & O_{2\times1} \\ O_{1\times2} & A_2 \end{bmatrix}$$

其中 $A_1=\begin{bmatrix} 1 & 2 \\ -1 & 3 \end{bmatrix}$，$A_2=[2]$。

（1）$|A_1|=5$，$|A_2|=2$，于是 $|A^2|=|A|^2=|A_1|^2|A_2|^2=100$。

（2）$A_1^{-1}=\begin{bmatrix} \frac{3}{5} & -\frac{2}{5} \\ \frac{1}{5} & \frac{1}{5} \end{bmatrix}$，$A_2^{-1}=\left[\frac{1}{2}\right]$，于是

$$A^{-1}=\begin{bmatrix} A_1^{-1} & O_{2\times1} \\ O_{1\times2} & A_2^{-1} \end{bmatrix}=\begin{bmatrix} \frac{3}{5} & -\frac{2}{5} & 0 \\ \frac{1}{5} & \frac{1}{5} & 0 \\ 0 & 0 & \frac{1}{2} \end{bmatrix}$$

（3）$A_1^3=A_1^2A_1=\begin{bmatrix} -1 & 8 \\ -4 & 7 \end{bmatrix}\begin{bmatrix} 1 & 2 \\ -1 & 3 \end{bmatrix}=\begin{bmatrix} -9 & 22 \\ -11 & 13 \end{bmatrix}$，$A_2^3=[8]$，于是 $A^3=\begin{bmatrix} A_1^3 & O_{2\times1} \\ O_{1\times2} & A_2^3 \end{bmatrix}=$

$$\begin{bmatrix} -9 & 22 & 0 \\ -11 & 13 & 0 \\ 0 & 0 & 8 \end{bmatrix}。$$

1.2.6 矩阵的初等变换

矩阵的初等变换是线性代数理论中的一个重要工具，它在解线性方程组、求逆矩阵及探讨矩阵相关理论时都起到了重要的作用。在初中数学中，我们就学过用高斯消元法求解二元及三元线性方程组，下面通过一个例子引入矩阵初等变换的概念。

引例 1-2 利用高斯消元法求下面线性方程组的解。

$$\begin{cases} x_1+x_2-x_3+x_4=1 & (1) \\ 2x_1-4x_3+x_4=0 & (2) \\ 2x_1-x_2-5x_3-3x_4=6 & (3) \\ 3x_1+4x_2-2x_3+4x_4=3 & (4) \end{cases} \tag{1.6}$$

解：

$$\text{式（1.6）}\xrightarrow[(4)-3\times(1)]{\substack{(2)-2\times(1)\\(3)-2\times(1)}}\begin{cases} x_1+x_2-x_3+x_4=1 & (1) \\ -2x_2-2x_3-x_4=-2 & (2) \\ -3x_2-3x_3-5x_4=4 & (3) \\ x_2+x_3+x_4=0 & (4) \end{cases}$$

$$\xrightarrow[(4)+2\times(2)]{\substack{(2)\leftrightarrow(4)\\(3)+3\times(2)}}\begin{cases} x_1+x_2-x_3+x_4=1 & (1) \\ x_2+x_3+x_4=0 & (2) \\ -2x_4=4 & (3) \\ x_4=-2 & (4) \end{cases}$$

$$\xrightarrow[(4)+2\times(3)]{(3)\leftrightarrow(4)}\begin{cases} x_1+x_2-x_3+x_4=1 & (1) \\ x_2+x_3+x_4=0 & (2) \\ x_4=-2 & (3) \\ 0=0 & (4) \end{cases}$$

$$\xrightarrow[(2)-(3)]{(1)-(2)}\begin{cases} x_1-2x_3=1 \\ x_2+x_3=2 \\ x_4=-2 \end{cases}$$

由此得到与式（1.6）同解的线性方程组：

$$\begin{cases} x_1=2x_3+1 \\ x_2=-x_3+2 \\ x_3=x_3 \\ x_4=-2 \end{cases} \tag{1.7}$$

取 x_3 为任意数 c，则式（1.6）的解为

$$X=\begin{bmatrix}x_1\\x_2\\x_3\\x_4\end{bmatrix}=\begin{bmatrix}2c+1\\-c+2\\c\\-2\end{bmatrix}=c\begin{bmatrix}2\\-1\\1\\0\end{bmatrix}+\begin{bmatrix}1\\2\\0\\-2\end{bmatrix}$$

其中，c 为任意数。

在上述用高斯消元法解线性方程组的过程中，始终把方程组看作一个整体进行同解变形，用到了如下三种变换：

（1）互换两个方程的位置；

（2）用非零数乘某个方程；

（3）将某个方程的 k 倍加到另一个方程上。

由于这三种变换都是可逆的，变换前的方程组与变换后的方程组是同解的，所以这三种变换是同解变换。

注意：容易发现，线性方程组的消元过程中涉及的仅仅是系数和常数的变化，未知量并未参与运算。因而，方程组的同解变换完全可以转换为其增广矩阵的变换。对应地，可以归纳出矩阵如下三种初等变换。

定义 1-18 矩阵的初等行（列）变换指对矩阵的行（列）施行下列三种变换：

（1）交换两行（列）[对调 i,j 两行（列），记作 $r_i \leftrightarrow r_j$（$c_i \leftrightarrow c_j$）]；

（2）用非零数 λ 乘以某一行（列）中的所有元素 [第 i 行（列）乘以 λ，记作 λr_i（λc_i）]；

（3）把矩阵某一行（列）所有元素的 λ 倍加到另一行（列）对应的元素上 [第 j 行（列）的 λ 倍加到第 i 行（列）上，记作 $r_i+\lambda r_j$（$c_i+\lambda c_j$）]。

定义 1-19 矩阵的初等变换包含初等行变换与初等列变换。

因为方程组的三种变换都是可逆的，所以矩阵的三种初等变换也是可逆的，且满足下列关系。

初等变换的逆变换是同一类型的初等变换，且满足：

（1）变换 $r_i \leftrightarrow r_j$ 的逆变换是其本身；

（2）变换 λr_i 的逆变换是 $\left(\dfrac{1}{\lambda}\right)r_i\ (\lambda \neq 0)$；

（3）变换 $r_i+\lambda r_j$ 的逆变换是 $r_i-\lambda r_j$。

下面我们把式（1.6）的同解变换过程移植至它的增广矩阵

$$\bar{A}_1=(A\,|\,b)=\left[\begin{array}{cccc:c}1&1&-1&1&1\\2&0&-4&1&0\\2&-1&-5&-3&6\\3&4&-2&4&3\end{array}\right]$$

并通过矩阵的初等行变换来求解。

$$\overline{A}_1=\left[\begin{array}{cccc:c}1&1&-1&1&1\\2&0&-4&1&0\\2&-1&-5&-3&6\\3&4&-2&4&3\end{array}\right]\xrightarrow[r_4-3r_1]{\substack{r_2-2r_1\\r_3-2r_1}}\overline{A}_2=\left[\begin{array}{cccc:c}1&1&-1&1&1\\0&-2&-2&-1&-2\\0&-3&-3&-5&4\\0&1&1&1&0\end{array}\right]$$

$$\xrightarrow[\substack{r_3+3r_2\\r_4+2r_2}]{r_2\leftrightarrow r_4}\overline{A}_3=\left[\begin{array}{cccc:c}1&1&-1&1&1\\0&1&1&1&0\\0&0&0&-2&4\\0&0&0&1&-2\end{array}\right]\xrightarrow[r_4+2r_3]{r_3\leftrightarrow r_4}\overline{A}_4=\left[\begin{array}{cccc:c}1&1&-1&1&1\\0&1&1&1&0\\0&0&0&1&-2\\0&0&0&0&0\end{array}\right]$$

$$\xrightarrow[r_2-r_3]{r_1-r_2}\overline{A}_5=\left[\begin{array}{cccc:c}1&0&-2&0&1\\0&1&1&0&2\\0&0&0&1&-2\\0&0&0&0&0\end{array}\right]$$

$\overline{A}_5$ 对应的线性方程组即式（1.7），由前述可知，从这种形式的方程组可以很容易地求出其解。

形如 $\overline{A}_4,\overline{A}_5$ 的矩阵称为行阶梯形矩阵，其特点是：可以画出一条阶梯线，线的下方全是 0；每个台阶只有一行，台阶数就是非零行的行数；阶梯线的竖线后面的第一个元素为非零元，也就是非零行的第一个非零元。

形如 $\overline{A}_5$ 的行阶梯形矩阵还可以称为行最简形矩阵，其特点是：首先，它是行阶梯形矩阵；其次，它的非零行的第一个非零元为 1，且这些非零元所在的列的其他元素都为 0。

由任何线性方程组确定的增广矩阵 $\overline{A}$，可以经过有限次初等行变换化为行阶梯形矩阵和行最简形矩阵，并且行阶梯形矩阵的非零行数是由方程组唯一确定的。

对行最简形矩阵 $\overline{A}_5$ 再施以初等列变换，可以得到一种形状更简单的矩阵：

$$\overline{A}_5=\left[\begin{array}{cccc:c}1&0&-2&0&1\\0&1&1&0&2\\0&0&0&1&-2\\0&0&0&0&0\end{array}\right]\xrightarrow[\substack{c_4+2c_1-c_2\\c_5-c_1-2c_2+2c_3}]{c_3\leftrightarrow c_4}F=\left[\begin{array}{ccc:cc}1&0&0&0&0\\0&1&0&0&0\\0&0&1&0&0\\ \hdashline 0&0&0&0&0\end{array}\right]$$

形如 F 的矩阵称为 $\overline{A}_1$ 的标准形矩阵，其特点是：左上角是一个单位矩阵，其余元素全是零，即 $F=\begin{bmatrix}E_r & O_{r\times(n-r)}\\O_{(m-r)\times r} & O_{(m-r)\times(n-r)}\end{bmatrix}_{m\times n}$。

例 1-15　设 $A=\begin{bmatrix}0&-2&1\\3&0&-2\\-2&3&0\end{bmatrix}$，把 $[A|E]$ 化成行最简形矩阵。

解： $[A|E]=\left[\begin{array}{ccc:ccc}0&-2&1&1&0&0\\3&0&-2&0&1&0\\-2&3&0&0&0&1\end{array}\right]\xrightarrow[r_1\leftrightarrow r_2]{3r_3+2r_2}\left[\begin{array}{ccc:ccc}3&0&-2&0&1&0\\0&-2&1&1&0&0\\0&9&-4&0&2&3\end{array}\right]$

$$\xrightarrow{2r_3+9r_2}\left[\begin{array}{ccc|ccc}3&0&-2&0&1&0\\0&-2&1&1&0&0\\0&0&1&9&4&6\end{array}\right]\xrightarrow[r_2-r_3]{r_1+2r_3}\left[\begin{array}{ccc|ccc}3&0&0&18&9&12\\0&-2&0&-8&-4&-6\\0&0&1&9&4&6\end{array}\right]$$

$$\xrightarrow[r_2\div(-2)]{r_1\div 3}\left[\begin{array}{ccc|ccc}1&0&0&6&3&4\\0&1&0&4&2&3\\0&0&1&9&4&6\end{array}\right]。$$

定义 1-20 对单位矩阵进行一次初等变换得到的矩阵，称为初等矩阵。

我们知道矩阵有三种初等变换，而且对单位矩阵进行一次初等列变换，相当于对单位矩阵进行一次同类型的初等行变换，因此，初等矩阵可分为以下三大类。

（1）对调单位矩阵的第 i,j 两行 $(r_i \leftrightarrow r_j)$ 或第 i,j 两列 $(c_i \leftrightarrow c_j)$，得初等矩阵

$$\boldsymbol{E}(i,j)=\begin{bmatrix}1&&&&&&&&&\\&\ddots&&&&&&&&\\&&1&&&&&&&\\&&&0&\cdots&1&&&&\\&&&&1&&&&&\\&&&\vdots&\ddots&\vdots&&&&\\&&&&&1&&&&\\&&&1&\cdots&0&&&&\\&&&&&&1&&&\\&&&&&&&\ddots&&\\&&&&&&&&1\end{bmatrix}\begin{matrix}\\\\\\第i行\\\\\\\\第j行\\\\\\\\\end{matrix}$$

第i列 第j列

（2）以非零数 λ 乘以单位矩阵 $\boldsymbol{E}$ 的第 i 行 (λr_i) 或第 i 列 (λc_i)，得初等矩阵

$$\boldsymbol{E}(i(\lambda))=\begin{bmatrix}1&&&&&&\\&\ddots&&&&&\\&&1&&&&\\&&&\lambda&&&\\&&&&1&&\\&&&&&\ddots&\\&&&&&&1\end{bmatrix}\begin{matrix}\\\\\\第i行\\\\\\\\\end{matrix}$$

第i列

（3）设 $i \neq j$，以数 λ 乘以单位矩阵 $\boldsymbol{E}$ 的第 j 行后加到第 i 行上 $(r_i+\lambda r_j)$，或以数 λ 乘以单位矩阵 $\boldsymbol{E}$ 的第 i 列后加到第 j 列上 $(c_j+\lambda c_i)$，得初等矩阵

$$E(i,j(\lambda))=\begin{bmatrix}1 & & & & & & \\ & \ddots & & & & & \\ & & 1 & \cdots & \lambda & & \\ & & & \ddots & \vdots & & \\ & & & & 1 & & \\ & & & & & \ddots & \\ & & & & & & 1\end{bmatrix}\begin{matrix} \\ \\ \text{第}i\text{行} \\ \\ \text{第}j\text{行} \\ \\ \\ \end{matrix}$$

第i列　第j列

例如：对于一个三阶单位矩阵 $\boldsymbol{E}=\begin{bmatrix}1&0&0\\0&1&0\\0&0&1\end{bmatrix}$ 而言，进行不同的初等变换可以得到如下不同的初等矩阵。

（1）对调第 2, 3 行，得 $\boldsymbol{E}(2,3)=\begin{bmatrix}1&0&0\\0&0&1\\0&1&0\end{bmatrix}$。

（2）第 1 列乘以某个非零数 λ，得 $\boldsymbol{E}(1(\lambda))=\begin{bmatrix}\lambda&0&0\\0&1&0\\0&0&1\end{bmatrix}$。

（3）第 2 行乘以某数 λ 再加到第 3 行，得 $\boldsymbol{E}(3,2(\lambda))=\begin{bmatrix}1&0&0\\0&1&0\\0&\lambda&1\end{bmatrix}$。

综上所述，矩阵的初等变换与初等矩阵密切关联，容易验证初等矩阵如下两个重要性质。

性质 1-6　设 $m\times n$ 矩阵

$$\boldsymbol{A}=\begin{bmatrix}a_{11}&\cdots&a_{1i}&\cdots&a_{1j}&\cdots&a_{1n}\\a_{21}&\cdots&a_{2i}&\cdots&a_{2j}&\cdots&a_{2n}\\\vdots&\ddots&\vdots&\ddots&\vdots&\ddots&\vdots\\a_{i1}&\cdots&a_{ii}&\cdots&a_{ij}&\cdots&a_{in}\\\vdots&\ddots&\vdots&\ddots&\vdots&\ddots&\vdots\\a_{j1}&\cdots&a_{ji}&\cdots&a_{jj}&\cdots&a_{jn}\\\vdots&\ddots&\vdots&\ddots&\vdots&\ddots&\vdots\\a_{m1}&\cdots&a_{mi}&\cdots&a_{mj}&\cdots&a_{mn}\end{bmatrix}$$

在矩阵 $\boldsymbol{A}$ 的左边乘以一个 m 阶初等矩阵相当于对矩阵 $\boldsymbol{A}$ 做相应的初等行变换；在矩阵 $\boldsymbol{A}$ 的右边乘以一个 n 阶初等矩阵相当于对矩阵 $\boldsymbol{A}$ 做相应的初等列变换，具体如下。

（1）$\boldsymbol{E}_m(i,j)\boldsymbol{A}=\begin{bmatrix} a_{11} & a_{12} & \cdots & a_{1n} \\ \vdots & \vdots & \ddots & \vdots \\ a_{j1} & a_{j2} & \cdots & a_{jn} \\ \vdots & \vdots & \ddots & \vdots \\ a_{i1} & a_{i2} & \cdots & a_{in} \\ \vdots & \vdots & \ddots & \vdots \\ a_{m1} & a_{m2} & \cdots & a_{mn} \end{bmatrix}$相当于交换矩阵 $\boldsymbol{A}$ 的 i,j 两行；

$\boldsymbol{A}\boldsymbol{E}_n(i,j)=\begin{bmatrix} a_{11} & \cdots & a_{1j} & \cdots & a_{1i} & \cdots & a_{1n} \\ a_{21} & \cdots & a_{2j} & \cdots & a_{2i} & \cdots & a_{2n} \\ \vdots & \ddots & \vdots & \ddots & \vdots & \ddots & \vdots \\ a_{m1} & \cdots & a_{mj} & \cdots & a_{mi} & \cdots & a_{mn} \end{bmatrix}$相当于交换矩阵 $\boldsymbol{A}$ 的 i,j 两列。

（2）$\boldsymbol{E}_m(i(\lambda))\boldsymbol{A}=\begin{bmatrix} a_{11} & a_{12} & \cdots & a_{1n} \\ \vdots & \vdots & \ddots & \vdots \\ \lambda a_{i1} & \lambda a_{i2} & \cdots & \lambda a_{in} \\ \vdots & \vdots & \ddots & \vdots \\ a_{m1} & a_{m2} & \cdots & a_{mn} \end{bmatrix}$相当于以非零数 λ 乘以矩阵 $\boldsymbol{A}$ 的第 i 行；

$\boldsymbol{A}\boldsymbol{E}_n(i(\lambda))=\begin{bmatrix} a_{11} & \cdots & \lambda a_{1i} & \cdots & a_{1n} \\ a_{21} & \cdots & \lambda a_{2i} & \cdots & a_{2n} \\ \vdots & \ddots & \vdots & \ddots & \vdots \\ a_{m1} & \cdots & \lambda a_{mi} & \cdots & a_{mn} \end{bmatrix}$相当于以非零数 λ 乘以矩阵 $\boldsymbol{A}$ 的第 i 列。

（3）$\boldsymbol{E}_m(i,j(\lambda))\boldsymbol{A}=\begin{bmatrix} a_{11} & a_{12} & \cdots & a_{1n} \\ \vdots & \vdots & \ddots & \vdots \\ a_{i1}+\lambda a_{j1} & a_{i2}+\lambda a_{j2} & \cdots & a_{in}+\lambda a_{jn} \\ \vdots & \vdots & \ddots & \vdots \\ a_{j1} & a_{j2} & \cdots & a_{jn} \\ \vdots & \vdots & \ddots & \vdots \\ a_{m1} & a_{m2} & \cdots & a_{mn} \end{bmatrix}$相当于以数 λ 乘以矩阵 $\boldsymbol{A}$ 的第 j 行后加到第 i 行上；

$\boldsymbol{A}\boldsymbol{E}_n(i,j(\lambda))=\begin{bmatrix} a_{11} & \cdots & a_{1i} & \cdots & a_{1j}+\lambda a_{1i} & \cdots & a_{1n} \\ a_{21} & \cdots & a_{2i} & \cdots & a_{2j}+\lambda a_{2i} & \cdots & a_{2n} \\ \vdots & \ddots & \vdots & \ddots & \vdots & \ddots & \vdots \\ a_{m1} & \cdots & a_{mi} & \cdots & a_{mj}+\lambda a_{mi} & \cdots & a_{mn} \end{bmatrix}$相当于以数 λ 乘以矩阵 $\boldsymbol{A}$ 的第 i 列后加到第 j 列上。

例 1-16 设 $\boldsymbol{A}=\begin{bmatrix} 1 & 2 & 3 \\ 4 & 5 & 6 \\ 7 & 8 & 9 \end{bmatrix}$，利用初等矩阵实现下面的运算：

（1）对调矩阵 $\boldsymbol{A}$ 第 2, 3 列的位置；
（2）将矩阵的第 2 行乘以某个非零数 λ；
（3）将矩阵的第 1 列乘以某数 λ 后加到第 3 列。

解：（1）在矩阵 $\boldsymbol{A}$ 右边乘以一个初等矩阵 $\boldsymbol{E}(2,3)=\begin{bmatrix}1&0&0\\0&0&1\\0&1&0\end{bmatrix}$，得

$$\begin{bmatrix}1&2&3\\4&5&6\\7&8&9\end{bmatrix}\begin{bmatrix}1&0&0\\0&0&1\\0&1&0\end{bmatrix}=\begin{bmatrix}1&3&2\\4&6&5\\7&9&8\end{bmatrix}$$

（2）在矩阵 $\boldsymbol{A}$ 左边乘以一个初等矩阵 $\boldsymbol{E}(2(\lambda))=\begin{bmatrix}1&0&0\\0&\lambda&0\\0&0&1\end{bmatrix}$，得

$$\begin{bmatrix}1&0&0\\0&\lambda&0\\0&0&1\end{bmatrix}\begin{bmatrix}1&2&3\\4&5&6\\7&8&9\end{bmatrix}=\begin{bmatrix}1&2&3\\4\lambda&5\lambda&6\lambda\\7&8&9\end{bmatrix}$$

（3）在矩阵 $\boldsymbol{A}$ 右边乘以一个初等矩阵 $\boldsymbol{E}(1,3(\lambda))=\begin{bmatrix}1&0&\lambda\\0&1&0\\0&0&1\end{bmatrix}$，得

$$\begin{bmatrix}1&2&3\\4&5&6\\7&8&9\end{bmatrix}\begin{bmatrix}1&0&\lambda\\0&1&0\\0&0&1\end{bmatrix}=\begin{bmatrix}1&2&3+\lambda\\4&5&6+4\lambda\\7&8&9+7\lambda\end{bmatrix}$$

性质 1-7　初等矩阵是可逆的，且其逆矩阵是同一类型的初等矩阵，即

（1）$\boldsymbol{E}(i,j)^{-1}=\boldsymbol{E}(i,j)$；

（2）$\boldsymbol{E}(i(\lambda))^{-1}=\boldsymbol{E}\left(i\left(\dfrac{1}{\lambda}\right)\right)$（$\lambda\neq 0$）；

（3）$\boldsymbol{E}(i,j(\lambda))^{-1}=\boldsymbol{E}\left(i,j(-\lambda)\right)$（$i\neq j$）。

前面提到任何一个矩阵总可以通过初等变换化为其标准型矩阵，于是容易得到下面的定理。

定理 1-4　设 $\boldsymbol{A}$ 是一个 $m\times n$ 矩阵，则必定存在 m 阶初等矩阵 $\boldsymbol{P}_1,\cdots,\boldsymbol{P}_s$ 及 n 阶初等矩阵 $\boldsymbol{Q}_1,\cdots,\boldsymbol{Q}_t$，使得

$$\boldsymbol{P}_s\cdots\boldsymbol{P}_1\boldsymbol{A}\boldsymbol{Q}_1\cdots\boldsymbol{Q}_t=\begin{bmatrix}\boldsymbol{E}_r&\boldsymbol{O}_{r\times(n-r)}\\\boldsymbol{O}_{(m-r)\times r}&\boldsymbol{O}_{(m-r)\times(n-r)}\end{bmatrix}_{m\times n}$$

其中，$\boldsymbol{E}_r$ 是 r 阶单位矩阵，$\boldsymbol{O}_{r\times(n-r)}$，$\boldsymbol{O}_{(m-r)\times r}$，$\boldsymbol{O}_{(m-r)\times(n-r)}$ 全是零矩阵。

定理 1-5　n 阶方阵 $\boldsymbol{A}$ 可逆的充分必要条件是 $\boldsymbol{A}$ 经过有限次初等变换可化为单位矩阵。

推论 1-2　n 阶方阵 $\boldsymbol{A}$ 可逆的充分必要条件是 $\boldsymbol{A}$ 可表示为有限个初等矩阵的乘积。

称两个同型矩阵 $\boldsymbol{A}$ 与 $\boldsymbol{B}$ 是等价的，如果 $\boldsymbol{A}$ 经过有限次初等变换可变为 $\boldsymbol{B}$，记作

$A \cong B$。由性质 1-7 知初等变换是可逆的，因此，容易验证两矩阵等价满足：

（1）反身性，即 $A \cong A$；

（2）对称性，即若 $A \cong B$，则 $B \cong A$；

（3）传递性，即若 $A \cong B$ 且 $B \cong C$，则 $A \cong C$。

推论 1-3 矩阵 $A_{m\times n}$ 与 $B_{m\times n}$ 等价的充分必要条件是存在可逆矩阵 $P_{m\times m}$ 和 $Q_{n\times n}$，使得 $PAQ = B$。

可利用初等变换求逆矩阵。

当 A 可逆时，A^{-1} 也可逆，且由推论 1-2 知，$A^{-1} = P_s P_{s-1} \cdots P_1$，其中 $P_i \ (i=1,\cdots,s)$ 是初等矩阵，则

$$P_s P_{s-1} \cdots P_1 [A \mid E] = A^{-1}[A \mid E] = [E \mid A^{-1}]$$

由此可得：对 $n\times 2n$ 矩阵 $[A \mid E]$ 进行初等行变换的过程中，当前 n 列（A 的位置）化为 E 时，后 n 列（E 的位置）就化为 A^{-1}。

例 1-17 利用初等行变换求 $A = \begin{bmatrix} 1 & 2 & 3 \\ 2 & 1 & 2 \\ 1 & 3 & 4 \end{bmatrix}$ 的逆矩阵 A^{-1}。

解：因为

$$[A \mid E] = \left[\begin{array}{ccc|ccc} 1 & 2 & 3 & 1 & 0 & 0 \\ 2 & 1 & 2 & 0 & 1 & 0 \\ 1 & 3 & 4 & 0 & 0 & 1 \end{array}\right] \to \left[\begin{array}{ccc|ccc} 1 & 2 & 3 & 1 & 0 & 0 \\ 0 & -3 & -4 & -2 & 1 & 0 \\ 0 & 1 & 1 & -1 & 0 & 1 \end{array}\right]$$

$$\to \left[\begin{array}{ccc|ccc} 1 & 2 & 3 & 1 & 0 & 0 \\ 0 & 1 & 1 & -1 & 0 & 1 \\ 0 & -3 & -4 & -2 & 1 & 0 \end{array}\right] \to \left[\begin{array}{ccc|ccc} 1 & 0 & 1 & 3 & 0 & -2 \\ 0 & 1 & 1 & -1 & 0 & 1 \\ 0 & 0 & -1 & -5 & 1 & 3 \end{array}\right]$$

$$\to \left[\begin{array}{ccc|ccc} 1 & 0 & 0 & -2 & 1 & 1 \\ 0 & 1 & 0 & -6 & 1 & 4 \\ 0 & 0 & -1 & -5 & 1 & 3 \end{array}\right] \to \left[\begin{array}{ccc|ccc} 1 & 0 & 0 & -2 & 1 & 1 \\ 0 & 1 & 0 & -6 & 1 & 4 \\ 0 & 0 & 1 & 5 & -1 & -3 \end{array}\right]$$

所以

$$A^{-1} = \begin{bmatrix} -2 & 1 & 1 \\ -6 & 1 & 4 \\ 5 & -1 & -3 \end{bmatrix}$$

有了上述通过初等行变换求逆矩阵的方法，矩阵方程 $A_{n\times n} X_{n\times m} = B_{n\times m}$（其中 A 可逆）的求解可以做如下进一步简化。

当 A 可逆时，有 $A^{-1} = P_s P_{s-1} \cdots P_1$，其中 $P_i \ (i=1,\cdots,s)$ 是初等矩阵，则

$$P_s P_{s-1} \cdots P_1 [A \mid B] = A^{-1}[A \mid B] = [E \mid A^{-1}B]$$

由此可得：在对增广矩阵 $[A \mid B]$ 进行初等行变换的过程中，当前 n 列（A 的位置）化为 E 时，后 m 列（B 的位置）就化为 $A^{-1}B$，即所求的 X。

例 1-18 设矩阵方程 $AXB = C$，其中，

$$A=\begin{bmatrix}2 & 1\\3 & 2\end{bmatrix},\ B=\begin{bmatrix}1 & -4 & -3\\1 & -5 & -3\\-1 & 6 & 4\end{bmatrix},\ C=\begin{bmatrix}1 & 2 & 3\\1 & 0 & 1\end{bmatrix}$$

利用初等行变换求解未知矩阵 X。

解： 因为

$$[A|B]=\left[\begin{array}{ccc|cc}1 & 2 & 3 & 1 & -1\\2 & 1 & 2 & 0 & 1\\1 & 3 & 4 & 2 & -1\end{array}\right]\rightarrow\left[\begin{array}{ccc|cc}1 & 2 & 3 & 1 & -1\\0 & -3 & -4 & -2 & 3\\0 & 1 & 1 & 1 & 0\end{array}\right]$$

$$\rightarrow\left[\begin{array}{ccc|cc}1 & 2 & 3 & 1 & -1\\0 & 1 & 1 & 1 & 0\\0 & -3 & -4 & -2 & 3\end{array}\right]\rightarrow\left[\begin{array}{ccc|cc}1 & 2 & 3 & 1 & -1\\0 & 1 & 1 & 1 & 0\\0 & 0 & 1 & -1 & -3\end{array}\right]$$

$$\rightarrow\left[\begin{array}{ccc|cc}1 & 2 & 0 & 4 & 8\\0 & 1 & 0 & 2 & 3\\0 & 0 & 1 & -1 & -3\end{array}\right]\rightarrow\left[\begin{array}{ccc|cc}1 & 0 & 0 & 0 & 2\\0 & 1 & 0 & 2 & 3\\0 & 0 & 1 & -1 & -3\end{array}\right]$$

所以

$$X=A^{-1}B=\begin{bmatrix}0 & 2\\2 & 3\\-1 & -3\end{bmatrix}$$

1.2.7 应用举例

矩阵的应用极其广泛，下面介绍几个应用实例。

例 1-19 经济学问题 表 1-1 是某厂家向两个超市销售三种产品的相关数据，表 1-2 是这三种产品的售价及重量，求该厂家向每个超市售出产品的总价及总重量。

表 1-1 三种产品的相关数据

超市	空调/台	冰箱/台	彩电/台
甲	30	20	50
乙	50	40	50

表 1-2 三种产品的售价及重量

产品	售价/元	重量/千克
空调	3000	40
冰箱	1600	30
彩电	2200	30

解： 将表 1-1、表 1-2 分别写成如下矩阵。

$$A=\begin{bmatrix}30 & 20 & 50\\50 & 40 & 50\end{bmatrix},\ B=\begin{bmatrix}3000 & 40\\1600 & 30\\2200 & 30\end{bmatrix}$$

则

$$AB=\begin{bmatrix}30 & 20 & 50\\ 50 & 40 & 50\end{bmatrix}\begin{bmatrix}3000 & 40\\ 1600 & 30\\ 2200 & 30\end{bmatrix}=\begin{bmatrix}232000 & 3300\\ 324000 & 4700\end{bmatrix}$$

可以看出，该厂家向超市甲售出产品总价为 232000 元，总重量为 3300 千克；向超市乙售出产品总价为 324000 元，总重量为 4700 千克。

例 1-20　运筹学问题　某物流公司在 4 个地区间的货运线路图如图 1-1 所示，若司机从地区 a 出发，则

（1）沿途经过 1 个地区到达地区 d 的线路有几条？

（2）沿途经过 2 个地区回到地区 a 的线路有几条？

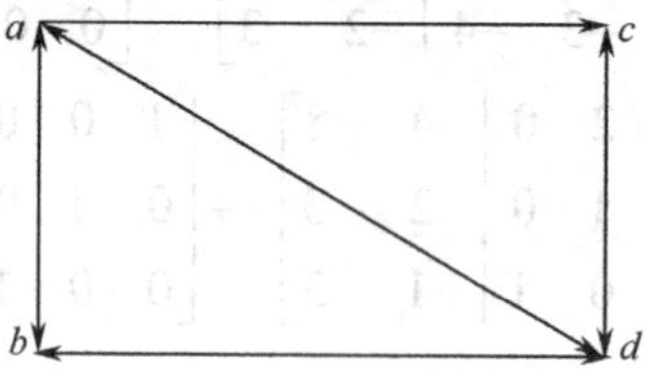

图 1-1　货运线路图

解：对于含有 4 个顶点的有向图，可以得到一个方阵 $A=(a_{ij})_{n\times n}$，其中，

$$a_{ij}=\begin{cases}1, & \text{若顶点}i\text{到}j\text{有有向边}\\ 0, & \text{若顶点}i\text{到}j\text{无有向边}\end{cases}$$

称 A 为有向图的邻接矩阵。

图 1-1 的邻接矩阵为

$$A=\begin{matrix} & a & b & c & d\\ a & 0 & 1 & 1 & 1\\ b & 1 & 0 & 0 & 1\\ c & 0 & 0 & 0 & 1\\ d & 1 & 1 & 1 & 0\end{matrix}$$

计算邻接矩阵的幂：

$$A^2=(a_{ij}^{(1)})_{n\times n}=\begin{bmatrix}2 & 1 & 1 & 2\\ 1 & 2 & 2 & 1\\ 1 & 1 & 1 & 0\\ 1 & 1 & 1 & 3\end{bmatrix}$$

其中，$a_{14}^{(1)}=2$ 表示从地区 a 出发经过 1 个地区到达地区 d 的线路有 2 条: $a\to b\to d$，$a\to c\to d$。

再计算邻接矩阵的幂：

$$A^3=(a_{ij}^{(2)})_{n\times n}=\begin{bmatrix}3&4&4&4\\3&2&2&5\\1&1&1&3\\4&4&4&3\end{bmatrix}$$

其中，$a_{11}^{(2)}=3$ 表示从地区 a 出发经过 2 个地区回到地区 a 的线路有 3 条：$a\to b\to d\to a$，$a\to d\to b\to a$，$a\to c\to d\to a$。

一般地，邻接矩阵的 k 次幂记作 $A^k=(a_{ij}^{(k-1)})_{n\times n}$，其中 $a_{ij}^{(k-1)}$ 表示从地区 i 到地区 j 沿途经过 $k-1$ 个地区的线路条数。

例 1-21　密码问题　先给每个字母指派一个码字，如表 1-3 所示。

表 1-3　字母码表

字母	a	b	c	…	z	空格
码字	1	2	3	…	26	0

如果发送者想要传达指令 action: 1, 3, 20, 9, 15, 14，可以直接发送矩阵 $B=\begin{bmatrix}1&9\\3&15\\20&14\end{bmatrix}$，但这是不加密的信息，极易被破译，很不安全。

我们必须对信息加密，使得只有知道密钥的接收者才能快速、准确地破译。

例如，取 3 阶可逆阵 $A=\begin{bmatrix}1&2&3\\1&1&2\\0&1&2\end{bmatrix}$，于是 $A^{-1}=\begin{bmatrix}0&1&-1\\2&-2&-1\\-1&1&1\end{bmatrix}$，发送者用加密矩阵 A 对信息矩阵 B 进行加密，再发送矩阵

$$C=AB=\begin{bmatrix}1&2&3\\1&1&2\\0&1&2\end{bmatrix}\begin{bmatrix}1&9\\3&15\\20&14\end{bmatrix}=\begin{bmatrix}67&81\\44&52\\43&43\end{bmatrix}$$

接收者用密钥 A^{-1} 对收到的矩阵 C 进行解密，得到

$$B=A^{-1}C=\begin{bmatrix}0&1&-1\\2&-2&-1\\-1&1&1\end{bmatrix}\begin{bmatrix}67&81\\44&52\\43&43\end{bmatrix}=\begin{bmatrix}1&9\\3&15\\20&14\end{bmatrix}$$

这就表示指令 action。

1.3　向量组的线性相关性与矩阵的秩

在解析几何中，有几何意义非常明显的 2 维向量和 3 维向量的概念，如以坐标原点为起点，以 $P(x,y,z)$ 为终点的矢量 $\overrightarrow{OP}=(x,y,z)$ 就是 3 维向量。但是，在一些实际问题与数学计算中，往往要涉及一般的 n 维向量。本节主要研究一般 n 维向量的线性相关性、

向量组的秩、矩阵的秩和向量的正交性等问题。

1.3.1 n 维向量

作为 2 维和 3 维向量的自然推广，一般的 n 维向量定义如下。

定义 1-21 称 n 行 1 列矩阵 $\boldsymbol{\alpha}=\begin{bmatrix}a_1\\a_2\\\vdots\\a_n\end{bmatrix}$ 为一个 n 维列向量。数 a_i 称为 $\boldsymbol{\alpha}$ 的第 i 个分量（或第 i 个坐标）（$i=1,2,\cdots,n$）。同理，定义 1 行 n 列矩阵 $\boldsymbol{\alpha}^{\mathrm{T}}=(a_1,a_2,\cdots,a_n)$ 为一个 n 维行向量。行向量与列向量统称为向量。

本书中，列（行）向量一般用希腊字母 $\boldsymbol{\alpha},\boldsymbol{\beta},\boldsymbol{\gamma},\cdots$（$\boldsymbol{\alpha}^{\mathrm{T}},\boldsymbol{\beta}^{\mathrm{T}},\boldsymbol{\gamma}^{\mathrm{T}},\cdots$）或英文大写字母 $\boldsymbol{X},\boldsymbol{Y},\cdots$（$\boldsymbol{X}^{\mathrm{T}},\boldsymbol{Y}^{\mathrm{T}},\cdots$）表示。分量为实数的向量称为实向量，分量为复数的向量称为复向量。除非特别说明，本书所提及的向量一般指实向量。

由于向量是一类特殊矩阵，因此由矩阵的运算及其性质就可以直接得到与之相对应向量的运算及其性质，以下一一列出。

称两个向量 $\boldsymbol{\alpha}=\begin{bmatrix}a_1\\a_2\\\vdots\\a_n\end{bmatrix}$，$\boldsymbol{\beta}=\begin{bmatrix}b_1\\b_2\\\vdots\\b_n\end{bmatrix}$ 是相等的，如果 $a_i=b_i$（$i=1,2,\cdots,n$），记作 $\boldsymbol{\alpha}=\boldsymbol{\beta}$。

分量全为零的 n 维向量称为 n 维零向量，简记为 $\mathbf{0}$，即 $\mathbf{0}=\begin{bmatrix}0\\0\\\vdots\\0\end{bmatrix}$。称向量 $\begin{bmatrix}-a_1\\-a_2\\\vdots\\-a_n\end{bmatrix}$ 为向量 $\boldsymbol{\alpha}=\begin{bmatrix}a_1\\a_2\\\vdots\\a_n\end{bmatrix}$ 的负向量，记作 $-\boldsymbol{\alpha}$。

定义 1-22 称向量 $\begin{bmatrix}a_1+b_1\\a_2+b_2\\\vdots\\a_n+b_n\end{bmatrix}$ 为向量 $\boldsymbol{\alpha}=\begin{bmatrix}a_1\\a_2\\\vdots\\a_n\end{bmatrix}$ 与 $\boldsymbol{\beta}=\begin{bmatrix}b_1\\b_2\\\vdots\\b_n\end{bmatrix}$ 的和，记作 $\boldsymbol{\alpha}+\boldsymbol{\beta}=\begin{bmatrix}a_1+b_1\\a_2+b_2\\\vdots\\a_n+b_n\end{bmatrix}$。

向量 $\boldsymbol{\alpha}$ 与 $\boldsymbol{\beta}$ 的差可以定义为 $\boldsymbol{\alpha}-\boldsymbol{\beta}=\boldsymbol{\alpha}+(-\boldsymbol{\beta})$。

定义 1-23 称向量 $\begin{bmatrix}\lambda a_1\\\lambda a_2\\\vdots\\\lambda a_n\end{bmatrix}$ 为数 λ 与向量 $\boldsymbol{\alpha}=\begin{bmatrix}a_1\\a_2\\\vdots\\a_n\end{bmatrix}$ 的数量乘积（简称数乘），记作

$$\lambda\boldsymbol{\alpha}=\begin{bmatrix}\lambda a_1\\ \lambda a_2\\ \vdots\\ \lambda a_n\end{bmatrix}。$$

向量的加法与数乘运算称为向量的线性运算。向量的线性运算和矩阵的线性运算一样，有如下性质。

性质 1-8　设 $\boldsymbol{\alpha},\boldsymbol{\beta},\boldsymbol{\gamma}$ 是任意 n 维向量，且 λ,μ 是数，则

（1）$\boldsymbol{\alpha}+\boldsymbol{\beta}=\boldsymbol{\beta}+\boldsymbol{\alpha}$（加法交换律）；

（2）$\boldsymbol{\alpha}+(\boldsymbol{\beta}+\boldsymbol{\gamma})=(\boldsymbol{\alpha}+\boldsymbol{\beta})+\boldsymbol{\gamma}$（加法结合律）；

（3）$\boldsymbol{\alpha}+\mathbf{0}=\mathbf{0}+\boldsymbol{\alpha}=\boldsymbol{\alpha}$；

（4）$\boldsymbol{\alpha}+(-\boldsymbol{\alpha})=\mathbf{0}$；

（5）$\lambda(\boldsymbol{\alpha}+\boldsymbol{\beta})=\lambda\boldsymbol{\alpha}+\lambda\boldsymbol{\beta}$；

（6）$(\lambda+\mu)\boldsymbol{\alpha}=\lambda\boldsymbol{\alpha}+\mu\boldsymbol{\alpha}$；

（7）$\lambda(\mu\boldsymbol{\alpha})=(\lambda\mu)\boldsymbol{\alpha}$；

（8）$1\boldsymbol{\alpha}=\boldsymbol{\alpha}$。

例 1-22　某工厂生产甲、乙、丙、丁四种不同型号的产品，今年年产量和明年计划年产量（单位：台）分别按产品型号顺序用向量表示为

$$\boldsymbol{\alpha}^{\mathrm{T}}=(1000,1020,856,2880)，\quad \boldsymbol{\beta}^{\mathrm{T}}=(1120,1176,940,3252)$$

试问明年计划比今年平均每月多生产甲、乙、丙、丁四种产品各多少台。

解：根据题意得

$$\begin{aligned}\frac{1}{12}(\boldsymbol{\beta}^{\mathrm{T}}-\boldsymbol{\alpha}^{\mathrm{T}})&=\frac{1}{12}(1120-1000,1176-1020,940-856,3252-2880)\\&=\frac{1}{12}(120,156,84,372)=(10,13,7,31)\end{aligned}$$

因此，明年计划比今年平均每月多生产 10 台甲产品、13 台乙产品、7 台丙产品、31 台丁产品。

1.3.2　线性相关与线性无关

若干个同维向量所组成的集合称为向量组。对向量组中向量线性关系的研究，在对线性方程组解的存在性与解的结构研究中显得非常重要。向量组 $\boldsymbol{\alpha}_1,\boldsymbol{\alpha}_2,\cdots,\boldsymbol{\alpha}_m$ 通过有限次线性运算可以构造一些新的向量，这些新的向量统称为该向量组的线性组合，具体定义如下。

定义 1-24　对于 n 维向量组 $\boldsymbol{\alpha}_1,\boldsymbol{\alpha}_2,\cdots,\boldsymbol{\alpha}_m$ 和 n 维向量 $\boldsymbol{\beta}$，如果存在数 $k_1,k_2,\cdots,k_m$，使得 $\boldsymbol{\beta}=k_1\boldsymbol{\alpha}_1+k_2\boldsymbol{\alpha}_2+\cdots+k_m\boldsymbol{\alpha}_m$，则称向量 $\boldsymbol{\beta}$ 为向量组 $\boldsymbol{\alpha}_1,\boldsymbol{\alpha}_2,\cdots,\boldsymbol{\alpha}_m$ 的一个线性组合；也称向量 $\boldsymbol{\beta}$ 可以由向量组 $\boldsymbol{\alpha}_1,\boldsymbol{\alpha}_2,\cdots,\boldsymbol{\alpha}_m$ 线性表示（或线性表出）。

特别地，如果 $\boldsymbol{\beta}$ 可以由向量 $\boldsymbol{\alpha}$ 线性表示，即有数 k，使得 $\boldsymbol{\beta}=k\boldsymbol{\alpha}$，则称 $\boldsymbol{\alpha}$ 与 $\boldsymbol{\beta}$ 呈比例。

例如：零向量是任意向量组 $\boldsymbol{\alpha}_1,\boldsymbol{\alpha}_2,\cdots,\boldsymbol{\alpha}_m$ 的线性组合，因为

$$\mathbf{0} = 0\boldsymbol{\alpha}_1 + 0\boldsymbol{\alpha}_2 + \cdots + 0\boldsymbol{\alpha}_m$$

例 1-23 任意 n 维向量 $\boldsymbol{\alpha} = \begin{bmatrix} a_1 \\ a_2 \\ \vdots \\ a_n \end{bmatrix}$ 是向量组 $\boldsymbol{\varepsilon}_1 = \begin{bmatrix} 1 \\ 0 \\ \vdots \\ 0 \end{bmatrix}, \boldsymbol{\varepsilon}_2 = \begin{bmatrix} 0 \\ 1 \\ \vdots \\ 0 \end{bmatrix}, \cdots, \boldsymbol{\varepsilon}_n = \begin{bmatrix} 0 \\ 0 \\ \vdots \\ 1 \end{bmatrix}$ 的线性组合，因为 $\boldsymbol{\alpha} = a_1\boldsymbol{\varepsilon}_1 + a_2\boldsymbol{\varepsilon}_2 + \cdots + a_n\boldsymbol{\varepsilon}_n$。一般称 $\boldsymbol{\varepsilon}_1, \boldsymbol{\varepsilon}_2, \cdots, \boldsymbol{\varepsilon}_n$ 为 n 维基本向量或 n 维初始单位向量。

n 个未知量 $x_1, x_2, \cdots, x_n$ 的线性方程组

$$\begin{cases} a_{11}x_1 + a_{12}x_2 + \cdots + a_{1n}x_n = b_1 \\ a_{21}x_1 + a_{22}x_2 + \cdots + a_{2n}x_n = b_2 \\ \qquad \vdots \\ a_{m1}x_1 + a_{m2}x_2 + \cdots + a_{mn}x_n = b_m \end{cases} \tag{1.8}$$

是否有解的问题完全等价于 m 维向量 $\boldsymbol{\beta}$ 能否表示为 m 维向量组 $\boldsymbol{\alpha}_1, \boldsymbol{\alpha}_2, \cdots, \boldsymbol{\alpha}_n$ 的线性组合的问题，即是否存在数 $x_1, x_2, \cdots, x_n$ 使得

$$\boldsymbol{\beta} = x_1\boldsymbol{\alpha}_1 + x_2\boldsymbol{\alpha}_2 + \cdots + x_n\boldsymbol{\alpha}_n \tag{1.9}$$

其中，$\boldsymbol{\beta} = \begin{bmatrix} b_1 \\ b_2 \\ \vdots \\ b_m \end{bmatrix}, \boldsymbol{\alpha}_1 = \begin{bmatrix} a_{11} \\ a_{21} \\ \vdots \\ a_{m1} \end{bmatrix}, \boldsymbol{\alpha}_2 = \begin{bmatrix} a_{12} \\ a_{22} \\ \vdots \\ a_{m2} \end{bmatrix}, \cdots, \boldsymbol{\alpha}_n = \begin{bmatrix} a_{1n} \\ a_{2n} \\ \vdots \\ a_{mn} \end{bmatrix}$，式（1.9）称为式（1.8）所示的线性方程组的向量形式。因此，如果要将 $\boldsymbol{\beta}$ 表示为向量组 $\boldsymbol{\alpha}_1, \boldsymbol{\alpha}_2, \cdots, \boldsymbol{\alpha}_n$ 的线性组合，即 $\boldsymbol{\beta} = x_1\boldsymbol{\alpha}_1 + x_2\boldsymbol{\alpha}_2 + \cdots + x_n\boldsymbol{\alpha}_n$，可以将其转化为求解式（1.8）所示的线性方程组。反过来，当研究线性方程组解的存在性与解的结构时，也可以利用向量的线性表示与下面讨论的线性相关性。

定义 1-25 已知 n 维向量组 $\boldsymbol{\alpha}_1, \boldsymbol{\alpha}_2, \cdots, \boldsymbol{\alpha}_m$，如果存在不全为零的一组数 $k_1, k_2, \cdots, k_m$，使得 $k_1\boldsymbol{\alpha}_1 + k_2\boldsymbol{\alpha}_2 + \cdots + k_m\boldsymbol{\alpha}_m = \mathbf{0}$ 成立，则称向量组 $\boldsymbol{\alpha}_1, \boldsymbol{\alpha}_2, \cdots, \boldsymbol{\alpha}_m$ 线性相关；否则，称该向量组线性无关。

实际上，n 维向量组 $\boldsymbol{\alpha}_1, \boldsymbol{\alpha}_2, \cdots, \boldsymbol{\alpha}_m$ 线性无关的充分必要条件是：n 维零向量 $\mathbf{0}$ 能被 n 维向量组 $\boldsymbol{\alpha}_1, \boldsymbol{\alpha}_2, \cdots, \boldsymbol{\alpha}_m$ 唯一地线性表出，即 $k_1\boldsymbol{\alpha}_1 + k_2\boldsymbol{\alpha}_2 + \cdots + k_m\boldsymbol{\alpha}_m = \mathbf{0}$ 当且仅当 $k_1 = k_2 = \cdots = k_m = 0$。

由定义 1-25 可知：一个向量 $\boldsymbol{\alpha}$ 线性相关当且仅当 $\boldsymbol{\alpha}$ 是零向量；反之，一个向量 $\boldsymbol{\alpha}$ 线性无关当且仅当 $\boldsymbol{\alpha} \neq \mathbf{0}$。

例 1-24 4 维向量组 $\boldsymbol{\alpha}_1 = \begin{bmatrix} 1 \\ -9 \\ 8 \\ 7 \end{bmatrix}, \boldsymbol{\alpha}_2 = \begin{bmatrix} 3 \\ -1 \\ 0 \\ -3 \end{bmatrix}, \boldsymbol{\alpha}_3 = \begin{bmatrix} 1 \\ 4 \\ -4 \\ -5 \end{bmatrix}, \boldsymbol{\alpha}_4 = \begin{bmatrix} \lambda_1 \\ \lambda_2 \\ \lambda_3 \\ \lambda_4 \end{bmatrix}$（其中 $\lambda_1, \lambda_2, \lambda_3, \lambda_4$ 是任意实数）是线性相关的，这是因为存在不全为零的数 1，−1，2，0 使得 $\boldsymbol{\alpha}_1 + (-1)\boldsymbol{\alpha}_2 + 2\boldsymbol{\alpha}_3 + 0\boldsymbol{\alpha}_4 = \mathbf{0}$。

对 n 维向量组 $\boldsymbol{\alpha}_1, \boldsymbol{\alpha}_2, \cdots, \boldsymbol{\alpha}_m, \boldsymbol{\beta}$（$\boldsymbol{\beta}$ 是零向量），存在不全为零的数 $0, 0, \cdots, 0, 1$，使得

$0\boldsymbol{\alpha}_1+0\boldsymbol{\alpha}_2+\cdots+0\boldsymbol{\alpha}_m+1\boldsymbol{\beta}=\mathbf{0}$，因此向量组 $\boldsymbol{\alpha}_1,\boldsymbol{\alpha}_2,\cdots,\boldsymbol{\alpha}_m,\boldsymbol{\beta}$ 线性相关。对基本向量 $\boldsymbol{\varepsilon}_1,\boldsymbol{\varepsilon}_2,\cdots,\boldsymbol{\varepsilon}_n$，若 $k_1\boldsymbol{\varepsilon}_1+k_2\boldsymbol{\varepsilon}_2+\cdots+k_n\boldsymbol{\varepsilon}_n=\begin{bmatrix}k_1\\k_2\\\vdots\\k_n\end{bmatrix}=\begin{bmatrix}0\\0\\\vdots\\0\end{bmatrix}$，则显然有 $k_1=k_2=\cdots=k_n=0$，因此有如下结论：

（1）任何含有零向量的向量组一定线性相关；

（2）n 维基本向量组 $\boldsymbol{\varepsilon}_1,\boldsymbol{\varepsilon}_2,\cdots,\boldsymbol{\varepsilon}_n$ 一定线性无关。

定理 1-6　n 维向量组 $\boldsymbol{\alpha}_1,\boldsymbol{\alpha}_2,\cdots,\boldsymbol{\alpha}_m$（$m\geqslant 2$）线性相关的充分必要条件是该向量组中至少存在一个向量可以表示为其余 $m-1$ 个向量的线性组合。

定理 1-7　如果 m 个 n 维向量 $\boldsymbol{\alpha}_1,\boldsymbol{\alpha}_2,\cdots,\boldsymbol{\alpha}_m$ 线性无关，且 $m+1$ 个 n 维向量 $\boldsymbol{\alpha}_1,\boldsymbol{\alpha}_2,\cdots,\boldsymbol{\alpha}_m,\boldsymbol{\beta}$ 线性相关，则

（1）$\boldsymbol{\beta}$ 可由向量组 $\boldsymbol{\alpha}_1,\boldsymbol{\alpha}_2,\cdots,\boldsymbol{\alpha}_m$ 线性表示；

（2）（1）中的线性表示唯一确定，即存在唯一一组数 $\lambda_1,\lambda_2,\cdots,\lambda_m$，使得 $\boldsymbol{\beta}=\lambda_1\boldsymbol{\alpha}_1+\lambda_2\boldsymbol{\alpha}_2+\cdots+\lambda_m\boldsymbol{\alpha}_m$。

向量组中一部分向量构成的向量组，称为该向量组的子向量组。

定理 1-8　在 n 维向量组 $\boldsymbol{\alpha}_1,\boldsymbol{\alpha}_2,\cdots,\boldsymbol{\alpha}_m$ 中，若存在某子向量组线性相关，则向量组 $\boldsymbol{\alpha}_1,\boldsymbol{\alpha}_2,\cdots,\boldsymbol{\alpha}_m$ 一定线性相关；反之，若向量组 $\boldsymbol{\alpha}_1,\boldsymbol{\alpha}_2,\cdots,\boldsymbol{\alpha}_m$ 线性无关，则它的任意子向量组都线性无关。

定理 1-9　n 维向量组 $\boldsymbol{\alpha}_1,\boldsymbol{\alpha}_2,\cdots,\boldsymbol{\alpha}_m$ 同时去掉相应的 $n-s$（$n>s$）个分量后得 s 维向量组 $\boldsymbol{\beta}_1,\boldsymbol{\beta}_2,\cdots,\boldsymbol{\beta}_m$，其中 $\boldsymbol{\alpha}_j=\begin{bmatrix}a_{1j}\\a_{2j}\\\vdots\\a_{nj}\end{bmatrix}$，$\boldsymbol{\beta}_j=\begin{bmatrix}a_{1j}\\a_{2j}\\\vdots\\a_{sj}\end{bmatrix}$，$j=1,2,\cdots,m$，则

（1）若 $\boldsymbol{\alpha}_1,\boldsymbol{\alpha}_2,\cdots,\boldsymbol{\alpha}_m$ 线性相关，则 $\boldsymbol{\beta}_1,\boldsymbol{\beta}_2,\cdots,\boldsymbol{\beta}_m$ 也一定线性相关；

（2）若 $\boldsymbol{\beta}_1,\boldsymbol{\beta}_2,\cdots,\boldsymbol{\beta}_m$ 线性无关，则 $\boldsymbol{\alpha}_1,\boldsymbol{\alpha}_2,\cdots,\boldsymbol{\alpha}_m$ 也一定线性无关。

1.3.3　向量组的秩

下面将介绍向量组的等价、极大线性无关组与秩等概念。

定义 1-26　如果 n 维向量组 A：$\boldsymbol{\alpha}_1,\boldsymbol{\alpha}_2,\cdots,\boldsymbol{\alpha}_m$ 中的每个向量都能被 n 维向量组 B：$\boldsymbol{\beta}_1,\boldsymbol{\beta}_2,\cdots,\boldsymbol{\beta}_s$ 线性表出，则称向量组 A 可由向量组 B 线性表出。如果向量组 A 与向量组 B 可以互相线性表出，则称向量组 A 与向量组 B 等价。

由上述定义易知：向量组的任意子向量组可由向量组本身线性表出。任意 n 维向量组 $\boldsymbol{\alpha}_1,\boldsymbol{\alpha}_2,\cdots,\boldsymbol{\alpha}_m$ 可由 n 维基本向量组 E：$\boldsymbol{\varepsilon}_1,\boldsymbol{\varepsilon}_2,\cdots,\boldsymbol{\varepsilon}_n$ 线性表出。特别地，空间直角坐标系中所有 3 维向量构成的向量组 R^3 与基本向量组 $\boldsymbol{i}=\begin{bmatrix}1\\0\\0\end{bmatrix},\boldsymbol{j}=\begin{bmatrix}0\\1\\0\end{bmatrix},\boldsymbol{k}=\begin{bmatrix}0\\0\\1\end{bmatrix}$ 等价。

以下假定A：$\alpha_1,\alpha_2,\cdots,\alpha_m$，$B$：$\beta_1,\beta_2,\cdots,\beta_s$，$C$：$\gamma_1,\gamma_2,\cdots,\gamma_t$都是$n$维向量组。

如果向量组A可由向量组B线性表出，且向量组B可由向量组C线性表出，则向量组A可由向量组C线性表出。证明如下：

设 $\alpha_i = a_{i1}\beta_1 + a_{i2}\beta_2 + \cdots + a_{is}\beta_s = \sum_{j=1}^{s} a_{ij}\beta_j$，其中 $i=1,2,\cdots,m$；

$\beta_j = b_{j1}\gamma_1 + b_{j2}\gamma_2 + \cdots + b_{jt}\gamma_t = \sum_{k=1}^{t} b_{jk}\gamma_k$，其中 $j=1,2,\cdots,s$，则有

$$\alpha_i = a_{i1}\sum_{k=1}^{t} b_{1k}\gamma_k + a_{i2}\sum_{k=1}^{t} b_{2k}\gamma_k + \cdots + a_{is}\sum_{k=1}^{t} b_{sk}\gamma_k = \sum_{j=1}^{s} a_{ij}(\sum_{k=1}^{t} b_{jk}\gamma_k) = \sum_{k=1}^{t}(\sum_{j=1}^{s} a_{ij}b_{jk})\gamma_k$$

由此易证向量组的等价性，即向量组A与向量组C等价。

定理 1-10 如果所含向量个数多的向量组$A:\alpha_1,\alpha_2,\cdots,\alpha_m$能被所含向量个数少的向量组$B:\beta_1,\beta_2,\cdots,\beta_s$线性表出，则向量组$A$一定线性相关。

由定理 1-10 可得以下推论。

推论 1-4 对同维的两个向量组A：$\alpha_1,\alpha_2,\cdots,\alpha_m$与$B$：$\beta_1,\beta_2,\cdots,\beta_s$，如果向量组$A$线性无关且能被向量组$B$线性表出，则一定有$m \leqslant s$。

推论 1-5 如果向量组A：$\alpha_1,\alpha_2,\cdots,\alpha_m$与$B$：$\beta_1,\beta_2,\cdots,\beta_s$都线性无关，且向量组$A$与$B$等价，则一定有$m=s$。

$n+1$个n维向量总可由n维基本向量组E：$\varepsilon_1,\varepsilon_2,\cdots,\varepsilon_n$线性表出，因此有如下推论。

推论 1-6 $n+1$个n维向量一定线性相关。

定义 1-27 向量组A的一个子向量组B称为它的极大线性无关组，如果：

（1）子向量组B是线性无关的；

（2）任取向量组A中一向量添进向量组B后所得的向量组都线性相关。

不妨设向量组A：$\alpha_1,\alpha_2,\cdots,\alpha_m$的一个极大线性无关组为$B$：$\alpha_1,\alpha_2,\cdots,\alpha_r(r<m)$，则由定义 1-24 知向量组$\alpha_1,\alpha_2,\cdots,\alpha_r,\alpha_k(k=r+1,r+2,\cdots,m)$一定线性相关，再由定理 1-6 知$\alpha_k(k=r+1,r+2,\cdots,m)$可由向量组$B$线性表出，因此可证向量组$A$中的每个向量可由$A$的极大线性无关组线性表出。

n维基本向量组E：$\varepsilon_1,\varepsilon_2,\cdots,\varepsilon_n$作为全体$n$维实向量组$\mathbf{R}^n$的线性无关子向量组，是$\mathbf{R}^n$的一个极大线性无关组，这是因为$\mathbf{R}^n$中任意一个向量都可以由$E$：$\varepsilon_1,\varepsilon_2,\cdots,\varepsilon_n$线性表出。值得注意的是，向量组的极大线性无关组一般来说并不唯一，如例 1-25 所示。

例 1-25 设向量组$\alpha_1=\begin{bmatrix}2\\-1\\2\\3\end{bmatrix}$，$\alpha_2=\begin{bmatrix}3\\1\\-2\\0\end{bmatrix}$，$\alpha_3=\begin{bmatrix}1\\-3\\6\\6\end{bmatrix}$，求它的极大线性无关组。

解： 由$\alpha_3=2\alpha_1-\alpha_2$知，$\alpha_2=2\alpha_1-\alpha_3$，$\alpha_1=\frac{1}{2}\alpha_2+\frac{1}{2}\alpha_3$。由于$\alpha_1$与$\alpha_2$的分量不对应呈比例，所以$\alpha_1,\alpha_2$线性无关，同理可知$\alpha_1,\alpha_3$线性无关，$\alpha_2,\alpha_3$也线性无关。因此$\alpha_1,\alpha_2$是该向量组的极大线性无关组，且$\alpha_1,\alpha_3$与$\alpha_2,\alpha_3$是它的另两个极大线性无关组。

尽管向量组的极大线性无关组不一定唯一，但例 1-25 中的三个极大线性无关组中向

量的个数都是 2，这并非偶然，一般有如下结论。

定理 1-11　①向量组与它的任意一个极大线性无关组等价，向量组中任意两个极大线性无关组等价；②向量组中任意两个极大线性无关组所包含的向量个数相等。

由定理 1-11 知，向量组中极大线性无关组所包含向量的个数是一个不变量，这个不变量直接反映向量组自身的特征，这就出现了向量组秩的概念。

定义 1-28　向量组 A 的极大线性无关组中所包含向量的个数称为向量组 A 的秩，记作 $\mathrm{rank}(A)$，简记为 $r(A)$。

只含零向量的向量组没有极大线性无关组，因此规定其秩为零。

例 1-25 中向量组 $\boldsymbol{\alpha}_1,\boldsymbol{\alpha}_2,\boldsymbol{\alpha}_3$ 的秩为 2；全体 n 维实向量组 $\mathbf{R}^n$ 的秩为 n。

定理 1-12　如果向量组 A 可以由向量组 B 线性表出，则 $r(A)\leqslant r(B)$。

推论 1-7　如果向量组 A 与向量组 B 等价，则 $r(A)=r(B)$。

值得注意的是，推论 1-7 反过来的结论未必成立，即秩相等的两个同维向量组不一定等价。如取向量组 $A:\boldsymbol{\alpha}_1=\begin{bmatrix}1\\0\\0\end{bmatrix},\boldsymbol{\alpha}_2=\begin{bmatrix}0\\1\\0\end{bmatrix}$ 与 $B:\boldsymbol{\beta}_1=\begin{bmatrix}0\\0\\1\end{bmatrix},\boldsymbol{\beta}_2=\begin{bmatrix}0\\1\\0\end{bmatrix}$，显然 $r(A)=r(B)=2$，但向量组 A 与 B 并不等价。

1.3.4　矩阵的秩

对于 $m\times n$ 矩阵 $\boldsymbol{A}=\begin{bmatrix}a_{11}&a_{12}&\cdots&a_{1n}\\a_{21}&a_{22}&\cdots&a_{2n}\\\vdots&\vdots&\ddots&\vdots\\a_{m1}&a_{m2}&\cdots&a_{mn}\end{bmatrix}$，它的每行（每列）都可以看作一个 n 维行向量（m 维列向量），因而一般称 m 个 n 维行向量

$$\boldsymbol{\alpha}_1{}^{\mathrm{T}}=(a_{11},a_{12},\cdots,a_{1n}),\ \boldsymbol{\alpha}_2{}^{\mathrm{T}}=(a_{21},a_{22},\cdots,a_{2n}),\cdots,\ \boldsymbol{\alpha}_m{}^{\mathrm{T}}=(a_{m1},a_{m2},\cdots,a_{mn})$$

为矩阵 $\boldsymbol{A}$ 的行向量组；同理称 n 个 m 维的列向量为矩阵 $\boldsymbol{A}$ 的列向量组。

称矩阵 $\boldsymbol{A}$ 的行向量组（列向量组）的秩为矩阵 $\boldsymbol{A}$ 的行秩（列秩）。

例 1-26　求矩阵 $\boldsymbol{A}=\begin{bmatrix}0&1&2&4&0&-1&0\\0&0&0&0&1&6&0\\0&0&0&0&0&0&1\\0&0&0&0&0&0&0\end{bmatrix}$ 的行秩与列秩。

解：矩阵 $\boldsymbol{A}$ 的列向量组为 $\boldsymbol{\beta}_1=\begin{bmatrix}0\\0\\0\\0\end{bmatrix}$，$\boldsymbol{\beta}_2=\begin{bmatrix}1\\0\\0\\0\end{bmatrix}$，$\boldsymbol{\beta}_3=\begin{bmatrix}2\\0\\0\\0\end{bmatrix}$，$\boldsymbol{\beta}_4=\begin{bmatrix}4\\0\\0\\0\end{bmatrix}$，$\boldsymbol{\beta}_5=\begin{bmatrix}0\\1\\0\\0\end{bmatrix}$，$\boldsymbol{\beta}_6=\begin{bmatrix}-1\\6\\0\\0\end{bmatrix}$，$\boldsymbol{\beta}_7=\begin{bmatrix}0\\0\\1\\0\end{bmatrix}$，显然 $\boldsymbol{\beta}_2,\boldsymbol{\beta}_5,\boldsymbol{\beta}_7$ 是线性无关的，且 $\boldsymbol{\beta}_3=2\boldsymbol{\beta}_2$，$\boldsymbol{\beta}_4=4\boldsymbol{\beta}_2$，

$\beta_6 = -\beta_2 + 6\beta_5$，因此$\beta_2,\beta_5,\beta_7$是列向量组的极大线性无关组，$A$的列秩为 3。$A$的行向量组为$\alpha_1^{\mathrm{T}} = (0,1,2,4,0,-1,0)$，$\alpha_2^{\mathrm{T}} = (0,0,0,0,1,6,0)$，$\alpha_3^{\mathrm{T}} = (0,0,0,0,0,0,1)$，$\alpha_4^{\mathrm{T}} = (0,0,0,0,0,0,0)$。如果

$$k_1\alpha_1^{\mathrm{T}} + k_2\alpha_2^{\mathrm{T}} + k_3\alpha_3^{\mathrm{T}} = (0,k_1,2k_1,4k_1,k_2,-k_1+6k_2,k_3) = (0,0,0,0,0,0,0)$$

则$k_1 = k_2 = k_3 = 0$，因此，$\alpha_1^{\mathrm{T}},\alpha_2^{\mathrm{T}},\alpha_3^{\mathrm{T}}$是线性无关的且为$A$的行向量组的极大线性无关组，$A$的行秩为 3。

定理 1-13 对$m \times n$矩阵A做有限次初等行变换将其变为矩阵B，则

（1）A的行秩等于B的行秩；

（2）A的任意列子向量组和与它相对应的B的列子向量组都有相同的线性关系，即若

$$A = (\alpha_1,\alpha_2,\cdots,\alpha_n) \xrightarrow{\text{初等行变换}} B = (\beta_1,\beta_2,\cdots,\beta_n)$$

则对任意$1 \leqslant i_1 < i_2 < \cdots < i_k \leqslant n$，向量组$\alpha_{i_1},\alpha_{i_2},\cdots,\alpha_{i_k}$与向量组$\beta_{i_1},\beta_{i_2},\cdots,\beta_{i_k}$都有相同的线性关系，进而有$A$的列秩等于$B$的列秩。

由定理 1-13 可得求向量组的秩、极大线性无关组及把其余向量表示为极大线性无关组线性组合的简单方法：以向量组的向量为列组成矩阵A，通过初等行变换将其化为行阶梯形矩阵，然后化为行最简形矩阵。秩等于行阶梯形矩阵的非零行的行数。行阶梯形矩阵（或行最简形矩阵）中每行首个非零元所在列对应的原矩阵A的相应列向量，就构成它的一个极大线性无关组。用行最简形矩阵可将其余向量表示为所求极大线性无关组的线性组合。对于行向量组，可以先将其转置变为列向量组，或者对称地仅用初等列变换化为列最简形矩阵求解。

例 1-27 求向量组$\alpha_1 = \begin{bmatrix}1\\2\\3\\-1\end{bmatrix}$，$\alpha_2 = \begin{bmatrix}2\\2\\2\\-1\end{bmatrix}$，$\alpha_3 = \begin{bmatrix}3\\2\\1\\-1\end{bmatrix}$，$\alpha_4 = \begin{bmatrix}2\\3\\1\\1\end{bmatrix}$，$\alpha_5 = \begin{bmatrix}5\\5\\2\\0\end{bmatrix}$的秩和它的一个极大线性无关组，并把其余向量表示为所求极大线性无关组的线性组合。

解：

$$A = \begin{bmatrix}1 & 2 & 3 & 2 & 5\\2 & 2 & 2 & 3 & 5\\3 & 2 & 1 & 1 & 2\\-1 & -1 & -1 & 1 & 0\end{bmatrix} \xrightarrow[r_4+r_1]{\substack{r_2-2r_1\\r_3-3r_1}} \begin{bmatrix}1 & 2 & 3 & 2 & 5\\0 & -2 & -4 & -1 & -5\\0 & -4 & -8 & -5 & -13\\0 & 1 & 2 & 3 & 5\end{bmatrix} \xrightarrow[r_4+2r_2]{\substack{r_2\leftrightarrow r_4\\r_3+4r_2}} \begin{bmatrix}1 & 2 & 3 & 2 & 5\\0 & 1 & 2 & 3 & 5\\0 & 0 & 0 & 7 & 7\\0 & 0 & 0 & 5 & 5\end{bmatrix}$$

$$\xrightarrow[r_4-5r_3]{\frac{1}{7}r_3} \begin{bmatrix}1 & 2 & 3 & 2 & 5\\0 & 1 & 2 & 3 & 5\\0 & 0 & 0 & 1 & 1\\0 & 0 & 0 & 0 & 0\end{bmatrix} \xrightarrow[r_1-2r_3]{r_2-3r_3} \begin{bmatrix}1 & 2 & 3 & 0 & 3\\0 & 1 & 2 & 0 & 2\\0 & 0 & 0 & 1 & 1\\0 & 0 & 0 & 0 & 0\end{bmatrix} \xrightarrow{r_1-2r_2} \begin{bmatrix}1 & 0 & -1 & 0 & -1\\0 & 1 & 2 & 0 & 2\\0 & 0 & 0 & 1 & 1\\0 & 0 & 0 & 0 & 0\end{bmatrix}$$

因此得列向量组：$\beta_1 = \begin{bmatrix}1\\0\\0\\0\end{bmatrix}$，$\beta_2 = \begin{bmatrix}0\\1\\0\\0\end{bmatrix}$，$\beta_3 = \begin{bmatrix}-1\\2\\0\\0\end{bmatrix}$，$\beta_4 = \begin{bmatrix}0\\0\\1\\0\end{bmatrix}$，$\beta_5 = \begin{bmatrix}-1\\2\\1\\0\end{bmatrix}$，显然

β_1,β_2,β_4 是此向量组的极大线性无关组，且 $\beta_3=-\beta_1+2\beta_2$，$\beta_5=-\beta_1+2\beta_2+\beta_4$。

因此，根据定理易知：向量组 $\alpha_1,\alpha_2,\alpha_3,\alpha_4,\alpha_5$ 的极大线性无关组为 $\alpha_1,\alpha_2,\alpha_4$，故该向量组的秩为 3，且 $\alpha_3=-\alpha_1+2\alpha_2$，$\alpha_5=-\alpha_1+2\alpha_2+\alpha_4$。

例 1-26 中矩阵的行秩等于它的列秩并非偶然。由定理 1-13，初等行变换既不改变矩阵的行秩，也不改变矩阵的列秩，同理初等列变换不改变矩阵的行秩与列秩。对任意 $m\times n$ 矩阵 $\boldsymbol{A}$，通过有限次初等变换后，总可以化为标准形 $\begin{bmatrix}\boldsymbol{E}_r & \boldsymbol{O}_{r\times(n-r)}\\ \boldsymbol{O}_{(m-r)\times r} & \boldsymbol{O}_{(m-r)\times(n-r)}\end{bmatrix}$，而标准形矩阵的行秩显然等于它的列秩，因此可得如下重要结论。

定理 1-14　矩阵的行秩等于它的列秩。

定义 1-29　$m\times n$ 矩阵 $\boldsymbol{A}$ 的行秩（或 $\boldsymbol{A}$ 的列秩）称为矩阵 $\boldsymbol{A}$ 的秩，记作 $r(\boldsymbol{A})$。

n 阶方阵 $\boldsymbol{A}$ 的秩为 n 时，一般称方阵 $\boldsymbol{A}$ 满秩。

定理 1-15　n 阶方阵 $\boldsymbol{A}$ 满秩的充分必要条件是它的行列式 $|\boldsymbol{A}|\neq 0$。

定义 1-30　位于矩阵 $\boldsymbol{A}=\begin{bmatrix}a_{11} & a_{12} & \cdots & a_{1n}\\ a_{21} & a_{22} & \cdots & a_{2n}\\ \vdots & \vdots & \ddots & \vdots\\ a_{m1} & a_{m2} & \cdots & a_{mn}\end{bmatrix}$ 的任意 k 行 $(1\leqslant i_1<i_2<\cdots<i_k\leqslant l$，其中 $l=\min\{m,n\})$ 与任意 k 列 $(1\leqslant j_1<j_2<\cdots<j_k\leqslant l)$ 交叉点上的 k^2 个元素按照原来的次序所构成的一个 k 阶行列式 $\begin{vmatrix}a_{i_1j_1} & a_{i_1j_2} & \cdots & a_{i_1j_k}\\ a_{i_2j_1} & a_{i_2j_2} & \cdots & a_{i_2j_k}\\ \vdots & \vdots & \ddots & \vdots\\ a_{i_kj_1} & a_{i_kj_2} & \cdots & a_{i_kj_k}\end{vmatrix}$ 称为矩阵 $\boldsymbol{A}$ 的 k 阶子行列式，简称矩阵 $\boldsymbol{A}$ 的 k 阶子式。特别地，当 $i_1=j_1,i_2=j_2,\cdots,i_k=j_k$ 时，该行列式又称为矩阵 $\boldsymbol{A}$ 的 k 阶主子式。

矩阵的秩也可用它的非零子式刻画如下。

定理 1-16　$m\times n$ 矩阵 $\boldsymbol{A}$ 的秩等于矩阵 $\boldsymbol{A}$ 的所有非零子式的最高阶数。

关于矩阵的秩，还有如下几个常用性质。

性质 1-9 对任意矩阵 $\boldsymbol{A}_{m\times n},\boldsymbol{B}_{m\times n},\boldsymbol{C}_{n\times s}$，有

（1）两个矩阵和的秩不超过两个矩阵秩的和，即 $r(\boldsymbol{A}+\boldsymbol{B})\leqslant r(\boldsymbol{A})+r(\boldsymbol{B})$。

（2）两个矩阵积的秩不超过左乘矩阵的秩，也不超过右乘矩阵的秩，即 $r(\boldsymbol{AC})\leqslant\min\{r(\boldsymbol{A}),r(\boldsymbol{C})\}$。

（3）矩阵左乘或右乘可逆方阵，其秩不变。即若 $\boldsymbol{P},\boldsymbol{Q}$ 分别是 m 阶、n 阶可逆方阵，则 $r(\boldsymbol{A}_{m\times n})=r(\boldsymbol{PA}_{m\times n})=r(\boldsymbol{A}_{m\times n}\boldsymbol{Q})=r(\boldsymbol{PA}_{m\times n}\boldsymbol{Q})$。

推论 1-8　（1）n 个矩阵和的秩不超过这 n 个矩阵秩的和，即

$$r(\boldsymbol{A}_1+\boldsymbol{A}_2+\cdots+\boldsymbol{A}_n)\leqslant r(\boldsymbol{A}_1)+r(\boldsymbol{A}_2)+\cdots+r(\boldsymbol{A}_n)$$

（2）n 个矩阵积的秩不超过各因子矩阵的秩，即

$$r(\boldsymbol{B}_1\boldsymbol{B}_2\cdots\boldsymbol{B}_n)\leqslant\min\{r(\boldsymbol{B}_1),r(\boldsymbol{B}_2),\cdots,r(\boldsymbol{B}_n)\}$$

对于 $m\times n$ 矩阵 $\boldsymbol{A}$，若 $r(\boldsymbol{A})=r$，则在矩阵等价意义下，其最简单的形式是什么？

定理 1-17　对于 $m\times n$ 矩阵 $\boldsymbol{A}$，若 $r(\boldsymbol{A})=r$，则一定存在 m 阶可逆方阵 $\boldsymbol{P}$ 和 n 阶可逆

方阵$\boldsymbol{Q}$，使得$\boldsymbol{PAQ}=\begin{bmatrix} \boldsymbol{E}_r & \boldsymbol{O}_{r\times(n-r)} \\ \boldsymbol{O}_{(m-r)\times r} & \boldsymbol{O}_{(m-r)\times(n-r)} \end{bmatrix}$，其中$\boldsymbol{E}_r$是$r$阶单位矩阵，$\boldsymbol{O}_{r\times(n-r)}$，$\boldsymbol{O}_{(m-r)\times r}$，$\boldsymbol{O}_{(m-r)\times(n-r)}$全是零矩阵。

一般称矩阵$\boldsymbol{B}_r=\begin{bmatrix} \boldsymbol{E}_r & \boldsymbol{O}_{r\times(n-r)} \\ \boldsymbol{O}_{(m-r)\times r} & \boldsymbol{O}_{(m-r)\times(n-r)} \end{bmatrix}$（其中$\boldsymbol{E}_r$是$r$阶单位矩阵，$\boldsymbol{O}_{r\times(n-r)}$，$\boldsymbol{O}_{(m-r)\times r}$，$\boldsymbol{O}_{(m-r)\times(n-r)}$全是零矩阵）为$m\times n$矩阵的等价标准形。规定$\boldsymbol{B}_0=\boldsymbol{O}_{m\times n}$是零矩阵。由定理知，所有$m$行$n$列矩阵总等价于如下$l+1$个等价标准形矩阵：$\boldsymbol{B}_0,\boldsymbol{B}_1,\boldsymbol{B}_2,\cdots,\boldsymbol{B}_l$，其中$l=\min\{m,n\}$。因此，由矩阵等价的传递性可得如下结论。

推论 1-9 对同型矩阵$\boldsymbol{A},\boldsymbol{B}$，$r(\boldsymbol{A})=r(\boldsymbol{B})$的充分必要条件是$\boldsymbol{A}$和$\boldsymbol{B}$等价。

1.3.5 向量空间

定义 1-31 设V是定义在实数集$\mathbf{R}$上的n维向量的一个非空集合，如果V中向量对加法和数乘运算封闭，即：①对任意$\boldsymbol{\alpha},\boldsymbol{\beta}\in V$，总有$\boldsymbol{\alpha}+\boldsymbol{\beta}\in V$；②对任意$\boldsymbol{\alpha}\in V,k\in\mathbf{R}$，总有$k\boldsymbol{\alpha}\in V$，则称$V$是一个向量空间。

注意向量空间V中的向量满足性质 1-8 的 8 条基本运算规律。显然任何向量空间都包含零向量，只含零向量的向量空间称为零向量空间。易知n维实向量全体$\mathbf{R}^n$是一个向量空间。

例 1-28 在解析几何中，以平面直角坐标系或空间直角坐标系的坐标原点为起点引出的所有向量（或矢量）的集合，恰好构成了向量空间$\mathbf{R}^2$或$\mathbf{R}^3$，这是因为它们对向量的加法与实数乘向量的运算都封闭。

例 1-29 在空间直角坐标系$Oxyz$中：①所有平行于坐标平面Oxy的向量构成的集合$V_2=\{(x,y,0)\,|\,x\in\mathbf{R},y\in\mathbf{R}\}\subseteq\mathbf{R}^3$是一个向量空间，因为从几何意义上看，显然它对向量的加法与实数乘向量的运算都封闭；②所有起点在坐标原点O、终点在平面$z=1$上的向量（或矢量）构成的集合$V=\{(x,y,1)\,|\,x\in\mathbf{R},y\in\mathbf{R}\}$不是向量空间，因为$(x,y,1)+(0,0,1)=(x,y,2)\notin V$。

由n维向量$\boldsymbol{\alpha}_1,\boldsymbol{\alpha}_2,\cdots,\boldsymbol{\alpha}_m$的任意线性组合构成的向量集

$$V=\{k_1\boldsymbol{\alpha}_1+k_2\boldsymbol{\alpha}_2+\cdots+k_m\boldsymbol{\alpha}_m\,|\,k_1,k_2,\cdots,k_m\in\mathbf{R}\}$$

是一个向量空间，称其为由$\boldsymbol{\alpha}_1,\boldsymbol{\alpha}_2,\cdots,\boldsymbol{\alpha}_m$生成的向量空间，记作$L(\boldsymbol{\alpha}_1,\boldsymbol{\alpha}_2,\cdots,\boldsymbol{\alpha}_m)$。

验证如下：对任意$\boldsymbol{\eta}=k_1\boldsymbol{\alpha}_1+k_2\boldsymbol{\alpha}_2+\cdots+k_m\boldsymbol{\alpha}_m\in V$和$\lambda\in\mathbf{R}$有

$$\lambda\boldsymbol{\eta}=\lambda(k_1\boldsymbol{\alpha}_1+k_2\boldsymbol{\alpha}_2+\cdots+k_m\boldsymbol{\alpha}_m)=\lambda k_1\boldsymbol{\alpha}_1+\lambda k_2\boldsymbol{\alpha}_2+\cdots+\lambda k_m\boldsymbol{\alpha}_m\in V$$

对V中任意两向量$\boldsymbol{\eta}_1=k_1\boldsymbol{\alpha}_1+k_2\boldsymbol{\alpha}_2+\cdots+k_m\boldsymbol{\alpha}_m$与$\boldsymbol{\eta}_2=l_1\boldsymbol{\alpha}_1+l_2\boldsymbol{\alpha}_2+\cdots+l_m\boldsymbol{\alpha}_m$有

$$\begin{aligned}\boldsymbol{\eta}_1+\boldsymbol{\eta}_2&=(k_1\boldsymbol{\alpha}_1+k_2\boldsymbol{\alpha}_2+\cdots+k_m\boldsymbol{\alpha}_m)+(l_1\boldsymbol{\alpha}_1+l_2\boldsymbol{\alpha}_2+\cdots+l_m\boldsymbol{\alpha}_m)\\&=(k_1+l_1)\boldsymbol{\alpha}_1+(k_2+l\ )\boldsymbol{\alpha}_2+\cdots+(k_m+l_m)\boldsymbol{\alpha}_m\in V\end{aligned}$$

设V是向量空间且$W\subseteq V$，若W是向量空间，则称W是V的子向量空间，简称子空间。如例 1-29 中的$V_2=\{(x,y,0)\,|\,x\in\mathbf{R},y\in\mathbf{R}\}$是$\mathbf{R}^3$的子空间。

定义 1-32 如果向量组$\boldsymbol{\alpha}_1,\boldsymbol{\alpha}_2,\cdots,\boldsymbol{\alpha}_r$是向量空间$V$中的极大线性无关组，即①$\boldsymbol{\alpha}_1,\boldsymbol{\alpha}_2,\cdots,\boldsymbol{\alpha}_r$是线性无关的；②向量空间$V$中任意一个向量$\boldsymbol{\beta}$都可由$\boldsymbol{\alpha}_1,\boldsymbol{\alpha}_2,\cdots,\boldsymbol{\alpha}_r$线性表出，

则称 $\alpha_1,\alpha_2,\cdots,\alpha_r$ 是向量空间 V 的一个基，称此向量组中向量的个数 r 为向量空间 V 的维数，记作 $\dim(V)=r$。此外，若 $\beta=x_1\alpha_1+x_2\alpha_2+\cdots+x_r\alpha_r$，则称有序数组 $(x_1,x_2,\cdots,x_r)$ 为向量 β 在基 $\alpha_1,\alpha_2,\cdots,\alpha_r$ 下的坐标，记作 $\begin{bmatrix} x_1\\ x_2\\ \vdots\\ x_r\end{bmatrix}$ 或 $(x_1,x_2,\cdots,x_r)$。

向量空间的维数就是向量空间作为向量组的秩。零向量空间没有基，规定其维数为 0。由向量组的极大线性无关组及其秩的性质易知：非零向量空间的基不唯一，但向量空间的维数被向量空间自身唯一确定。向量空间中任一向量在某确定基下的坐标表示是唯一确定的。

由 n 维实向量组 $\alpha_1,\alpha_2,\cdots,\alpha_m$ 生成的 $L(\alpha_1,\alpha_2,\cdots,\alpha_m)$ 是 $\mathbf{R}^n$ 的子空间，它的维数 $\dim[L(\alpha_1,\alpha_2,\cdots,\alpha_m)]$ 就是向量组 $\alpha_1,\alpha_2,\cdots,\alpha_m$ 的秩。直接验证可得如下定理。

定理 1-18　（1）如果向量组 $\alpha_1,\alpha_2,\cdots,\alpha_m$ 可由向量组 $\beta_1,\beta_2,\cdots,\beta_s$ 线性表出，则 $L(\alpha_1,\alpha_2,\cdots,\alpha_m)\subseteq L(\beta_1,\beta_2,\cdots,\beta_s)$；

（2）向量组 $\alpha_1,\alpha_2,\cdots,\alpha_m$ 与向量组 $\beta_1,\beta_2,\cdots,\beta_s$ 等价的充分必要条件是 $L(\alpha_1,\alpha_2,\cdots,\alpha_m)=L(\beta_1,\beta_2,\cdots,\beta_s)$。

例 1-30　求向量 $\alpha=\begin{bmatrix} a_1\\ a_2\\ \vdots\\ a_{n-1}\\ a_n\end{bmatrix}$ 分别在基 $\beta_1=\begin{bmatrix} 1\\ 0\\ 0\\ \vdots\\ 0\end{bmatrix}$，$\beta_2=\begin{bmatrix} 1\\ 1\\ 0\\ \vdots\\ 0\end{bmatrix}$，…，$\beta_{n-1}=\begin{bmatrix} 1\\ 1\\ \vdots\\ 1\\ 0\end{bmatrix}$，$\beta_n=\begin{bmatrix} 1\\ 1\\ \vdots\\ 1\\ 1\end{bmatrix}$ 和 n 维基本向量构成的基 $\varepsilon_1,\varepsilon_2,\cdots,\varepsilon_n$ 下的坐标。

解：设 $\alpha=\begin{bmatrix} a_1\\ a_2\\ \vdots\\ a_{n-1}\\ a_n\end{bmatrix}=x_1\beta_1+x_2\beta_2+\cdots+x_{n-1}\beta_{n-1}+x_n\beta_n=\begin{bmatrix} x_1+x_2+\cdots+x_n\\ x_2+\cdots+x_n\\ \vdots\\ x_{n-1}+x_n\\ x_n\end{bmatrix}$，解得 $x_n=a_n$，$x_{n-1}=a_{n-1}-a_n,x_{n-2}=a_{n-2}-a_{n-1},\cdots,x_2=a_2-a_3,x_1=a_1-a_2$。

又显然有 $\alpha=a_1\varepsilon_1+a_2\varepsilon_2+\cdots+a_n\varepsilon_n$，因此向量 α 在基 $\beta_1,\beta_2,\cdots,\beta_n$ 下的坐标是 $\begin{bmatrix} a_1-a_2\\ a_2-a_3\\ \vdots\\ a_{n-1}-a_n\\ a_n\end{bmatrix}$；在基 $\varepsilon_1,\varepsilon_2,\cdots,\varepsilon_n$ 下的坐标是 $\begin{bmatrix} a_1\\ a_2\\ \vdots\\ a_{n-1}\\ a_n\end{bmatrix}$。

1.3.6　欧几里得空间与正交矩阵

在向量空间中，其基本运算就是加法和数乘，但在解析几何中的向量，还有长度、夹角等度量。本节主要介绍向量的一些度量性质。实际上，向量的一系列度量性质都可用向量的内积这一概念来表示。

定义 1-33 设$\boldsymbol{\alpha}=\begin{bmatrix}a_1\\a_2\\\vdots\\a_n\end{bmatrix}$，$\boldsymbol{\beta}=\begin{bmatrix}b_1\\b_2\\\vdots\\b_n\end{bmatrix}$是$\mathbf{R}^n$的两个向量，数$a_1b_1+a_2b_2+\cdots+a_nb_n$称为向量$\boldsymbol{\alpha}$与$\boldsymbol{\beta}$的内积，记作$(\boldsymbol{\alpha},\boldsymbol{\beta})$，即$(\boldsymbol{\alpha},\boldsymbol{\beta})=a_1b_1+a_2b_2+\cdots+a_nb_n=\boldsymbol{\alpha}^{\mathrm{T}}\boldsymbol{\beta}$。

定义了内积的向量空间V称为欧几里得空间。向量空间$\mathbf{R}^n$及其子空间都是关于内积的欧几里得空间。

由内积的定义，可得如下性质。

性质 1-10 设$\boldsymbol{\alpha},\boldsymbol{\beta},\boldsymbol{\gamma}$都是$n$维向量，$\lambda,\mu$是实数，则

（1）$(\boldsymbol{\alpha},\boldsymbol{\beta})=(\boldsymbol{\beta},\boldsymbol{\alpha})$（对称性）；

（2）$(\lambda\boldsymbol{\alpha}+\mu\boldsymbol{\gamma},\boldsymbol{\beta})=\lambda(\boldsymbol{\alpha},\boldsymbol{\beta})+\mu(\boldsymbol{\gamma},\boldsymbol{\beta})$（线性性）；

（3）$(\boldsymbol{\alpha},\boldsymbol{\alpha})\geqslant 0$（非负性），且$(\boldsymbol{\alpha},\boldsymbol{\alpha})=0$当且仅当$\boldsymbol{\alpha}=\mathbf{0}$。

解析几何中3维欧几里得空间$\mathbf{R}^3$中向量长度（或模）的概念，可直接推广到一般欧几里得空间中。

定义 1-34 设$\boldsymbol{\alpha}$是欧几里得空间V的任一向量，非负实数$(\boldsymbol{\alpha},\boldsymbol{\alpha})$的算术平方根$\sqrt{(\boldsymbol{\alpha},\boldsymbol{\alpha})}$称为向量$\boldsymbol{\alpha}$的长度，记作$|\boldsymbol{\alpha}|=\sqrt{(\boldsymbol{\alpha},\boldsymbol{\alpha})}$或$\|\boldsymbol{\alpha}\|=\sqrt{(\boldsymbol{\alpha},\boldsymbol{\alpha})}$。

若$|\boldsymbol{\alpha}|=1$，则称$\boldsymbol{\alpha}$为单位向量。

若$\boldsymbol{\alpha}=\begin{bmatrix}a_1\\a_2\\\vdots\\a_n\end{bmatrix}\in\mathbf{R}^n$，则$\boldsymbol{\alpha}$的长度为$|\boldsymbol{\alpha}|=\sqrt{(\boldsymbol{\alpha},\boldsymbol{\alpha})}=\sqrt{a_1^2+a_2^2+\cdots+a_n^2}$。对任意非零向量$\boldsymbol{\alpha}$，因$|\boldsymbol{\alpha}|\neq 0$，所以它的单位向量为$\dfrac{1}{|\boldsymbol{\alpha}|}\boldsymbol{\alpha}=\dfrac{\boldsymbol{\alpha}}{|\boldsymbol{\alpha}|}$。

向量的长度具有如下性质。

性质 1-11 设$\boldsymbol{\alpha},\boldsymbol{\beta}$都是$n$维向量，$\lambda$是实数，则

（1）长度$|\boldsymbol{\alpha}|\geqslant 0$（非负性），且$|\boldsymbol{\alpha}|=0\Leftrightarrow\boldsymbol{\alpha}=\mathbf{0}$；

（2）$|\lambda\boldsymbol{\alpha}|=|\lambda||\boldsymbol{\alpha}|$（齐次性）；

（3）$|(\boldsymbol{\alpha},\boldsymbol{\beta})|\leqslant|\boldsymbol{\alpha}||\boldsymbol{\beta}|$（柯西不等式）；

（4）$|\boldsymbol{\alpha}+\boldsymbol{\beta}|\leqslant|\boldsymbol{\alpha}|+|\boldsymbol{\beta}|$（三角不等式）。

由以上关于向量内积及向量长度的性质，可以定义欧几里得空间V中任意两个向量$\boldsymbol{\alpha},\boldsymbol{\beta}$的夹角$\theta(\boldsymbol{\alpha},\boldsymbol{\beta})$的余弦和距离$d(\boldsymbol{\alpha},\boldsymbol{\beta})$：

$$\cos\theta(\boldsymbol{\alpha},\boldsymbol{\beta})=\frac{(\boldsymbol{\alpha},\boldsymbol{\beta})}{|\boldsymbol{\alpha}||\boldsymbol{\beta}|};\quad d(\boldsymbol{\alpha},\boldsymbol{\beta})=|\boldsymbol{\alpha}-\boldsymbol{\beta}| \tag{1.10}$$

如果欧几里得空间V中两个非零向量$\boldsymbol{\alpha},\boldsymbol{\beta}$的内积为0，即$(\boldsymbol{\alpha},\boldsymbol{\beta})=0$，则称$\boldsymbol{\alpha},\boldsymbol{\beta}$是正交的。

如上定义的夹角和距离也满足一些常见的几何性质，如三角不等式、勾股定理等。

定义 1-35　若在不含零向量的向量组$\alpha_1,\alpha_2,\cdots,\alpha_m$中，任意两个向量都正交，则称$\alpha_1,\alpha_2,\cdots,\alpha_m$是正交向量组。进一步地，如果正交向量组$\alpha_1,\alpha_2,\cdots,\alpha_m$中的每个向量都是单位向量，则称其为单位正交向量组。

如果正交向量组$\alpha_1,\alpha_2,\cdots,\alpha_m$是向量空间$V$的基，则称$\alpha_1,\alpha_2,\cdots,\alpha_m$为$V$的正交基；如果单位正交向量组$\alpha_1,\alpha_2,\cdots,\alpha_m$是$V$的基，则称$\alpha_1,\alpha_2,\cdots,\alpha_m$为$V$的单位正交基，或称为标准正交基，也可以称为规范正交基。

显然，n维基本向量$\varepsilon_1,\varepsilon_2,\cdots,\varepsilon_n$是$\mathbf{R}^n$的标准正交基。

定理 1-19　正交向量组$\alpha_1,\alpha_2,\cdots,\alpha_m$一定线性无关。

在欧几里得空间中，通常用如下施密特（Schmidt）正交化方法计算标准正交基。

定理 1-20　设A：$\alpha_1,\alpha_2,\cdots,\alpha_m$是线性无关的向量组，则一定存在正交向量组$B$：$\beta_1,\beta_2,\cdots,\beta_m$，使得$A$与$B$等价，进而一定存在单位正交向量组$C$：$\gamma_1,\gamma_2,\cdots,\gamma_m$，使得$A$与$C$等价。

在欧几里得空间V中，如果$\alpha_1,\alpha_2,\cdots,\alpha_m$是$V$的基，则可以利用上述施密特正交化方法求得$V$的标准正交基。

例 1-31　已知欧几里得空间$\mathbf{R}^3$的基A：$\alpha_1=\begin{bmatrix}1\\1\\1\end{bmatrix}$，$\alpha_2=\begin{bmatrix}0\\1\\2\end{bmatrix}$，$\alpha_3=\begin{bmatrix}2\\0\\3\end{bmatrix}$，利用施密特正交化方法，由基$A$构造$\mathbf{R}^3$的标准正交基。

解：先正交化，令$\beta_1=\alpha_1=\begin{bmatrix}1\\1\\1\end{bmatrix}$，$\beta_2=\alpha_2-\dfrac{(\beta_1,\alpha_2)}{(\beta_1,\beta_1)}\beta_1=\begin{bmatrix}0\\1\\2\end{bmatrix}-\dfrac{3}{3}\begin{bmatrix}1\\1\\1\end{bmatrix}=\begin{bmatrix}-1\\0\\1\end{bmatrix}$，

$$\beta_3=\alpha_3-\frac{(\beta_1,\alpha_3)}{(\beta_1,\beta_1)}\beta_1-\frac{(\beta_2,\alpha_3)}{(\beta_2,\beta_2)}\beta_2=\begin{bmatrix}2\\0\\3\end{bmatrix}-\frac{5}{3}\begin{bmatrix}1\\1\\1\end{bmatrix}-\frac{1}{2}\begin{bmatrix}-1\\0\\1\end{bmatrix}=\begin{bmatrix}\frac{5}{6}\\-\frac{5}{3}\\\frac{5}{6}\end{bmatrix}=\frac{5}{6}\begin{bmatrix}1\\-2\\1\end{bmatrix}。$$

再单位化，令$\gamma_1=\dfrac{\beta_1}{|\beta_1|}=\begin{bmatrix}\frac{\sqrt{3}}{3}\\\frac{\sqrt{3}}{3}\\\frac{\sqrt{3}}{3}\end{bmatrix}$，$\gamma_2=\dfrac{\beta_2}{|\beta_2|}=\begin{bmatrix}-\frac{\sqrt{2}}{2}\\0\\\frac{\sqrt{2}}{2}\end{bmatrix}$，$\gamma_3=\dfrac{\beta_3}{|\beta_3|}=\begin{bmatrix}\frac{\sqrt{6}}{6}\\-\frac{\sqrt{6}}{3}\\\frac{\sqrt{6}}{6}\end{bmatrix}$，则$\gamma_1,\gamma_2,\gamma_3$即所求标准正交基。

定义 1-36　对n阶方阵$\boldsymbol{A}$，若$\boldsymbol{A}^{\mathrm{T}}\boldsymbol{A}=\boldsymbol{E}$，则称$\boldsymbol{A}$为正交矩阵。

对正交矩阵 A，由 $A^{\mathrm{T}}A=E$ 得 $1=|E|=|A^{\mathrm{T}}||A|=|A|^2$，因此 $|A|=\pm1\neq0$，即 A 可逆且 $A^{-1}=A^{\mathrm{T}}$。又因为 $(A^{\mathrm{T}})^{\mathrm{T}}A^{\mathrm{T}}=AA^{\mathrm{T}}=A^{\mathrm{T}}A=E$，所以 A^{T} 也是正交矩阵。这就得到关于正交矩阵的如下几个简单性质。

性质 1-12 设 A 是 n 阶正交矩阵，则

（1）A 的行列式 $|A|=1$ 或 $|A|=-1$；

（2）A 的转置就是 A 的逆矩阵，即 $A^{-1}=A^{\mathrm{T}}$；

（3）A^{T} 也是 n 阶正交矩阵。

欧几里得空间 $\mathbf{R}^n$ 中任意标准正交基 $\gamma_1=\begin{bmatrix}a_{11}\\a_{21}\\\vdots\\a_{n1}\end{bmatrix}$，$\gamma_2=\begin{bmatrix}a_{12}\\a_{22}\\\vdots\\a_{n2}\end{bmatrix}$，…，$\gamma_n=\begin{bmatrix}a_{1n}\\a_{2n}\\\vdots\\a_{nn}\end{bmatrix}$ 构成一矩阵 $A=(\gamma_1,\gamma_2,\cdots,\gamma_n)=\begin{bmatrix}a_{11}&a_{12}&\cdots&a_{1n}\\a_{21}&a_{22}&\cdots&a_{2n}\\\vdots&\vdots&\ddots&\vdots\\a_{n1}&a_{n2}&\cdots&a_{nn}\end{bmatrix}$，由于 ${\gamma_i}^{\mathrm{T}}\gamma_j=(\gamma_i,\gamma_j)=\begin{cases}0, & i\neq j\\1, & i=j\end{cases}$，因此有

$$A^{\mathrm{T}}A=\begin{bmatrix}\gamma_1^{\mathrm{T}}\\\gamma_2^{\mathrm{T}}\\\vdots\\\gamma_n^{\mathrm{T}}\end{bmatrix}(\gamma_1,\gamma_2,\cdots,\gamma_n)=\begin{bmatrix}\gamma_1^{\mathrm{T}}\gamma_1&\gamma_1^{\mathrm{T}}\gamma_2&\cdots&\gamma_1^{\mathrm{T}}\gamma_n\\\gamma_2^{\mathrm{T}}\gamma_1&\gamma_2^{\mathrm{T}}\gamma_2&\cdots&\gamma_2^{\mathrm{T}}\gamma_n\\\vdots&\vdots&\ddots&\vdots\\\gamma_n^{\mathrm{T}}\gamma_1&\gamma_n^{\mathrm{T}}\gamma_2&\cdots&\gamma_n^{\mathrm{T}}\gamma_n\end{bmatrix}=E_n$$

即 A 是正交矩阵。反之，若 n 阶方阵 A 是正交矩阵，即 $A^{\mathrm{T}}A=E_n$，可知其列向量组是 $\mathbf{R}^n$ 的标准正交基，由此可得如下定理。

定理 1-21 n 阶方阵 A 是正交矩阵，当且仅当 A 的 n 个列向量（或 n 个行向量）是 $\mathbf{R}^n$ 的标准正交基。

设 $A=\begin{bmatrix}\frac{\sqrt3}{3}&-\frac{\sqrt2}{2}&\frac{\sqrt6}{6}\\\frac{\sqrt3}{3}&0&-\frac{\sqrt6}{3}\\\frac{\sqrt3}{3}&\frac{\sqrt2}{2}&\frac{\sqrt6}{6}\end{bmatrix}$，则有

$$A^{\mathrm{T}}A=\begin{bmatrix}\frac{\sqrt3}{3}&\frac{\sqrt3}{3}&\frac{\sqrt3}{3}\\-\frac{\sqrt2}{2}&0&\frac{\sqrt2}{2}\\\frac{\sqrt6}{6}&-\frac{\sqrt6}{3}&\frac{\sqrt6}{6}\end{bmatrix}\begin{bmatrix}\frac{\sqrt3}{3}&-\frac{\sqrt2}{2}&\frac{\sqrt6}{6}\\\frac{\sqrt3}{3}&0&-\frac{\sqrt6}{3}\\\frac{\sqrt3}{3}&\frac{\sqrt2}{2}&\frac{\sqrt6}{6}\end{bmatrix}=\begin{bmatrix}1&0&0\\0&1&0\\0&0&1\end{bmatrix}$$

这就验证了例 1-31 中所求 $\mathbf{R}^3$ 的基：$\gamma_1=\begin{bmatrix}\frac{\sqrt{3}}{3}\\ \frac{\sqrt{3}}{3}\\ \frac{\sqrt{3}}{3}\end{bmatrix}$，$\gamma_2=\begin{bmatrix}-\frac{\sqrt{2}}{2}\\ 0\\ \frac{\sqrt{2}}{2}\end{bmatrix}$，$\gamma_3=\begin{bmatrix}\frac{\sqrt{6}}{6}\\ -\frac{\sqrt{6}}{3}\\ \frac{\sqrt{6}}{6}\end{bmatrix}$ 是标准正交基。

向量空间的任意向量可以表示为它的基的线性组合，而导数、微分、积分等计算都满足线性性质，因此可以考虑从特殊（基向量）到一般（空间的任意向量）的计算思路，如例 1-32 所示。

例 1-32 求不定积分 $I=\int\frac{c\cos x+d\sin x}{a\cos x+b\sin x}\mathrm{d}x$，其中 a,b,c,d 是常数，且 $a^2+b^2\neq 0$。

解：记 $c\cos x+d\sin x=(\cos x,\sin x)\begin{bmatrix}c\\ d\end{bmatrix}$，当分别取 $\begin{bmatrix}c\\ d\end{bmatrix}$ 为 $\begin{bmatrix}a\\ b\end{bmatrix}$，$\begin{bmatrix}b\\ -a\end{bmatrix}$ 时，计算可得

$$I_1=x+C_1$$

$$I_2=\int\frac{b\cos x-a\sin x}{a\cos x+b\sin x}\mathrm{d}x=\int\frac{\mathrm{d}(a\cos x+b\sin x)}{a\cos x+b\sin x}=\ln|a\cos x+b\sin x|+C_2$$

因为 $a^2+b^2\neq 0$，所以 $\begin{bmatrix}a\\ b\end{bmatrix}$，$\begin{bmatrix}b\\ -a\end{bmatrix}$ 是线性无关的，因此任意 $\begin{bmatrix}c\\ d\end{bmatrix}\in\mathbf{R}^2$，都可由 $\begin{bmatrix}a\\ b\end{bmatrix}$，$\begin{bmatrix}b\\ -a\end{bmatrix}$ 线性表出，即 $\begin{bmatrix}c\\ d\end{bmatrix}=k_1\begin{bmatrix}a\\ b\end{bmatrix}+k_2\begin{bmatrix}b\\ -a\end{bmatrix}$，解之得 $\begin{cases}k_1=\dfrac{ac+bd}{a^2+b^2}\\ k_2=\dfrac{bc-ad}{a^2+b^2}\end{cases}$，由此得

$$\begin{aligned}I&=\int\frac{1}{a\cos x+b\sin x}(\cos x,\sin x)\begin{bmatrix}c\\ d\end{bmatrix}\mathrm{d}x\\ &=\int\frac{k_1}{a\cos x+b\sin x}(\cos x,\sin x)\begin{bmatrix}a\\ b\end{bmatrix}\mathrm{d}x+\int\frac{k_2}{a\cos x+b\sin x}(\cos x,\sin x)\begin{bmatrix}b\\ -a\end{bmatrix}\mathrm{d}x\\ &=k_1I_1+k_2I_2=\frac{ac+bd}{a^2+b^2}x+\frac{bc-ad}{a^2+b^2}\ln|a\cos x+b\sin x|+C\end{aligned}$$

其中，$C=k_1C_1+k_2C_2$。

欧几里得空间中的向量有长度与夹角等度量概念，因此可以考虑一些几何应用。

例 1-33 欧几里得空间 $\mathbf{R}^n$ ($n\geqslant 2$) 中的勾股定理：设 $\boldsymbol{\alpha},\boldsymbol{\beta}\in\mathbf{R}^n$ 且 $\boldsymbol{\alpha}$ 与 $\boldsymbol{\beta}$ 正交，令 $\boldsymbol{\gamma}=\boldsymbol{\alpha}+\boldsymbol{\beta}$，则 $|\boldsymbol{\gamma}|^2=|\boldsymbol{\alpha}+\boldsymbol{\beta}|^2=(\boldsymbol{\alpha}+\boldsymbol{\beta},\boldsymbol{\alpha}+\boldsymbol{\beta})=|\boldsymbol{\alpha}|^2+2(\boldsymbol{\alpha},\boldsymbol{\beta})+|\boldsymbol{\beta}|^2=|\boldsymbol{\alpha}|^2+|\boldsymbol{\beta}|^2$，因为 $(\boldsymbol{\alpha},\boldsymbol{\beta})=0$。

例 1-34 统计数据的相关度与相关矩阵 假设要计算一个班级学生的期末考试成绩和平时作业成绩的相关程度，我们考虑某大学一个教学班一学期两门数学课的作业成绩与考试成绩，表 1-4 所示的作业成绩、测验成绩、期末考试成绩都是两门数学课成绩之和，每门课满分为 100 分。

表 1-4　一个教学班一学期两门数学课成绩

学生	作业成绩	测验成绩	期末考试成绩
S1	198	200	196
S2	160	165	165
S3	158	158	133
S4	150	165	91
S5	175	182	151
S6	134	135	101
S7	152	136	80
平均成绩	161	163	131

将作业成绩、测验成绩、期末考试成绩各看作一集合，研究它们之间的相关关系。为了看出两个成绩集合的相关程度，并考虑不同成绩由于难度的不同形成了成绩高低的差异，将每类成绩的均值调整为 0，各类成绩减去它相应的平均成绩后（也就是将表 1-4 中最后一行的平均成绩乘以 −1 后依次加到对应列的 1～7 行）用如下矩阵表示：

$$\boldsymbol{X}=\begin{bmatrix} 37 & 37 & 65 \\ -1 & 2 & 34 \\ -3 & -5 & 2 \\ -11 & 2 & -40 \\ 14 & 19 & 20 \\ -27 & -28 & -30 \\ -9 & -27 & -51 \end{bmatrix}$$

$\boldsymbol{X}$ 的列向量 $\boldsymbol{\alpha}_1,\boldsymbol{\alpha}_2,\boldsymbol{\alpha}_3$ 表示三个成绩集合中每个学生的成绩相对于均值的偏差，此三个列向量分量之和全为 0，因此，为了比较两个成绩集合，将 $\boldsymbol{X}$ 中两个列向量 $\boldsymbol{\alpha}_i,\boldsymbol{\alpha}_j$ 之间的夹角余弦 $\cos\theta=\dfrac{(\boldsymbol{\alpha}_i,\boldsymbol{\alpha}_j)}{|\boldsymbol{\alpha}_i\|\boldsymbol{\alpha}_j|}$ 作为相关度，若余弦值接近 ±1，说明此二向量接近于“平行”，因此这两个成绩高度相关；反之，若余弦值接近 0，说明此二向量接近于“垂直”，因此这两个成绩是不相关的。例如，作业成绩和测验成绩的相关度为

$$\cos\theta=\frac{(\boldsymbol{\alpha}_1,\boldsymbol{\alpha}_2)}{|\boldsymbol{\alpha}_1\|\boldsymbol{\alpha}_2|}\approx 0.92 \tag{1.11}$$

相关度为 1 的两向量分量对应成比例，即这两个向量线性相关：

$$\boldsymbol{\alpha}_2=k\boldsymbol{\alpha}_1\ （k>0） \tag{1.12}$$

因此，把作业成绩用变量 x 表示，测验成绩用变量 y 表示，相关度为 1 就意味着每名学生的作业成绩与测验成绩对应的数对位于直线 $y=kx$ 上。对于 k，由式（1.12）得 $(\boldsymbol{\alpha}_2,\boldsymbol{\alpha}_1)=(k\boldsymbol{\alpha}_1,\boldsymbol{\alpha}_1)=k(\boldsymbol{\alpha}_1,\boldsymbol{\alpha}_1)$，因此得

$$k=\frac{(\boldsymbol{\alpha}_2,\boldsymbol{\alpha}_1)}{(\boldsymbol{\alpha}_1,\boldsymbol{\alpha}_1)}=\frac{\boldsymbol{\alpha}_2^{\mathrm{T}}\boldsymbol{\alpha}_1}{\boldsymbol{\alpha}_1^{\mathrm{T}}\boldsymbol{\alpha}_1}=\frac{2625}{2506}\approx 1.05 \tag{1.13}$$

综合上述，相关度由式（1.11）计算，拟合线性关系

$$\tilde{y}=kx$$

的系数 k 由式（1.13）计算。

如果考虑单位向量 $\boldsymbol{u}_1=\dfrac{1}{|\boldsymbol{\alpha}_1|}\boldsymbol{\alpha}_1,\boldsymbol{u}_2=\dfrac{1}{|\boldsymbol{\alpha}_2|}\boldsymbol{\alpha}_2$，两个列向量 $\boldsymbol{\alpha}_1,\boldsymbol{\alpha}_2$ 之间的夹角余弦为 $\cos\theta=(\boldsymbol{u}_1,\boldsymbol{u}_2)=\boldsymbol{u}_1^{\mathrm{T}}\boldsymbol{u}_2$，因此将矩阵 $\boldsymbol{X}$ 的 3 个列向量单位化后得如下矩阵：

$$\boldsymbol{U}=\begin{bmatrix}0.74 & 0.65 & 0.62\\ -0.02 & 0.03 & 0.33\\ -0.06 & -0.09 & 0.02\\ -0.22 & 0.03 & -0.38\\ 0.28 & 0.33 & 0.19\\ -0.54 & -0.49 & -0.29\\ -0.18 & -0.47 & -0.49\end{bmatrix}$$

令 $\boldsymbol{C}=\boldsymbol{U}^{\mathrm{T}}\boldsymbol{U}$，则

$$\boldsymbol{C}=\begin{bmatrix}1 & 0.92 & 0.83\\ 0.92 & 1 & 0.83\\ 0.83 & 0.83 & 1\end{bmatrix}$$

易知，$\boldsymbol{C}$ 中第 i 行第 j 列元素就是第 i 行与第 j 列的相关度，矩阵 $\boldsymbol{C}$ 称为相关矩阵。

由于其中相关度都是正的，所以该例子中的三个成绩是正相关的；负相关度表示两组数据的集合是负相关的；相关度为 0 表示两组数据的集合是不相关的。

1.4 特征值与特征向量、矩阵的对角化

我们知道，矩阵 $\boldsymbol{A}$ 与向量 $\boldsymbol{\xi}$ 的乘积 $\boldsymbol{A\xi}$ 仍为一个向量，这里矩阵 $\boldsymbol{A}$ 的作用在几何上可以看成移动向量 $\boldsymbol{\xi}$，显然这种移动可以是各个方向的。但是，$\boldsymbol{A}$ 对一些特殊向量的作用十分简单，仅表现为伸长或缩短。

例 1-35 设 $\boldsymbol{A}=\begin{bmatrix}1 & 3\\ 2 & 2\end{bmatrix}$，$\boldsymbol{\xi}=\begin{bmatrix}1\\ 1\end{bmatrix}$，$\boldsymbol{\eta}=\begin{bmatrix}-3\\ 2\end{bmatrix}$，易知 $\boldsymbol{A\xi}=4\boldsymbol{\xi}$，$\boldsymbol{A\eta}=-\boldsymbol{\eta}$，从图 1-2 可以清楚地看出，$\boldsymbol{A\xi}$ 将向量 $\boldsymbol{\xi}$ 伸长了 4 倍，而 $\boldsymbol{A\eta}$ 则将向量 $\boldsymbol{\eta}$ 向反方向延长了 1 倍。

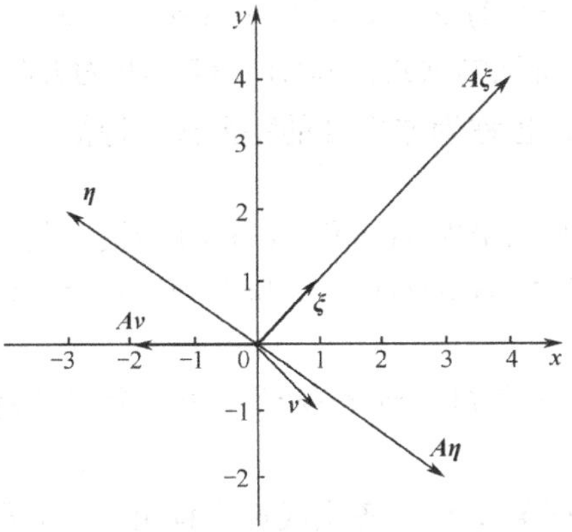

图 1-2 坐标变换图

这种简单的作用在解决实际问题中有十分重要的应用，特别是在定量分析经济生活及各种工程技术中（如机械振动、电磁振荡等）某种状态的发展趋势方面尤其有用。下面将引入矩阵的特征值、特征向量等概念，并对这一类问题进行深入讨论。

1.4.1 矩阵的特征值与特征向量

定义 1-37 设 A 是 n 阶方阵，若存在数 λ 和 n 维非零向量 $\boldsymbol{\alpha}$，使得

$$A\boldsymbol{\alpha}=\lambda\boldsymbol{\alpha} \tag{1.14}$$

则称数 λ 为矩阵 A 的一个特征值，非零向量 $\boldsymbol{\alpha}$ 称为矩阵 A 对应于（或属于）λ 的特征向量。

显然，由定义知例 1-35 中的 4 和−1 均为矩阵 A 的特征值，而 ξ 是对应于特征值 4 的特征向量，η 是对应于特征值−1 的特征向量。若取向量 $\boldsymbol{\nu}=\begin{bmatrix}1\\-1\end{bmatrix}$，则 $A\boldsymbol{\nu}=\begin{bmatrix}1&3\\2&2\end{bmatrix}\begin{bmatrix}1\\-1\end{bmatrix}=\begin{bmatrix}-2\\0\end{bmatrix}\neq\lambda\begin{bmatrix}1\\-1\end{bmatrix}$，故 $\boldsymbol{\nu}$ 不是 A 的特征向量。

值得指出的是，特征值是由特征向量唯一确定的，即一个特征向量对应于一个特征值。事实上，若 $A\boldsymbol{\alpha}=\lambda_1\boldsymbol{\alpha}$，$A\boldsymbol{\alpha}=\lambda_2\boldsymbol{\alpha}$，那么有 $(\lambda_1-\lambda_2)\boldsymbol{\alpha}=\boldsymbol{0}$，因为 $\boldsymbol{\alpha}\neq\boldsymbol{0}$，故 $\lambda_1=\lambda_2$。反之，特征向量不是被特征值唯一确定的，即一个特征值可以有许多对应于它的特征向量。这是因为当 $\boldsymbol{\alpha}$ 为方阵 A 对应于特征值 λ 的特征向量时，总有 $A(k\boldsymbol{\alpha})=kA\boldsymbol{\alpha}=k(\lambda\boldsymbol{\alpha})=\lambda(k\boldsymbol{\alpha})$（$k$ 为非零常数），所以 $k\boldsymbol{\alpha}$（$k\neq0$）都为 A 对应于 λ 的特征向量。

式（1.14）可以等价地改写成

$$(A-\lambda E)X=\boldsymbol{0}$$

这是一个包含 n 个未知量、n 个方程的齐次线性方程组，它有非零解的充分必要条件是系数行列式 $|A-\lambda E|=0$。由行列式的性质知，n 阶行列式 $|A-\lambda E|$ 的展开式是一个关于 λ 的 n 次多项式：

$$f(\lambda)=|A-\lambda E|=\begin{vmatrix}a_{11}-\lambda & a_{12} & \cdots & a_{1n}\\ a_{21} & a_{22}-\lambda & \cdots & a_{2n}\\ \vdots & \vdots & \ddots & \vdots\\ a_{n1} & a_{n2} & \cdots & a_{nn}-\lambda\end{vmatrix}$$
$$=(-1)^n\lambda^n+a_1\lambda^{n-1}+\cdots+a_{n-1}\lambda+a_n$$

称 $f(\lambda)$ 为方阵 A 关于 λ 的特征多项式；称 $|A-\lambda E|=0$ 为方阵 A 的特征方程；特征方程的根就是方阵 A 的特征值，也称为方阵 A 的特征根；特征方程的 k 重根，称为方阵 A 的 k 重特征值（根）。

n 阶方阵 A 的特征值是 A 的特征方程 $f(\lambda)=0$ 的根，其对应的特征向量则是其相应的齐次线性方程组 $(A-\lambda E)X=\boldsymbol{0}$ 的解向量。因此得到计算 n 阶方阵 A 的特征值和特征向量的具体步骤如下：

（1）写出 A 的特征多项式 $f(\lambda)=|A-\lambda E|$，求出特征方程 $f(\lambda)=0$ 全部的根，即 A 的全部特征值；

（2）将求得的每个特征值 λ_i 代入齐次线性方程组 $(A-\lambda_i E)X=\boldsymbol{0}$，求出一个基础解

系：$\xi_1,\xi_2,\cdots,\xi_r$，则对应于 λ_i 的全部特征向量为

$$X = k_1\xi_1 + k_2\xi_2 + \cdots + k_r\xi_r \quad （k_1,k_2,\cdots,k_r \text{不全为} 0）$$

例 1-36　求方阵 $A=\begin{bmatrix}2&6&-4\\0&0&2\\0&0&1\end{bmatrix}$ 的特征值和特征向量。

解：$f(\lambda)=|A-\lambda E|=\begin{vmatrix}2-\lambda&6&-4\\0&-\lambda&2\\0&0&1-\lambda\end{vmatrix}=-\lambda(1-\lambda)(2-\lambda)$，所以 A 的特征方程为 $-\lambda(1-\lambda)(2-\lambda)=0$，解得 A 的三个特征值为 $\lambda_1=0$，$\lambda_2=1$，$\lambda_3=2$。

对于 $\lambda_1=0$，解方程组 $AX=\mathbf{0}$，由

$$A=\begin{bmatrix}2&6&-4\\0&0&2\\0&0&1\end{bmatrix}\to\begin{bmatrix}1&3&0\\0&0&1\\0&0&0\end{bmatrix}$$

得基础解系 $\xi_1=\begin{bmatrix}-3\\1\\0\end{bmatrix}$，所以对应于 $\lambda_1=0$ 的全部特征向量是 $k_1\xi_1=k_1\begin{bmatrix}-3\\1\\0\end{bmatrix}(k_1\neq0)$。

对于 $\lambda_2=1$，解方程组 $(A-E)X=\mathbf{0}$，由

$$A-E=\begin{bmatrix}1&6&-4\\0&-1&2\\0&0&0\end{bmatrix}\to\begin{bmatrix}1&0&8\\0&1&-2\\0&0&0\end{bmatrix}$$

得基础解系 $\xi_2=\begin{bmatrix}-8\\2\\1\end{bmatrix}$，所以对应于 $\lambda_2=1$ 的全部特征向量是 $k_2\xi_2=k_2\begin{bmatrix}-8\\2\\1\end{bmatrix}(k_2\neq0)$。

对于 $\lambda_3=2$，解方程组 $(A-2E)X=\mathbf{0}$，由

$$A-2E=\begin{bmatrix}0&6&-4\\0&-2&2\\0&0&-1\end{bmatrix}\to\begin{bmatrix}0&1&0\\0&0&1\\0&0&0\end{bmatrix}$$

得基础解系 $\xi_3=\begin{bmatrix}1\\0\\0\end{bmatrix}$，所以对应于 $\lambda_3=2$ 的全部特征向量是 $k_3\xi_3=k_3\begin{bmatrix}1\\0\\0\end{bmatrix}(k_3\neq0)$

由例 1-36 可以得出，上三角矩阵的特征值即在主对角线上的 n 个元素，容易得出，对下三角矩阵及对角矩阵，均有同样结论。

性质 1-13　设 n 阶方阵 $A=(a_{ij})$ 有 n 个特征值 $\lambda_1,\lambda_2,\cdots,\lambda_n$（$k$ 重特征值算作 k 个特征值），则必有

（1）$\sum\limits_{i=1}^{n}\lambda_i=\sum\limits_{i=1}^{n}a_{ii}$；

（2）$\prod_{i=1}^{n}\lambda_i=|A|$。

其中，$\sum_{i=1}^{n}a_{ii}$ 是 A 的主对角线元素之和，称为方阵 A 的迹，记作 $\mathrm{tr}(A)$。

推论 1-10 对 n 阶方阵 A，A 可逆 $\Leftrightarrow |A|\neq 0 \Leftrightarrow A$ 的特征值不为 0。

性质 1-14 若 A 为可逆矩阵，λ 为 A 的特征值，α 是对应于 λ 的特征向量，则有

（1）A^{-1} 有特征值 $\frac{1}{\lambda}$，对应的特征向量为 α；

（2）A^* 有特征值 $\frac{1}{\lambda}|A|$，对应的特征向量为 α。

例 1-37 设有 4 阶方阵 A 满足条件 $|3E+A|=0$，$AA^{\mathrm{T}}=2E$，$|A|<0$，其中 E 为 4 阶单位阵，求方阵 A 的伴随阵 A^* 的一个特征值。

解： 由 $|3E+A|=|A-(-3)E|=0$ 知，A 的一个特征值为 -3，又因 $AA^{\mathrm{T}}=2E$，$|A|<0$，对 $AA^{\mathrm{T}}=2E$ 两边取行列式：

$$|AA^{\mathrm{T}}|=|A||A^{\mathrm{T}}|=|A|^2=|2E|=16$$

所以 $|A|=-4$，由性质 1-13 知，A^* 的一个特征值为 $\frac{1}{\lambda}|A|=\frac{-4}{-3}=\frac{4}{3}$。

性质 1-15 设 $f(x)=a_0+a_1x+\cdots+a_mx^m$ 为 x 的 m 次多项式，记 $f(A)=a_0E+a_1A+\cdots+a_mA^m$ 为方阵 A 的多项式。若 λ 为 A 的一个特征值，α 为 λ 对应的特征向量，则 $f(\lambda)$ 是 $f(A)$ 的特征值，且 α 为 $f(\lambda)$ 对应的特征向量。

例 1-38 3 阶方阵 A 有特征值 $1,-1,2$，若 $B=3A^4-2A^3+E$，求 $|A|,|B|$。

解： $|A|=1\times(-1)\times 2=-2$，设 $f(x)=3x^4-2x_3+1$，则 $B=f(A)$，仍为 3 阶方阵，$f(1)=2$，$f(-1)=6$，$f(2)=33$ 为 B 所有的特征值，故 $|B|=396$。

性质 1-16 方阵 A 的不同特征值所对应的特征向量是线性无关的。

推论 1-11 设 $\lambda_1,\lambda_2,\cdots,\lambda_s$ 是 n 阶方阵 A 的 s 个互不相同的特征值，对应于 λ_i 的线性无关的特征向量为 $\alpha_{i1},\alpha_{i2},\cdots,\alpha_{ir_i}(i=1,2,\cdots,s)$，则由所有这些特征向量构成的向量组 $\alpha_{11},\alpha_{12},\cdots,\alpha_{1r_1},\alpha_{21},\alpha_{22},\cdots,\alpha_{2r_2},\cdots,\alpha_{s1},\alpha_{s2},\cdots,\alpha_{sr_s}$ 线性无关。

从下面的例子可以看到矩阵的特征值与特征向量的实际含义，它们在动态线性系统变化趋势的讨论中有着十分重要的作用。

例 1-39 假定某省人口总数 m 保持不变，每年有 20%的农村人口流入城镇，有 10%的城镇人口流入农村，试讨论 n 年后，该省城镇人口与农村人口最终是否会趋于“稳定状态”。

解： 设第 n 年该省城镇人口数与农村人口数分别为 x_n,y_n。由题意知，

$$\begin{cases}x_n=0.9x_{n-1}+0.2y_{n-1}\\ y_n=0.1x_{n-1}+0.8y_{n-1}\end{cases} \tag{1.15}$$

记 $\alpha_n=\begin{bmatrix}x_n\\ y_n\end{bmatrix}$，$A=\begin{bmatrix}0.9 & 0.2\\ 0.1 & 0.8\end{bmatrix}$，式（1.15）等价于 $\alpha_n=A\alpha_{n-1}$，因此可得第 n 年的人

口数向量 $\boldsymbol{\alpha}_n$ 与第一年（初始年）的人口数向量 $\boldsymbol{\alpha}_1$ 的关系：

$$\boldsymbol{\alpha}_n = \boldsymbol{A}^{n-1}\boldsymbol{\alpha}_1$$

容易算出 $\boldsymbol{A}$ 的特征值为：$\lambda_1 = 1$，对应的特征向量 $\xi_1 = \begin{bmatrix} 2 \\ 1 \end{bmatrix}$；$\lambda_2 = 0.7$，对应的特征向量 $\xi_2 = \begin{bmatrix} 1 \\ -1 \end{bmatrix}$。$\xi_1, \xi_2$ 线性无关，因此 $\boldsymbol{\alpha}_1$ 可由 ξ_1, ξ_2 线性表示，不妨设为

$$\boldsymbol{\alpha}_1 = k_1\xi_1 + k_2\xi_2$$

下面仅在非负情况下，讨论第 n 年该省城镇人口数与农村人口数的分布状态。

（1）若 $k_2 = 0$，即 $\boldsymbol{\alpha}_1 = k_1\xi_1$，表明城镇人口数与农村人口数保持 2:1 的比例，则在第 n 年，$\boldsymbol{\alpha}_n = \boldsymbol{A}^{n-1}\boldsymbol{\alpha}_1 = \boldsymbol{A}^{n-1}(k_1\xi_1) = k_1\ \lambda_1^{n-1}\ \xi_1 = \lambda_1^{n-1}\left(k_1\xi_1\right)$，两者仍保持 2:1 的比例，这个比例关系是由特征向量确定的，而这里 $\lambda_1 = 1$ 表明城镇人口数与农村人口数没有改变（无增减），此时处于一种平衡稳定的状态。

（2）由于人口数不为负数，故 $k \neq 0$。

（3）若 $\boldsymbol{\alpha}_1 = k_1\xi_1 + k_2\xi_2$（$k_1, k_2$ 均不为零），则 $\begin{cases} x_1 = 2k_1 + k_2 \\ y_1 = k_1 - k_2 \end{cases}$。解之得

$$\begin{cases} k_1 = \dfrac{1}{3}(x_1 + y_1) = \dfrac{1}{3}m \\ k_2 = \dfrac{1}{3}(x_1 - 2y_1) \end{cases}$$

故第 n 年有

$$\begin{aligned}\boldsymbol{\alpha}_n = \boldsymbol{A}^{n-1}\boldsymbol{\alpha}_1 &= \boldsymbol{A}^{n-1}(k_1\xi_1 + k_2\xi_2) = k_1\ \lambda_1^{n-1}\ \xi_1 + k_2\ \lambda_2^{n-1}\ \xi_2 \\ &= \frac{1}{3}m\xi_1 + \frac{1}{3}\left(x_1 - 2y_1\right)\left(0.7\right)^{n-1}\xi_2\end{aligned}$$

即第 n 年的城镇人口数与农村人口数分布状态为

$$\begin{bmatrix} x_n \\ y_n \end{bmatrix} = \begin{bmatrix} \dfrac{2}{3}m + \dfrac{1}{3}(x_1 - 2y_1)(0.7)^{n-1} \\ \dfrac{1}{3}m - \dfrac{1}{3}(x_1 - 2y_1)(0.7)^{n-1} \end{bmatrix} \tag{1.16}$$

在式（1.16）中，令 $n \to \infty$，有 $\lim\limits_{n\to\infty} x_n = \dfrac{2}{3}m, \lim\limits_{n\to\infty} y_n = \dfrac{1}{3}m$。这表明，该省的城镇人口与农村人口最终会趋于“稳定状态”，即最终该省人口趋于平均每 3 人中有 2 人为城镇人口、1 人为农村人口。同时可以看出，人口数比例将主要由最大的正特征值 λ_1 所对应的特征向量决定。随着时间的增加，这一特征愈加明显。

以上例子中的分析方法也适用于工程技术等其他领域中动态系统的研究，这类系统具有相同形式的数学模型，即 $\boldsymbol{\alpha}_{n+1} = \boldsymbol{A}\boldsymbol{\alpha}_n$ 或 $\boldsymbol{\alpha}_{n+1} = \boldsymbol{A}^n\boldsymbol{\alpha}_1$（$\boldsymbol{\alpha}_1$ 为初始状态向量）。例 1-39 采用的计算方法是向量运算方法，下面将引入相似矩阵和矩阵对角化，通过矩阵运算方法来快速计算 $\boldsymbol{A}^n$，这也是常用且使用范围更为广泛的重要方法。

1.4.2 相似矩阵与矩阵对角化

定义 1-38 设 $\boldsymbol{A},\boldsymbol{B}$ 都是 n 阶矩阵，若存在 n 阶可逆矩阵 $\boldsymbol{P}$，使得 $\boldsymbol{B}=\boldsymbol{P}^{-1}\boldsymbol{AP}$，则称矩阵 $\boldsymbol{A}$ 与 $\boldsymbol{B}$ 相似，或称 $\boldsymbol{A}$ 相似于 $\boldsymbol{B}$，记为 $\boldsymbol{A}\sim\boldsymbol{B}$，可逆矩阵 $\boldsymbol{P}$ 称为将 $\boldsymbol{A}$ 变换成 $\boldsymbol{B}$ 的相似变换矩阵。

显然，矩阵的相似满足三个基本性质：

（1）反身性：$\boldsymbol{A}\sim\boldsymbol{A}$；

（2）对称性：若 $\boldsymbol{A}\sim\boldsymbol{B}$，则 $\boldsymbol{B}\sim\boldsymbol{A}$；

（3）传递性：若 $\boldsymbol{A}\sim\boldsymbol{B}$，$\boldsymbol{B}\sim\boldsymbol{C}$，则 $\boldsymbol{A}\sim\boldsymbol{C}$。

此外，还有如下一些结论。

定理 1-22 若 $\boldsymbol{A}\sim\boldsymbol{B}$，则有

（1）$\boldsymbol{A}^{\mathrm{T}}\sim\boldsymbol{B}^{\mathrm{T}}$，$k\boldsymbol{A}\sim k\boldsymbol{B}$（$k$ 为任意数），$\boldsymbol{A}^m\sim\boldsymbol{B}^m$（$m$ 为正整数）；

（2）若 $\boldsymbol{A}$ 可逆，则 $\boldsymbol{B}$ 可逆且 $\boldsymbol{A}^{-1}\sim\boldsymbol{B}^{-1}$，$\boldsymbol{A}^*\sim\boldsymbol{B}^*$。

定理 1-23 若 $\boldsymbol{A}\sim\boldsymbol{B}$，则 $\boldsymbol{A},\boldsymbol{B}$ 具有

（1）相同的秩，即 $r(\boldsymbol{A})=r(\boldsymbol{B})$；

（2）相同的行列式，即 $|\boldsymbol{A}|=|\boldsymbol{B}|$；

（3）相同的特征多项式，即 $|\boldsymbol{A}-\lambda\boldsymbol{E}|=|\boldsymbol{B}-\lambda\boldsymbol{E}|$；

（4）相同的特征值；

（5）相同的迹，即 $\mathrm{tr}(\boldsymbol{A})=\mathrm{tr}(\boldsymbol{B})$。

必须指出，定理 1-23 中的诸结论仅为 $\boldsymbol{A}\sim\boldsymbol{B}$ 的必要非充分条件。

例 1-40 设 $\boldsymbol{A}\sim\boldsymbol{B}$，其中 $\boldsymbol{A}=\begin{bmatrix}1&-1&1\\2&4&-2\\-3&-3&x\end{bmatrix}$，$\boldsymbol{B}=\begin{bmatrix}2&0&0\\0&2&0\\0&0&y\end{bmatrix}$，求 x,y。

解：因为 $\boldsymbol{A}\sim\boldsymbol{B}$，由定理 1-23 中的（2）、（5）知：$|\boldsymbol{A}|=|\boldsymbol{B}|$，$\mathrm{tr}(\boldsymbol{A})=\mathrm{tr}(\boldsymbol{B})$，即有 $\begin{cases}6(x-1)=4y\\5+x=4+y\end{cases}$，解之得 $\begin{cases}x=5\\y=6\end{cases}$。

例 1-41（1）矩阵 $\boldsymbol{A}=\begin{bmatrix}1&1&0\\0&2&1\\0&0&0\end{bmatrix}$ 与矩阵 $\boldsymbol{B}=\begin{bmatrix}2&1&0\\0&2&1\\0&0&0\end{bmatrix}$，$\boldsymbol{C}=\begin{bmatrix}3&0&0\\1&-1&0\\0&2&1\end{bmatrix}$，$\boldsymbol{D}=\begin{bmatrix}3&0&1\\0&0&1\\0&0&0\end{bmatrix}$ 是否相似？为什么？

（2）讨论矩阵 $\boldsymbol{M}=\begin{bmatrix}3&1&0\\0&3&1\\0&0&3\end{bmatrix}$ 与 $\boldsymbol{N}=\begin{bmatrix}3&0&0\\0&3&0\\0&0&3\end{bmatrix}$ 的相似性。

解：（1）因为 $\mathrm{tr}(\boldsymbol{A})\neq\mathrm{tr}(\boldsymbol{B})$，故 $\boldsymbol{A},\boldsymbol{B}$ 不相似；又 $|\boldsymbol{A}|\neq|\boldsymbol{C}|$，故 $\boldsymbol{A},\boldsymbol{C}$ 不相似；$\boldsymbol{A}$ 的特征值为 1、2、0，$\boldsymbol{D}$ 的特征值为 3、0，不完全相同，故 $\boldsymbol{A},\boldsymbol{D}$ 不相似。

（2）尽管 $\mathrm{tr}(\boldsymbol{M})=\mathrm{tr}(\boldsymbol{N})$，$|\boldsymbol{M}|=|\boldsymbol{N}|$，且矩阵 $\boldsymbol{M},\boldsymbol{N}$ 具有相同的特征值，但因为对任意可逆矩阵 $\boldsymbol{P}$，$\boldsymbol{P}^{-1}\boldsymbol{NP}=3\boldsymbol{E}\neq\boldsymbol{M}$，故 $\boldsymbol{M},\boldsymbol{N}$ 不相似。

定义 1-39　如果方阵 $\boldsymbol{A}$ 相似于一个对角矩阵，则称矩阵 $\boldsymbol{A}$ 可对角化。

注意，对角矩阵的幂是很容易计算的，因此对于可对角化矩阵 $\boldsymbol{A}$ 的幂的计算也可用如下方法大大简化。

例 1-42　设 $\boldsymbol{A}=\begin{bmatrix}2 & 1\\ 2 & 3\end{bmatrix}$，给定 $\boldsymbol{A}=\boldsymbol{P}\boldsymbol{\Lambda}\boldsymbol{P}^{-1}$，其中 $\boldsymbol{\Lambda}=\begin{bmatrix}1 & 0\\ 0 & 4\end{bmatrix}$，$\boldsymbol{P}=\begin{bmatrix}1 & 1\\ -1 & 2\end{bmatrix}$，求 $\boldsymbol{A}^n$。

解：

$$\begin{aligned}
\boldsymbol{A}^n &= \underbrace{(\boldsymbol{P\Lambda P}^{-1})(\boldsymbol{P\Lambda P}^{-1})\cdots(\boldsymbol{P\Lambda P}^{-1})}_{n} = \boldsymbol{P\Lambda}^n\boldsymbol{P}^{-1}\\
&=\begin{bmatrix}1 & 1\\ -1 & 2\end{bmatrix}\begin{bmatrix}1 & 0\\ 0 & 4\end{bmatrix}^n\begin{bmatrix}1 & 1\\ -1 & 2\end{bmatrix}^{-1}\\
&=\frac{1}{3}\begin{bmatrix}1 & 1\\ -1 & 2\end{bmatrix}\begin{bmatrix}1^n & 0\\ 0 & 4^n\end{bmatrix}\begin{bmatrix}2 & -1\\ 1 & 1\end{bmatrix}\\
&=\begin{bmatrix}\dfrac{2}{3}+\dfrac{4^n}{3} & -\dfrac{1}{3}+\dfrac{4^n}{3}\\ -\dfrac{2}{3}+\dfrac{2\times 4^n}{3} & \dfrac{1}{3}+\dfrac{2\times 4^n}{3}\end{bmatrix}
\end{aligned}$$

例 1-42 中矩阵 $\boldsymbol{A}$ 可对角化是给定的，但对任意一个方阵 $\boldsymbol{A}$，其是否一定可以对角化呢？答案是否定的。那么，什么样的矩阵一定可以对角化呢？

定理 1-24（对角化定理）　n 阶方阵 $\boldsymbol{A}$ 可对角化的充分必要条件是 $\boldsymbol{A}$ 有 n 个线性无关的特征向量。

如果矩阵 $\boldsymbol{A}$ 相似于对角矩阵 $\boldsymbol{\Lambda}$，那么，$\boldsymbol{\Lambda}$ 的对角线元素都是特征值（重根重复出现），而相似变换矩阵 $\boldsymbol{P}$ 的各列就是 $\boldsymbol{A}$ 的 n 个线性无关的特征向量，其排列次序与对应的特征值在对角矩阵 $\boldsymbol{\Lambda}$ 中的排列次序一致。

推论 1-12　如果 n 阶矩阵 $\boldsymbol{A}$ 有 n 个互异的特征值，那么 $\boldsymbol{A}$ 必可对角化。

这是一个方阵 $\boldsymbol{A}$ 可对角化的充分非必要的常用判别方法。若 $\boldsymbol{A}$ 的特征值有重根，则推论 1-13 是判定 $\boldsymbol{A}$ 可对角化的一个充分必要条件。

推论 1-13　n 阶矩阵 $\boldsymbol{A}$ 可对角化的充分必要条件是 $\boldsymbol{A}$ 的每个 r_i 重特征值对应有 $r_i(i=1,2,\cdots,s)$ 个线性无关的特征向量。

例 1-43　设矩阵 $\boldsymbol{A}=\begin{bmatrix}1 & -1 & 1\\ 2 & 4 & -2\\ -3 & -3 & 5\end{bmatrix}$，则

（1）$\boldsymbol{A}$ 是否可以对角化？若可以，求出对角矩阵 $\boldsymbol{\Lambda}$ 及相似变换矩阵 $\boldsymbol{P}$；

（2）求 $\boldsymbol{A}^{10}$。

解：（1）$\boldsymbol{A}$ 的特征多项式为

$$f(\lambda)=|\boldsymbol{A}-\lambda\boldsymbol{E}|=\begin{vmatrix}1-\lambda & -1 & 1\\ 2 & 4-\lambda & -2\\ -3 & -3 & 5-\lambda\end{vmatrix}=(\lambda-2)^2(6-\lambda)$$

解特征方程$f(\lambda)=0$，得$\boldsymbol{A}$的特征值为$\lambda_1=\lambda_2=2$，$\lambda_3=6$，又由

$$\boldsymbol{A}-2\boldsymbol{E}=\begin{bmatrix}-1&-1&1\\2&2&-2\\-3&-3&3\end{bmatrix}\to\begin{bmatrix}1&1&-1\\0&0&0\\0&0&0\end{bmatrix}$$

得$(\boldsymbol{A}-2\boldsymbol{E})\boldsymbol{X}=\boldsymbol{0}$的基础解系：$\xi_1=\begin{bmatrix}1\\0\\1\end{bmatrix}$，$\xi_2=\begin{bmatrix}-1\\1\\0\end{bmatrix}$；由

$$\boldsymbol{A}-6\boldsymbol{E}=\begin{bmatrix}-5&-1&1\\2&-2&-2\\-3&-3&-1\end{bmatrix}\to\begin{bmatrix}1&0&-\frac{1}{3}\\0&1&\frac{2}{3}\\0&0&0\end{bmatrix}$$

得$(\boldsymbol{A}-6\boldsymbol{E})\boldsymbol{X}=\boldsymbol{0}$的基础解系：$\xi_3=\begin{bmatrix}1\\-2\\3\end{bmatrix}$，由推论 1-13 知，$\boldsymbol{A}$可以对角化，且对角矩阵

$\boldsymbol{\varLambda}=\begin{bmatrix}2&0&0\\0&2&0\\0&0&6\end{bmatrix}$，相似变换矩阵$\boldsymbol{P}=\begin{bmatrix}1&-1&1\\0&1&-2\\1&0&3\end{bmatrix}$，即$\boldsymbol{P}^{-1}\boldsymbol{A}\boldsymbol{P}=\boldsymbol{\varLambda}$。

（2）因为$\boldsymbol{A}=\boldsymbol{P\varLambda P}^{-1}$，通过初等变换法，可得出$\boldsymbol{P}^{-1}=\frac{1}{4}\begin{bmatrix}3&3&1\\-2&2&2\\-1&-1&1\end{bmatrix}$，故

$$\boldsymbol{A}^{10}=\boldsymbol{P\varLambda}^{10}\boldsymbol{P}^{-1}=\frac{1}{4}\begin{bmatrix}1&-1&1\\0&1&-2\\1&0&3\end{bmatrix}\begin{bmatrix}2^{10}&0&0\\0&2^{10}&0\\0&0&6^{10}\end{bmatrix}\begin{bmatrix}3&3&1\\-2&2&2\\-1&-1&1\end{bmatrix}$$

$$=\frac{1}{4}\begin{bmatrix}5\times2^{10}-6^{10}&2^{10}-6^{10}&6^{10}-2^{10}\\-2\times2^{10}+2\times6^{10}&2\times2^{10}+2\times6^{10}&-2\times6^{10}+2\times2^{10}\\3\times2^{10}-3\times6^{10}&3\times2^{10}-3\times6^{10}&2^{10}+3\times6^{10}\end{bmatrix}$$

需要指出，定理1-23中若$\boldsymbol{A}\sim\boldsymbol{B}$，则矩阵$\boldsymbol{A}$与$\boldsymbol{B}$具有相同的特征值，反之未必成立。而有了矩阵的对角化及相似性的传递性，可以很容易得到在判别矩阵相似性时经常用到的一种方法：若 n 阶矩阵$\boldsymbol{A}$与$\boldsymbol{B}$有相同的特征值（重根时重数一致），且均可对角化，则必有$\boldsymbol{A}\sim\boldsymbol{B}$。

例 1-44（汽车出租问题） 汽车出租公司有三种车型的汽车——轿车、运动车、货车可供出租，在若干年内，有长期租用顾客 600 人，租期为两年，两年后续签租约时顾客常常改租的车型，记录表明：

目前 300 名顾客租用轿车，其中有 20%的人在一个租期后改租运动车，10%的人改租货车；

目前 150 名顾客租用运动车，其中有 20%的人在一个租期后改租轿车，10%的人改租货车；

目前 150 名顾客租用货车，其中有 10%的人在一个租期后改租轿车，10%的人改租运动车。

现预测两年后租用这些车型的顾客各有多少人，以及多年后公司该如何分配出租的三种车型。

解：这是一个动态系统。600 名顾客在三种车型中不断地转移租用，用向量 $(x_n,y_n,z_n)^{\mathrm{T}}$ 表示第 n 次续签租约后租用这三种车型的顾客人数（也是公司对三种车型的分配数），则问题变为已知 $(x_0,y_0,z_0)^{\mathrm{T}}=(300,150,150)^{\mathrm{T}}$，求 $(x_1,y_1,z_1)^{\mathrm{T}}$ 及考察当 $n\to\infty$ 时，$(x_n,y_n,z_n)^{\mathrm{T}}$ 的发展趋势。

由题意知，两年后，三种车型的租用人数应为

$$\begin{cases} x_1=0.7x_0+0.2y_0+0.1z_0 \\ y_1=0.2x_0+0.7y_0+0.1z_0 \\ z_1=0.1x_0+0.1y_0+0.8z_0 \end{cases}$$

即

$$\begin{bmatrix} x_1 \\ y_1 \\ z_1 \end{bmatrix}=\begin{bmatrix} 0.7 & 0.2 & 0.1 \\ 0.2 & 0.7 & 0.1 \\ 0.1 & 0.1 & 0.8 \end{bmatrix}\begin{bmatrix} x_0 \\ y_0 \\ z_0 \end{bmatrix}=\boldsymbol{A}\begin{bmatrix} x_0 \\ y_0 \\ z_0 \end{bmatrix} \tag{1.17}$$

其中，$\boldsymbol{A}=\begin{bmatrix} 0.7 & 0.2 & 0.1 \\ 0.2 & 0.7 & 0.1 \\ 0.1 & 0.1 & 0.8 \end{bmatrix}$称为转移矩阵，其元素是由顾客在续约时转租车型的概率组成的。

将 $(x_0,y_0,z_0)^{\mathrm{T}}=(300,150,150)^{\mathrm{T}}$ 代入式（1.17），即得

$$\begin{bmatrix} x_1 \\ y_1 \\ z_1 \end{bmatrix}=\begin{bmatrix} 255 \\ 180 \\ 165 \end{bmatrix}$$

即两年后租用这三种车型的顾客分别为 255 人、180 人、165 人。

第二次续签租约后，三种车型的租用人数为$\begin{bmatrix} x_2 \\ y_2 \\ z_2 \end{bmatrix}=\boldsymbol{A}\begin{bmatrix} x_1 \\ y_1 \\ z_1 \end{bmatrix}=\boldsymbol{A}^2\begin{bmatrix} x_0 \\ y_0 \\ z_0 \end{bmatrix}$。可得到第 n 次续签租约后，三种车型的租用人数为$\begin{bmatrix} x_n \\ y_n \\ z_n \end{bmatrix}=\boldsymbol{A}^n\begin{bmatrix} x_0 \\ y_0 \\ z_0 \end{bmatrix}$，这就需要计算 $\boldsymbol{A}$ 的 n 次幂 $\boldsymbol{A}^n$，以分析此动态系统的发展态势，下面用对角化的方法求 $\boldsymbol{A}^n$。

由

$$|A-\lambda E|=\begin{vmatrix}0.7-\lambda & 0.2 & 0.1\\ 0.2 & 0.7-\lambda & 0.1\\ 0.1 & 0.1 & 0.8-\lambda\end{vmatrix}=(1-\lambda)(0.7-\lambda)(0.5-\lambda)=0$$

得到 A 的特征值为 $\lambda_1=1,\lambda_2=0.7,\lambda_3=0.5$，并可分别求得对应的特征向量：

$$\xi_1=\begin{bmatrix}1\\1\\1\end{bmatrix},\xi_2=\begin{bmatrix}1\\1\\-2\end{bmatrix},\xi_3=\begin{bmatrix}-1\\1\\0\end{bmatrix}$$

令 $P=(\xi_1,\xi_2,\xi_3)$，$\Lambda=\begin{bmatrix}1&0&0\\0&0.7&0\\0&0&0.5\end{bmatrix}$，则有 $A=P\Lambda P^{-1}$，$A^n=P\Lambda^nP^{-1}$，其中

$P^{-1}=\dfrac{1}{6}\begin{bmatrix}2&2&2\\1&1&-2\\-3&3&0\end{bmatrix}$，从而有

$$A^n=P\Lambda^nP^{-1}=\frac{1}{6}\begin{bmatrix}1&1&-1\\1&1&1\\1&-2&0\end{bmatrix}\begin{bmatrix}1&0&0\\0&0.7^n&0\\0&0&0.5^n\end{bmatrix}\begin{bmatrix}2&2&2\\1&1&-2\\-3&3&0\end{bmatrix}$$

$$=\frac{1}{6}\begin{bmatrix}2+0.7^n+3\times0.5^n & 2+0.7^n-3\times0.5^n & 2-2\times0.7^n\\ 2+0.7^n-3\times0.5^n & 2+0.7^n+3\times0.5^n & 2-2\times0.7^n\\ 2-2\times0.7^n & 2-2\times0.7^n & 2+4\times0.7^n\end{bmatrix}$$

令 $n\to\infty$，由于 $0.7^n\to0$，$0.5^n\to0$，因此可得

$$\lim_{n\to\infty}A^n=\begin{bmatrix}\frac{1}{3}&\frac{1}{3}&\frac{1}{3}\\\frac{1}{3}&\frac{1}{3}&\frac{1}{3}\\\frac{1}{3}&\frac{1}{3}&\frac{1}{3}\end{bmatrix}$$

故有

$$\lim_{n\to\infty}\begin{bmatrix}x_n\\y_n\\z_n\end{bmatrix}=\begin{bmatrix}\frac{1}{3}&\frac{1}{3}&\frac{1}{3}\\\frac{1}{3}&\frac{1}{3}&\frac{1}{3}\\\frac{1}{3}&\frac{1}{3}&\frac{1}{3}\end{bmatrix}\begin{bmatrix}300\\150\\150\end{bmatrix}=\begin{bmatrix}200\\200\\200\end{bmatrix}$$

这表明，当 n 增加时，三种车型的租用向量趋于一个稳定向量。可以预测，多年以后，公司对出租中的这三种车型分配趋于相等，即各 200 辆。

例 1-45 自然界中各物种的生存是互相依赖、互相制约的。假设三个物种的生存满足如下制约关系：

$$\begin{cases} x_n^{(1)} = 3.2x_{n-1}^{(1)} - 2x_{n-1}^{(2)} + 1.1x_{n-1}^{(3)} \\ x_n^{(2)} = 6x_{n-1}^{(1)} - 3x_{n-1}^{(2)} + 1.5x_{n-1}^{(3)} \\ x_n^{(3)} = 6x_{n-1}^{(1)} - 3.7x_{n-1}^{(2)} + 2.2x_{n-1}^{(3)} \end{cases}, \quad n = 1,2,\cdots$$

其中，$x_0^{(1)},x_0^{(2)},x_0^{(3)}$分别为三个物种在某年的存活数（单位：百万个），$x_n^{(1)},x_n^{(2)},x_n^{(3)}$分别为从该年后第 n 年三个物种的存活数。记存活数向量 $\boldsymbol{x}_n = \begin{bmatrix} x_n^{(1)} \\ x_n^{(2)} \\ x_n^{(3)} \end{bmatrix}$；$\boldsymbol{A} = \begin{bmatrix} 3.2 & -2 & 1.1 \\ 6 & -3 & 1.5 \\ 6 & -3.7 & 2.2 \end{bmatrix}$，则上面的制约关系方程组可表示为 $\boldsymbol{x}_n = \boldsymbol{A}\boldsymbol{x}_{n-1}$，若已知某年存活数向量 $\boldsymbol{x}_0 = \begin{bmatrix} 1 \\ 1 \\ 2 \end{bmatrix}$，在这种制约关系下，试讨论这三个物种若干年后的变化趋势。

解： 由题意易得 $\boldsymbol{x}_n = \boldsymbol{A}^n\boldsymbol{x}_0$，为了分析若干年后这三个物种存活数的发展趋势，需要计算 $\boldsymbol{A}^n$。

由

$$|\boldsymbol{A} - \lambda\boldsymbol{E}| = \begin{vmatrix} 3.2-\lambda & -2 & 1.1 \\ 6 & -3-\lambda & 1.5 \\ 6 & -3.7 & 2.2-\lambda \end{vmatrix} = (1.2-\lambda)(0.7-\lambda)(0.5-\lambda) = 0$$

得到特征值 $\lambda_1 = 0.5$，$\lambda_2 = 0.7$，$\lambda_3 = 1.2$。

由 $(\boldsymbol{A} - 0.5\boldsymbol{E})\boldsymbol{X} = \boldsymbol{0}$ 可得对应于 $\lambda_1 = 0.5$ 的特征向量 $\boldsymbol{\xi}_1 = \begin{bmatrix} 1 \\ 3 \\ 3 \end{bmatrix}$；

由 $(\boldsymbol{A} - 0.7\boldsymbol{E})\boldsymbol{X} = \boldsymbol{0}$ 可得对应于 $\lambda_2 = 0.7$ 的特征向量 $\boldsymbol{\xi}_2 = \begin{bmatrix} 107 \\ 285 \\ 275 \end{bmatrix}$；

由 $(\boldsymbol{A} - 1.2\boldsymbol{E})\boldsymbol{X} = \boldsymbol{0}$ 可得对应于 $\lambda_3 = 1.2$ 的特征向量 $\boldsymbol{\xi}_3 = \begin{bmatrix} 9 \\ 20 \\ 20 \end{bmatrix}$。

因此 $\boldsymbol{A} = \boldsymbol{P}\boldsymbol{\Lambda}\boldsymbol{P}^{-1}$，其中 $\boldsymbol{P} = \begin{bmatrix} 1 & 107 & 9 \\ 3 & 285 & 20 \\ 3 & 275 & 20 \end{bmatrix}$，$\boldsymbol{\Lambda} = \begin{bmatrix} 0.5 & 0 & 0 \\ 0 & 0.7 & 0 \\ 0 & 0 & 1.2 \end{bmatrix}$，且由 $\boldsymbol{P}$ 可得

$$\boldsymbol{P}^{-1} = \frac{1}{70}\begin{bmatrix} -200 & -335 & 425 \\ 0 & 7 & -7 \\ 30 & -46 & 36 \end{bmatrix}$$

故

$$A^n = PA^nP^{-1} = \frac{1}{70}\begin{pmatrix}\xi_1 & \xi_2 & \xi_3\end{pmatrix}\begin{bmatrix}0.5^n & 0 & 0\\ 0 & 0.7^n & 0\\ 0 & 0 & 1.2^n\end{bmatrix}\begin{bmatrix}-200 & -335 & 425\\ 0 & 7 & -7\\ 30 & -46 & 36\end{bmatrix}$$

$$= \frac{1}{70}\begin{pmatrix}\xi_1 & \xi_2 & \xi_3\end{pmatrix}\begin{bmatrix}-200\times 0.5^n & -335\times 0.5^n & 425\times 0.5^n\\ 0 & 7\times 0.7^n & -7\times 0.7^n\\ 30\times 1.2^n & -46\times 1.2^n & 36\times 1.2^n\end{bmatrix}$$

所以

$$\boldsymbol{x}_n = A^n\boldsymbol{x}_0 = \frac{1}{70}(\xi_1,\xi_2,\xi_3)\begin{bmatrix}315\times 0.5^n\\ -7\times 0.7^n\\ 56\times 1.2^n\end{bmatrix}$$

$$= 4.5\times 0.5^n \times\begin{bmatrix}1\\3\\3\end{bmatrix} - 0.1\times 0.7^n\times\begin{bmatrix}107\\285\\275\end{bmatrix} + 0.8\times 1.2^n\times\begin{bmatrix}9\\20\\20\end{bmatrix}$$

注意，当$n\to\infty$时，$0.7^n\to 0$，$0.5^n\to 0$，则对足够大的 n，$\boldsymbol{x}_n \approx 0.8\times 1.2^n\times\begin{bmatrix}9\\20\\20\end{bmatrix} = 1.2\times 0.8\times 1.2^{n-1}\times\begin{bmatrix}9\\20\\20\end{bmatrix} = 1.2\times \boldsymbol{x}_{n-1}$。

这表明对足够大的n，三个物种每年大约以 1.2 的倍数同比例增长，即年增长率为20%，且每 900 万个物种 1，大致对应 2000 万个物种 2 和 2000 万个物种 3。这里最大的正特征值 1.2 决定了物种增长，对应的特征向量决定了三个物种之间的生存比例关系。

以上例子给出了分析离散动态系统的常用方法，它在工程技术、经济分析及生态环境分析等诸多方面有广泛使用。而特征值和特征向量在分析中也起着十分重要的作用，读者需要细心体会，以提高应用能力。

1.4.3 实对称矩阵的对角化

由 1.4.2 节知，n 阶矩阵未必都可对角化。下面我们将看到，实对称矩阵必可对角化，因为其特征值与特征向量有许多特殊的性质，具体参见文献[6]。

定理 1-25 n 阶实对称矩阵 $\boldsymbol{A}$ 的特征值都是实数。

这是实对称矩阵的一个重要性质，这里不予证明。

定理 1-26 实对称矩阵 $\boldsymbol{A}$ 的不同特征值对应的特征向量必正交。

证明： 设λ_1,λ_2是 $\boldsymbol{A}$ 的两个不同的特征值，ξ_1,ξ_2是其对应的特征向量，则有

$$\lambda_1\xi_1^{\mathrm{T}}\xi_2 = (\lambda_1\xi_1)^{\mathrm{T}}\xi_2 = (\boldsymbol{A}\xi_1)^{\mathrm{T}}\xi_2 = \xi_1^{\mathrm{T}}\boldsymbol{A}^{\mathrm{T}}\xi_2 \quad (\text{因}\boldsymbol{A}^{\mathrm{T}}=\boldsymbol{A})$$

$$= \xi_1^{\mathrm{T}}(\boldsymbol{A}\xi_2) = \xi_1^{\mathrm{T}}(\lambda_2\xi_2) = \lambda_2\xi_1^{\mathrm{T}}\xi_2$$

因此$(\lambda_1-\lambda_2)\xi_1^{\mathrm{T}}\xi_2=\boldsymbol{0}$，又因为$\lambda_1\neq\lambda_2$，故$\xi_1^{\mathrm{T}}\xi_2=\boldsymbol{0}$，即$\xi_1$与$\xi_2$正交。

由定理 1-26 知，这样的特征向量构成的向量组不仅正交，而且线性无关。

有了上述两个定理及施密特正交化方法，可以证得下面关于实对称矩阵对角化的重要结论。

定理 1-27 实对称矩阵必可对角化，且对任意 n 阶实对称矩阵 $\boldsymbol{A}$，都存在 n 阶正交矩阵 $\boldsymbol{Q}$，使得 $\boldsymbol{Q}^{-1}\boldsymbol{A}\boldsymbol{Q}$ 为对角矩阵。

证明从略。

推论 1-14 实对称矩阵的每个 $r_i(i=1,2,\cdots,s)$ 重特征值恰有 r_i 个线性无关的特征向量。

当 n 阶实对称矩阵 $\boldsymbol{A}$ 有 n 个特征值互异时，由定理 1-27 知，对应的特征向量必正交，只要将每个向量单位化，即得 n 个彼此正交的单位向量，由于单位化不会影响正交性及特征向量的属性，因此由它们拼成的矩阵 $\boldsymbol{Q}$ 为正交矩阵，且仍为相似变换矩阵，称为正交变换矩阵，即满足 $\boldsymbol{Q}^{-1}\boldsymbol{A}\boldsymbol{Q}=\boldsymbol{Q}^{\mathrm{T}}\boldsymbol{A}\boldsymbol{Q}=\boldsymbol{\Lambda}$；当 n 阶实对称矩阵 $\boldsymbol{A}$ 有 m 个互不相同的特征值 $\lambda_1,\lambda_2,\cdots,\lambda_m$ 时，其重数分别为 $r_1,r_2,\cdots,r_m$，则有 $r_1+r_2+\cdots+r_m=n$，那么 $\boldsymbol{A}$ 的 r_i 重特征值 λ_i 必有 r_i 个线性无关的特征向量 $(i=1,2,\cdots,m)$。通过对该重根对应的 r_i 个线性无关的特征向量进行施密特正交单位化，由 $r_1+r_2+\cdots+r_s=n$ 可得 n 个彼此正交的单位向量，由它们拼成的正交矩阵 $\boldsymbol{Q}$ 即正交变换矩阵。

这样，实对称矩阵不仅可以对角化且必可正交对角化，即存在正交矩阵 $\boldsymbol{Q}$ 及对角矩阵 $\boldsymbol{\Lambda}$，使 $\boldsymbol{Q}^{-1}\boldsymbol{A}\boldsymbol{Q}=\boldsymbol{Q}^{\mathrm{T}}\boldsymbol{A}\boldsymbol{Q}=\boldsymbol{\Lambda}$。

例 1-46 求一个正交矩阵 $\boldsymbol{Q}$，使得实对称矩阵 $\boldsymbol{A}=\begin{bmatrix}3&4&4\\-2&6&2\\4&2&3\end{bmatrix}$ 可相似变换到对角矩阵。

解： $\boldsymbol{A}$ 的特征多项式为

$$f(\lambda)=|\boldsymbol{A}-\lambda\boldsymbol{E}|=\begin{vmatrix}3-\lambda&-2&4\\-2&6-\lambda&2\\4&2&3-\lambda\end{vmatrix}=-(\lambda-7)^2(\lambda+2)$$

令 $f(\lambda)=0$，得 $\boldsymbol{A}$ 的特征值为 $\lambda_1=\lambda_2=7$，$\lambda_3=-2$。

对 $\lambda_1=\lambda_2=7$，解方程组 $(\boldsymbol{A}-7\boldsymbol{E})\boldsymbol{X}=\boldsymbol{0}$，

$$\boldsymbol{A}-7\boldsymbol{E}=\begin{bmatrix}-4&-2&4\\-2&-1&2\\4&2&-4\end{bmatrix}\to\begin{bmatrix}2&1&-2\\0&0&0\\0&0&0\end{bmatrix}$$

得基础解系 $\boldsymbol{\alpha}_1=\begin{bmatrix}1\\-2\\0\end{bmatrix},\boldsymbol{\alpha}_2=\begin{bmatrix}0\\2\\1\end{bmatrix}$，正交化，得

$$\boldsymbol{\beta}_1=\boldsymbol{\alpha}_1=\begin{bmatrix}1\\-2\\0\end{bmatrix},\quad \boldsymbol{\beta}_2=\boldsymbol{\alpha}_2-\frac{(\boldsymbol{\alpha}_2,\boldsymbol{\beta}_1)}{(\boldsymbol{\beta}_1,\boldsymbol{\beta}_1)}\boldsymbol{\beta}_1=\begin{bmatrix}0\\2\\1\end{bmatrix}-\frac{-4}{5}\begin{bmatrix}1\\-2\\0\end{bmatrix}=\begin{bmatrix}\frac{4}{5}\\\frac{2}{5}\\1\end{bmatrix}$$

再单位化，得 $\gamma_1=\begin{bmatrix}\frac{1}{\sqrt{5}}\\-\frac{2}{\sqrt{5}}\\0\end{bmatrix}$，$\gamma_2=\begin{bmatrix}\frac{4}{\sqrt{45}}\\\frac{2}{\sqrt{45}}\\\frac{5}{\sqrt{45}}\end{bmatrix}$。

对 $\lambda_3=-2$，解方程组 $(A+2E)X=0$，由于

$$A+2E=\begin{bmatrix}5&-2&4\\-2&8&2\\4&2&5\end{bmatrix}\to\begin{bmatrix}1&-2&0\\0&2&1\\0&0&0\end{bmatrix}$$

得基础解系 $\alpha_3=\begin{bmatrix}2\\1\\-2\end{bmatrix}$，单位化，得 $\gamma_3=\begin{bmatrix}\frac{2}{3}\\\frac{1}{3}\\-\frac{2}{3}\end{bmatrix}$。

令 $Q=(\gamma_1,\gamma_2,\gamma_3)=\begin{bmatrix}\frac{1}{\sqrt{5}}&\frac{4}{\sqrt{45}}&\frac{2}{3}\\-\frac{2}{\sqrt{5}}&\frac{2}{\sqrt{45}}&\frac{1}{3}\\0&\frac{5}{\sqrt{45}}&-\frac{2}{3}\end{bmatrix}$，$\Lambda=\begin{bmatrix}7&0&0\\0&7&0\\0&0&-2\end{bmatrix}$，则 Q 为正交矩阵，且 $Q^{-1}AQ=Q^{\mathrm{T}}AQ=\Lambda$。

例 1-47 设三阶实对称矩阵 A 的特征值为 $\lambda_1=-1$，$\lambda_2=\lambda_3=1$，对应于 λ_1 的特征向量为 $\alpha_1=(0,1,1)^{\mathrm{T}}$。

（1）求 A 对应于特征值 1 的特征向量；

（2）求 A。

解：（1）设对应于特征值 1 的特征向量为 $\beta=\begin{bmatrix}x_1\\x_2\\x_3\end{bmatrix}$，因为 A 为实对称矩阵，所以 β 与 α_1 正交，即 $x_2+x_3=0$，解之得基础解系，即 $\alpha_2=\begin{bmatrix}1\\0\\0\end{bmatrix}$，$\alpha_3=\begin{bmatrix}0\\1\\-1\end{bmatrix}$，故对应于特征值 $\lambda_2=\lambda_3=1$ 的所有特征向量为 $k_1\alpha_2+k_2\alpha_3$（k_1,k_2 不全为 0）。

（2）因为 A 为实对称矩阵，必可对角化。

只要令 $\boldsymbol{P}=\begin{bmatrix}1&0&0\\0&1&1\\0&-1&1\end{bmatrix}$，$\boldsymbol{\Lambda}=\begin{bmatrix}1&0&0\\0&1&0\\0&0&-1\end{bmatrix}$，则 $\boldsymbol{P}^{-1}=\dfrac{1}{2}\begin{bmatrix}2&0&0\\0&1&-1\\0&1&1\end{bmatrix}$，且

$$\boldsymbol{A}=\boldsymbol{P}\boldsymbol{\Lambda}\boldsymbol{P}^{-1}=\frac{1}{2}\begin{bmatrix}1&0&0\\0&1&1\\0&-1&1\end{bmatrix}\begin{bmatrix}1&0&0\\0&1&0\\0&0&-1\end{bmatrix}\begin{bmatrix}2&0&0\\0&1&-1\\0&1&1\end{bmatrix}=\begin{bmatrix}1&0&0\\0&0&-1\\0&-1&0\end{bmatrix}$$

习题

1. 计算下列行列式：

（1）$\begin{vmatrix}5&-2\\3&4\end{vmatrix}$；（2）$\begin{vmatrix}\cos\theta&-\sin\theta\\\sin\theta&\cos\theta\end{vmatrix}$；

（3）$\begin{vmatrix}1&2&3\\4&0&5\\-1&0&6\end{vmatrix}$；（4）$\begin{vmatrix}a^2&ab&ac\\ba&b^2&bc\\ca&cb&c^2\end{vmatrix}$。

2. λ 取何值时，行列式 $\begin{vmatrix}3&1&\lambda\\4&\lambda&0\\1&0&\lambda\end{vmatrix}\neq 0$？

3. 已知行列式 $\begin{vmatrix}1&x&y&z\\2&1&1&1\\a&b&c&d\\a+1&b+1&c+1&d+1\end{vmatrix}$，计算 $A_{11}+A_{12}+A_{13}+A_{14}$，其中 A_{1j} 为该行列式中第一行第 j 列元素的代数余子式。

4.（1）求 k 的值，使线性方程组 $\begin{cases}kx+y=0\\x+ky=0\end{cases}$ 有非零解。

（2）讨论 λ 为何值时，线性方程组 $\begin{cases}\lambda x_1+x_2+x_3=1\\x_1+\lambda x_2+x_3=\lambda\\x_1+x_2+\lambda x_3=\lambda^2\end{cases}$ 有唯一解，并求出其解。

5. 计算下列矩阵乘积：

（1）$\begin{bmatrix}3&1&-1\\-2&-1&1\end{bmatrix}\begin{bmatrix}2\\3\\-1\end{bmatrix}$；

（2）$(x_1,x_2,x_3)\begin{bmatrix}a_{11}&a_{12}&a_{13}\\a_{12}&a_{22}&a_{23}\\a_{13}&a_{23}&a_{33}\end{bmatrix}\begin{bmatrix}x_1\\x_2\\x_3\end{bmatrix}$。

6．已知两个线性变换 $\begin{cases} x_1 = y_1 - y_2 + 2y_3 \\ x_2 = y_1 + 3y_2 \\ x_3 = 4y_2 - y_3 \end{cases}$ 和 $\begin{cases} y_1 = z_1 + z_3 \\ y_2 = 2z_2 - 5z_3 \\ y_3 = 3z_1 + 7z_2 \end{cases}$，求从 z_1, z_2, z_3 到 x_1, x_2, x_3 的线性变换。

7. 设 $\boldsymbol{A} = \begin{bmatrix} 1 & 1 & 1 \\ 0 & 0 & -1 \\ 1 & -1 & 1 \end{bmatrix}$，$\boldsymbol{B} = \begin{bmatrix} 1 & 2 & 3 \\ -1 & -2 & 4 \\ 0 & 5 & 1 \end{bmatrix}$，求：① $\boldsymbol{A}^{\mathrm{T}}\boldsymbol{B} - 2\boldsymbol{A}$；② $(\boldsymbol{AB})^{\mathrm{T}}$。

8. 设 $\boldsymbol{A}$ 为 n 阶矩阵，若已知 $|\boldsymbol{A}| = k$，求 $|-k\boldsymbol{A}|$。

9. 设 n 阶矩阵 $\boldsymbol{A}$ 的伴随矩阵为 $\boldsymbol{A}^*$，证明：$|\boldsymbol{A}^*| = |\boldsymbol{A}|^{n-1}$。

10．设 $\boldsymbol{A} = \begin{bmatrix} -1 & 1 & 0 \\ -1 & -3 & 1 \\ 1 & 2 & -2 \end{bmatrix}$，$\boldsymbol{B} = \begin{bmatrix} -2 & -2 & 0 \\ 4 & 5 & 2 \end{bmatrix}$，它们满足 $\boldsymbol{XA} = \boldsymbol{B} - 3\boldsymbol{X}$，求未知矩阵 $\boldsymbol{X}$。

11. 设 $\boldsymbol{\alpha} = \begin{bmatrix} 1 \\ 2 \\ -3 \\ 0 \end{bmatrix}$，$\boldsymbol{\beta} = \begin{bmatrix} 5 \\ 0 \\ 4 \\ -3 \end{bmatrix}$，则：①计算 $4\boldsymbol{\alpha} - 3\boldsymbol{\beta}$；②求向量 $\boldsymbol{\gamma}$，使 $\boldsymbol{\beta} = 2\boldsymbol{\alpha} - 3\boldsymbol{\gamma}$。

12. 向量 $\boldsymbol{\beta}_1 = \begin{bmatrix} 9 \\ -3 \\ 11 \end{bmatrix}$，$\boldsymbol{\beta}_2 = \begin{bmatrix} 2 \\ 0 \\ -7 \\ 0 \\ -8 \end{bmatrix}$，$\boldsymbol{\beta}_3 = \begin{bmatrix} 2 \\ 1 \\ -1 \\ 0 \end{bmatrix}$ 能否分别由向量组 $\boldsymbol{\alpha}_1 = \begin{bmatrix} 1 \\ 0 \\ 0 \\ 0 \end{bmatrix}$，$\boldsymbol{\alpha}_2 = \begin{bmatrix} 1 \\ 1 \\ 0 \\ 0 \end{bmatrix}$，$\boldsymbol{\alpha}_3 = \begin{bmatrix} 1 \\ 1 \\ 1 \\ 0 \end{bmatrix}$，$\boldsymbol{\alpha}_4 = \begin{bmatrix} 1 \\ 1 \\ 1 \\ 1 \end{bmatrix}$ 线性表出？若能，求其表达式；若不能，说明原因。

13. 当 λ 取何实数时，下列向量正交：

（1）$\boldsymbol{\alpha} = \begin{bmatrix} \frac{1}{\lambda} \\ 2 \\ 1 \\ 2 \end{bmatrix}$，$\boldsymbol{\beta} = \begin{bmatrix} 5 \\ \frac{\lambda}{2} \\ -4 \\ -1 \end{bmatrix}$；（2）$\boldsymbol{\alpha} = \begin{bmatrix} 0 \\ 1 \\ \lambda \\ 9 \end{bmatrix}$，$\boldsymbol{\beta} = \begin{bmatrix} 7 \\ \frac{1}{\lambda} \\ -1 \\ 0 \end{bmatrix}$。

14. 设 $\boldsymbol{\alpha}_1 = \begin{bmatrix} 1 \\ 1 \\ 1 \end{bmatrix}$，$\boldsymbol{\alpha}_2 = \begin{bmatrix} 1 \\ -2 \\ 1 \end{bmatrix}$，求一个单位向量 $\boldsymbol{\beta}$，使得 $\boldsymbol{\beta}$ 与 $\boldsymbol{\alpha}_1, \boldsymbol{\alpha}_2$ 都正交。

15. 已知 3 阶方阵 $\boldsymbol{A}$ 的特征值为 $1, 2, -1$，求：

（1）$(2\boldsymbol{A})^{-1}$ 和 $\boldsymbol{A}$ 的伴随矩阵 $\boldsymbol{A}^*$ 的特征值；

（2）$\left|\boldsymbol{E}+2\boldsymbol{A}^*\right|$。

16. 设 3 阶实对称矩阵 $\boldsymbol{A}$ 的特征值为 1, 2, 3，$\boldsymbol{A}$ 属于特征值 1, 2 的特征向量分别是 $\xi_1=(-1,\ -1,\ 1)^{\mathrm{T}}$，$\xi_2=(1,\ -2,\ -1)^{\mathrm{T}}$。

（1）求 $\boldsymbol{A}$ 属于特征值 3 的特征向量；

（2）求矩阵 $\boldsymbol{A}$。

17. 设 $\boldsymbol{A}=\begin{bmatrix}1 & 4 & 2\\ 0 & -3 & 4\\ 0 & 4 & 3\end{bmatrix}$，则：①将 $\boldsymbol{A}$ 对角化；②计算 $\boldsymbol{A}^{100}$。

18. 工业发展与环境污染在社会发展中是互相制约的关系。某地区经充分调研，当确定以 4 年为一个发展周期时，找到它们有如下的关系：

$$\begin{cases} x_n=\dfrac{8}{3}x_{n-1}-\dfrac{1}{3}y_{n-1} \\ y_n=-\dfrac{2}{3}x_{n-1}+\dfrac{7}{3}y_{n-1} \end{cases} \quad (n=1,2,\cdots) \tag{1.18}$$

其中，x_0 是该地区目前的污染损耗（由土壤、河流及大气等污染指标测得）；y_0 是该地区目前的工业产值；x_n,y_n 则表示经历第 n 个发展周期（$4n$ 年）后该地区的污染损耗和工业产值，记

$$\boldsymbol{A}=\begin{bmatrix}\dfrac{8}{3} & -\dfrac{1}{3}\\ -\dfrac{2}{3} & \dfrac{7}{3}\end{bmatrix},\quad \boldsymbol{\alpha}_n=\begin{bmatrix}x_n\\ y_n\end{bmatrix}$$

（1）写出式（1.18）的矩阵表示，如果当前水平 $\boldsymbol{\alpha}_0=\begin{bmatrix}11\\ 19\end{bmatrix}$，求经历第一个发展周期后该地区的工业产值；

（2）预测若干年后该地区的工业产值。

本章参考文献

[1] 张国印，伍鸣，等. 线性代数与空间解析几何[M]. 南京：南京大学出版社，2010.

[2] 黄廷祝. 线性代数与空间解析几何[M]. 3 版. 北京：高等教育出版社，2010.

[3] 徐鹤卿，张国印，等. 线性代数[M]. 南京：南京大学出版社，2006.

[4] 冯良贵. 线性代数与解析几何[M]. 2 版. 北京：科学出版社，2008.

[5] 王中良. 线性代数与解析几何[M]. 北京：科学出版社，2012.

[6] 柴园园，贾利民，陈钧. 大数据与计算智能[M]. 北京：科学出版社，2010.

第2章 微积分基础

微积分是高等数学中研究函数微分、积分及有关概念和应用的分支。微分是求导的运算，是一套关于变化率的理论，积分则可以为计算面积、体积提供一套通用方法。大数据研究领域涉及的微积分基础理论包括：近似计算、微分方程、极值问题、中值定理及矩阵相关的微积分运算，本章将逐一进行介绍。

2.1 一元函数的导数

在介绍导数之前，先来讨论在直线运动过程中的速度问题。假设某点沿直线运动，我们将运动轨迹作为一个数轴，设开始运动的时刻为零点并作为数轴的原点，设时刻 t 该点在数轴上的坐标为 s，则该点的运动可由函数

$$s = f(t)$$

来确定，称此函数为位置函数。可以看出，该点所经过的路程与所花的时间成正比，且两者比值总是相同的，称此比值为该点的速度，该点做匀速运动。如果运动不是匀速的，那么该比值在不同的时刻不同。针对这种非匀速运动的情况，该如何理解和求解动点在某一时刻（设为 t_0）的速度呢？

首先取一个时间间隔 $t_0 \sim t$，对应的动点从位置 $s_0 = f(t_0)$ 移动到 $s = f(t)$，这时可得出比值

$$\frac{s - s_0}{t - t_0} = \frac{f(t) - f(t_0)}{t - t_0}$$

根据上式，可得出动点在时刻 $t_0 \sim t$ 的平均速度。此时，当时间选取较短（趋近于零）时，上述比值也可用来表示 t_0 时刻的速度。但是，对于时刻 t_0 精确的速度来说，这样计算是存在不足的。更加确切的计算应该是：令 $t \to t_0$，取极限，如果这个极限存在，那么将其设为 v，即

$$v = \lim_{t \to t_0} \frac{f(t) - f(t_0)}{t - t_0}$$

此时极限值 v 可作为 t_0 时刻的（瞬时）速度。

2.1.1 导数的定义

上述非匀速直线运动的速度归结为如下的极限：

$$\lim_{x \to x_0} \frac{f(x) - f(x_0)}{x - x_0} \tag{2.1}$$

其中，$x - x_0$ 和 $f(x) - f(x_0)$ 分别是函数 $y = f(x)$ 自变量的增量 Δx 和函数的增量 Δy：

$$\Delta x = x - x_0,\quad \Delta y = f(x) - f(x_0) = f(x_0 + \Delta x) - f(x_0)$$

由于 $x \to x_0$，相当于 $\Delta x \to 0$，因此式（2.1）也可写成

$$\lim_{\Delta x \to 0} \frac{\Delta y}{\Delta x} \text{ 或 } \lim_{\Delta x \to 0} \frac{f(x_0 + \Delta x) - f(x_0)}{\Delta x}$$

定义 2-1　假设函数 $y = f(x)$ 在点 x_0 的某个邻域内是有定义的，自变量 x 在 x_0 处的增量为 Δx（且点 $x_0 + \Delta x$ 仍在该邻域内），则相应的函数增量为 $\Delta y = f(x_0 + \Delta x) - f(x_0)$。假设当 $\Delta x \to 0$ 时，Δy 与 Δx 之比存在，则称函数 $y = f(x)$ 在点 x_0 处可导，并称 Δy 与 Δx 之比的极限为函数 $y = f(x)$ 在点 x_0 处的导数，可记为 $f'(x_0)$、$y'\big|_{x=x_0}$ 或 $\left.\frac{\mathrm{d}y}{\mathrm{d}x}\right|_{x=x_0}$，即

$$f'(x_0) = \lim_{\Delta x \to 0} \frac{\Delta y}{\Delta x} = \lim_{\Delta x \to 0} \frac{f(x_0 + \Delta x) - f(x_0)}{\Delta x}$$

也可写为

$$f'(x_0) = \lim_{\Delta x \to 0} \frac{f(x_0) - f(x - x_0)}{\Delta x} \text{ 或 } f'(x_0) = \lim_{x \to x_0} \frac{f(x) - f(x_0)}{x - x_0}$$

如果函数 $y = f(x)$ 在一个开区间 I 内的每一点处均可导，则称函数 $f(x)$ 在开区间 I 内可导。对于 $x \in I$，$f(x)$ 都对应一个确定的导数值，这就构成了一个新的函数，称此函数为原函数 $y = f(x)$ 的导函数，记为 $f'(x)$、y' 或 $\frac{\mathrm{d}y}{\mathrm{d}x}$。

很显然，函数 $f(x)$ 在点 x_0 处的导数 $f'(x_0)$ 就是导函数 $f'(x)$ 在点 $x = x_0$ 处的函数值，即

$$f'(x_0) = f'(x)\big|_{x=x_0}$$

2.1.2　函数求导公式

根据导数的定义，得到求函数导数的步骤如下：

（1）求增量：$\Delta y = f(x + \Delta x) - f(x)$；

（2）算比值：$\frac{\Delta y}{\Delta x} = \frac{f(x + \Delta x) - f(x)}{\Delta x}$；

（3）求极限：$y' = \lim\limits_{\Delta x \to 0} \frac{\Delta y}{\Delta x}$。

例 2-1　求 $y = C$ 的导数（C 为常数）。

解： 增量 $\Delta y = C - C = 0$；比值 $\frac{\Delta y}{\Delta x} = 0$；极限 $\lim\limits_{\Delta x \to 0} \frac{\Delta y}{\Delta x} = 0$，因此得到 $y' = 0$，即常数的导数等于零。

例 2-2　求函数 $y = \sin x$ 的导数。

解： 增量 $\Delta y = \sin(x + \Delta x) - \sin x = 2\cos(x + \frac{\Delta x}{2})\sin\frac{\Delta x}{2}$；比值为

$$\frac{\Delta y}{\Delta x} = \frac{2\cos(x + \frac{\Delta x}{2})\sin\frac{\Delta x}{2}}{\Delta x} = \cos(x + \frac{\Delta x}{2}) \cdot \frac{\sin\frac{\Delta x}{2}}{\frac{\Delta x}{2}}$$

极限为

$$\lim_{\Delta x \to 0}\frac{\Delta y}{\Delta x}=\lim_{\Delta x \to 0}\cos\left(x+\frac{\Delta x}{2}\right)\cdot\frac{\sin\frac{\Delta x}{2}}{\frac{\Delta x}{2}}=\cos x$$

即得到

$$(\sin x)'=\cos x$$

也就是说，正弦函数的导数是余弦函数。

以下给出基本初等函数的求导公式：

（1）$(x^{\alpha})'=\alpha x^{\alpha-1}$ (α为常数)；

（2）$(a^x)'=a^x\ln a(a>0且a\neq 1)$

（3）$(\log_a x)'=\dfrac{1}{x\ln a}(a>0且a\neq 1)$；

（4）$(\mathrm{e}^x)'=\mathrm{e}^x$;

（5）$(\sin x)'=\cos x$;

（6）$(\cos x)'=-\sin x$;

（7）$(\tan x)'=\sec^2 x$;

（8）$(\cot x)'=-\csc^2 x$;

（9）$(\sec x)'=\sec x\tan x$;

（10）$(\csc x)'=-\csc x\cot x$。

2.1.3 函数的求导法则

1. 函数基本运算的求导法则

定理 2-1 假设函数$u=u(x)$及$v=v(x)$在点x处都有导数，那么它们的和、差、积、商（除分母为零的点外）在点x处也有导数，且有

（1）$(u(x)\pm v(x))'=u'(x)\pm v'(x)$；

（2）$(u(x)v(x))'=u(x)'v(x)+u(x)v(x)'$；

（3）$\left(\dfrac{u(x)}{v(x)}\right)'=\dfrac{u(x)'v(x)-u(x)v(x)'}{(v(x))^2}(v(x)\neq 0)$。

2. 反函数的求导法则

设$x=f(y)$在区间I_y内单调、可导且$[f^{-1}(x)]'=\dfrac{1}{f'(y)}$，$f'(y)\neq 0$，则它的反函数$y=f^{-1}(x)$在$I_x=f(I_y)$内也可导，可表示为$\dfrac{\mathrm{d}y}{\mathrm{d}x}=\dfrac{1}{\frac{\mathrm{d}x}{\mathrm{d}y}}$。

3. 复合函数的求导法则

设$y=f(u)$，$u=g(x)$且$f(u)$及$g(x)$都可导，则复合函数$y=f(g(x))$的导数为

$\frac{dy}{dx}=\frac{dy}{du}\cdot\frac{du}{dx}$，或写为 $y'(x)=f'(u)\cdot g'(x)$。

2.2 一元函数的微分

微分在大数据实际应用中起着非常重要的作用。下面给出一个实例。

正方形金属薄片的大小会随温度的变化而变化，当其边长由 x_0 变到 $x_0+\Delta x$ 时，此薄片面积改变了多少？

解： 假设薄片的边长为 x，面积为 A，则 $A=x^2$。此时，薄片受温度变化产生的面积的改变量，可以表示为当自变量 x 从 x_0 到 $x_0+\Delta x$ 时，面积 A 相应的增量，即

$$\Delta A=(x_0+\Delta x)^2-{x_0}^2=2x_0\Delta x+(\Delta x)^2 \tag{2.2}$$

从式（2.2）可以看出，ΔA 分成两部分，第一部分 $2x_0\Delta x$ 是 Δx 的线性函数，而第二部分 $(\Delta x)^2$ 在图 2-1 中是交叉的小正方形的面积，当 $\Delta x\to 0$ 时，$(\Delta x)^2$ 是 Δx 的高阶无穷小，即 $(\Delta x)^2=o(\Delta x)$。因此，当 $|\Delta x|$ 趋近于零时，ΔA 可用第一部分来近似表示。

因此，当函数 $y=f(x)$ 满足相应条件时，Δy 可表示为

$$\Delta y=B\Delta x+o(\Delta x)$$

其中，B 是常数，$B\Delta x$ 是 Δx 的线性函数。因为 $o(\Delta x)$ 是 Δx 的高阶无穷小，当 $B\neq 0$，同时 $|\Delta x|$ 非常小时，Δy 可以由 $B\Delta x$ 来近似表示。

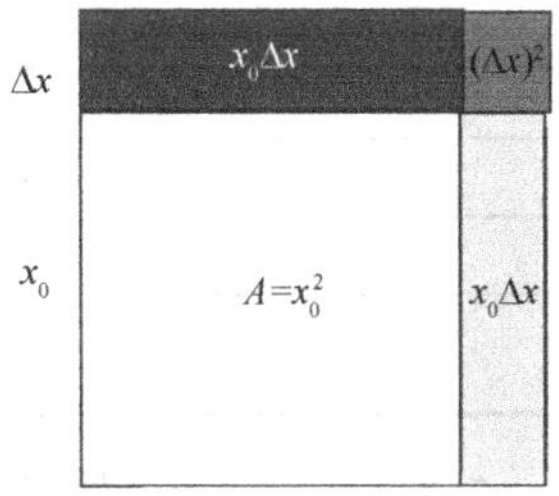

图 2-1 正方形分割示意

2.2.1 微分的概念

定义 2-2 假设函数 $y=f(x)$ 在某个开区间内有定义，x_0 及 $x_0+\Delta x$ 属于这个区间，则增量 $\Delta y=f(x_0+\Delta x)-f(x_0)$ 可表示为 $\Delta y=A\Delta x+o(\Delta x)$（$A$ 是常数），说明 $y=f(x)$ 在点 x_0 处是可微的，$A\Delta x$ 叫作函数 $y=f(x)$ 在点 x_0 处相应于自变量增量 Δx 的微分，记为 dy，即

$$dy=A\Delta x$$

可把自变量 x 的增量 Δx 称为自变量的微分，记为 dx，即 $dx=\Delta x$，于是 $y=f(x)$ 的微分又可记为

$$dy=f'(x)\,dx$$

因此有

$$\frac{dy}{dx}=f'(x)$$

也就是说，函数的微分 dy 与自变量的微分 dx 之比等于该函数的导数。

定理 2-2 函数 $y=f(x)$ 在点 x_0 处可微的充要条件是 $y=f(x)$ 在点 x_0 处可导，且 $A=f'(x)$，即

$$dy=f'(x_0)\Delta x$$

2.2.2 基本一元函数的微分公式

根据 $dy = f'(x)dx$ 可知，通过计算函数的导数就可以得出函数的微分。因此，可直接写出基本初等函数的导数与微分公式。表 2-1 给出了一些基本初等函数的导数与微分公式。

表 2-1 基本初等函数的导数与微分公式

导 数 公 式	微 分 公 式
$(x^{\mu})' = \mu x^{\mu-1}$	$d(x^{\mu}) = \mu x^{\mu-1}dx$
$(\sin x)' = \cos x$	$d(\sin x) = \cos x\,dx$
$(\cos x)' = -\sin x$	$d(\cos x) = -\sin x\,dx$
$(\tan x)' = \sec^2 x$	$d(\tan x) = \sec^2 x\,dx$
$(\cot x)' = -\csc^2 x$	$d(\cot x) = -\csc^2 x\,dx$
$(\sec x)' = \sec x\tan x$	$d(\sec x) = \sec x\tan x\,dx$
$(\csc x)' = -\csc x\cot x$	$d(\csc x) = -\csc x\cot x\,dx$
$(a^x)' = a^x\ln a$	$d(a^x) = a^x\ln a\,dx$
$(e^x)' = e^x$	$d(e^x) = e^x dx$
$(\log_a x)' = \dfrac{1}{x\ln a}$	$d(\log_a x) = \dfrac{1}{x\ln a}dx$

2.2.3 一元函数的微分运算法则

由函数的求导法则，很容易推导出相应的微分法则。表 2-2 给出了一元函数的基本求导、微分法则。

表 2-2 一元函数的基本求导、微分法则

函数和、差、积、商的求导法则	函数和、差、积、商的微分法则
$(u \pm v)' = u' \pm v'$	$d(u \pm v) = du \pm dv$
$(Cu)' = Cu'$	$d(Cu) = Cdu$
$(uv)' = u'v+uv'$	$d(uv) = vdu+udv$
$\left(\dfrac{u}{v}\right)' = \dfrac{u'v-uv'}{v^2}(v \neq 0)$	$d\left(\dfrac{u}{v}\right) = \dfrac{vdu-udv}{v^2}(v \neq 0)$

2.2.4 一元函数微分的实际应用

在实际应用中，我们会遇到一些比较复杂的计算公式，如果直接求解，会非常复杂，此时就可以利用微分将复杂的计算公式用简单的近似公式来代替，而近似计算是我们在大数据领域常用的数据计算方法。

若函数 $y = f(x)$ 在点 x_0 处的导数 $f'(x_0) \neq 0$，且 $|\Delta x|$ 很小，则有

$$\Delta y \approx dy = f'(x_0)\Delta x$$

也可写为

$$\Delta y = f(x_0 + \Delta x) - f(x_0) \approx f'(x_0)\Delta x \qquad (2.3)$$

或者

$$f(x_0+\Delta x)\approx f(x_0)+f'(x_0)\Delta x \tag{2.4}$$

在式（2.4）中，令 $x=x_0+\Delta x$，即 $\Delta x=x-x_0$，那么式（2.4）可写成

$$f(x)\approx f(x_0)+f'(x_0)(x-x_0) \tag{2.5}$$

若 $f(x_0)$ 和 $f'(x_0)$ 都容易计算，那么利用式（2.3）可以近似计算 Δy，利用式（2.5）可近似计算 $f(x)$。这种近似计算的实质就是用 x 的线性函数 $f(x_0)+f'(x_0)(x-x_0)$ 来近似表示函数 $f(x)$。

2.3　多元函数的导数与微分

在一元函数中，我们通过研究速度的变化率问题引入了导数的概念。然而，对于多元函数，其自变量不止一个，对其讨论变化率要比一元函数复杂得多。多元函数的微分也被广泛应用于大数据研究领域，如数据关联规则挖掘等。下面从一个自变量出发讨论多元函数中的变化率。

2.3.1　多元函数导数的定义

以二元函数 $z=f(x,y)$ 为例，设只有自变量 x 变化，把另一个自变量 y 看作常量，此时就可以把函数看成关于 x 的一元函数。那么一元函数对 x 的导数，就是二元函数 $z=f(x,y)$ 对于自变量 x 的偏导数，定义如下。

定义 2-3　假设函数 $z=f(x,y)$ 在点 (x_0,y_0) 的某一邻域内有定义，当 y 取固定值 y_0，而 x 在 x_0 处有增量 Δx 时，则函数相应的增量为 $f(x_0+\Delta x,y_0)-f(x_0,y_0)$，如果

$$\lim_{\Delta x\to 0}\frac{f(x_0+\Delta x,y_0)-f(x_0,y_0)}{\Delta x} \tag{2.6}$$

存在，则称此极限为函数 $z=f(x,y)$ 在点 (x_0,y_0) 处关于 x 的偏导数，记为

$$\left.\frac{\partial z}{\partial x}\right|_{\substack{x=x_0\\y=y_0}},\left.\frac{\partial f}{\partial x}\right|_{\substack{x=x_0\\y=y_0}},\left.z_x\right|_{\substack{x=x_0\\y=y_0}}\ \text{或}\ f_x(x_0,y_0)$$

式（2.6）可以表示为

$$f_x(x_0,y_0)=\lim_{\Delta x\to 0}\frac{f(x_0+\Delta x,y_0)-f(x_0,y_0)}{\Delta x} \tag{2.7}$$

同理，函数 $z=f(x,y)$ 在点 (x_0,y_0) 处关于 y 的偏导数定义为

$$\lim_{\Delta y\to 0}\frac{f(x_0,y_0+\Delta y)-f(x_0,y_0)}{\Delta y}$$

记为

$$\left.\frac{\partial z}{\partial y}\right|_{\substack{x=x_0\\y=y_0}},\left.\frac{\partial f}{\partial y}\right|_{\substack{x=x_0\\y=y_0}},\left.z_y\right|_{\substack{x=x_0\\y=y_0}}\ \text{或}\ f_y(x_0,y_0)$$

如果函数 $z=f(x,y)$ 在区域 D 内每一点 (x,y) 处都存在关于 x 的偏导数，那么这个偏导数也是一个函数，把它称为函数 $z=f(x,y)$ 关于自变量 x 的偏导函数，记为

$$\frac{\partial z}{\partial x},\frac{\partial f}{\partial x},z_x \text{ 或 } f_x(x,y)$$

同理，可定义函数$z=f(x,y)$关于自变量y的偏导函数，记作

$$\frac{\partial z}{\partial y},\frac{\partial f}{\partial y},z_y \text{ 或 } f_y(x,y)$$

显然，$f(x,y)$在点(x_0,y_0)处对x的偏导数$f_x(x_0,y_0)$就是偏导函数$f_x(x,y)$在点(x_0,y_0)处的函数值；$f_y(x_0,y_0)$就是偏导函数$f_y(x,y)$在点(x_0,y_0)处的函数值。

根据以上内容可知，多元函数的导数最终归根于一元函数的导函数，为了方便，也可把多元函数的偏导函数简称为偏导数。

在实际应用中，求$z=f(x,y)$的偏导数不需要新的方法，在求解的过程中，只有一个自变量是变化的，因此其方法和一元函数的求导方法是一样的。譬如，求$\frac{\partial f}{\partial x}$时，只需要把$y$看作常量，对$x$进行求导数；求$\frac{\partial f}{\partial y}$时，则需要把$x$看作常量，对$y$求导数。

当然，很容易将偏导数延伸至二元以上的函数。例如，三元函数$u=f(x,y,z)$在点(x,y,z)处对x的偏导数定义为

$$f_x(x,y,z)=\lim_{\Delta x\to 0}\frac{f(x+\Delta x,y,z)-f(x,y,z)}{\Delta x}$$

其中，(x,y,z)是函数$u=f(x,y,z)$的定义域内的点，该偏导数求解方法仍旧可用一元函数的求导方法。

例 2-3 求$z=x^2+3xy+y^2$在点$(1,2)$处的偏导数。

解： 把y看作常量，得

$$\frac{\partial z}{\partial x}=2x+3y$$

把x看作常量，得

$$\frac{\partial z}{\partial y}=3x+2y$$

将点$(1,2)$代入上面的结果，可得

$$\left.\frac{\partial z}{\partial x}\right|_{\substack{x=1\\y=2}}=2\times1+3\times2=8$$

$$\left.\frac{\partial z}{\partial y}\right|_{\substack{x=1\\y=2}}=3\times1+2\times2=7$$

例 2-4 求$z=x^2\sin 2y$的偏导数。

解： 分别对x,y求偏导数，得

$$\frac{\partial z}{\partial x}=2x\sin 2y$$

$$\frac{\partial z}{\partial y}=2x^2\cos 2y$$

2.3.2　多元复合函数的求导法则

定理 2-3　如果函数 $u=\varphi(t)$ 及 $v=\psi(t)$ 在点 t 处均可导，函数 $z=f(u,v)$ 在对应点 (u,v) 处具有连续的偏导数，则称复合函数 $z=f[\varphi(t),\psi(t)]$ 在 t 处可导，此时有

$$\frac{\mathrm{d}z}{\mathrm{d}t}=\frac{\partial z}{\partial u}\frac{\mathrm{d}u}{\mathrm{d}t}+\frac{\partial z}{\partial v}\frac{\mathrm{d}v}{\mathrm{d}t}$$

类似地，可把该定理推广到复合函数的中间变量多于两个的情形。设函数 $z=f(u,v,w)$是由 $u=\varphi(t),v=\psi(t),w=\omega(t)$ 复合得到的，即

$$z=f[\varphi(t),\psi(t),\omega(t)]$$

则在与上述定理相类似的条件下，其在 t 点处的导数可用下列式子计算：

$$\frac{\mathrm{d}z}{\mathrm{d}t}=\frac{\partial z}{\partial u}\frac{\mathrm{d}u}{\mathrm{d}t}+\frac{\partial z}{\partial v}\frac{\mathrm{d}v}{\mathrm{d}t}+\frac{\partial z}{\partial w}\frac{\mathrm{d}w}{\mathrm{d}t}$$

此时称 $\frac{\mathrm{d}z}{\mathrm{d}t}$ 为全导数。

2.3.3　多元函数微分的定义

根据前述内容可知，二元函数的偏导数可看作一元函数的导数。由一元函数微分增量关系可知

$$\begin{cases}f(x+\Delta x,y)-f(x,y)\approx f_x(x,y)\Delta x\\ f(x,y+\Delta y)-f(x,y)\approx f_y(x,y)\Delta y\end{cases}\tag{2.8}$$

式（2.8）等号的左端称为二元函数对 x 和对 y 的偏增量，右端称为二元函数对 x 和对 y 的偏微分。

在实际应用中，有时需要考虑全增量问题，即需要研究多元函数中各自变量都取增量时因变量所获得的增量。下面以二元函数为例进行讨论。

假设函数 $z=f(x,y)$ 在点 $P(x,y)$ 的某邻域内有定义，$P'(x+\Delta x,y+\Delta y)$ 为此邻域内的任意一点，则函数值增量 $f(x+\Delta x,y+\Delta y)-f(x,y)$ 为函数在点 P 对于自变量增量 Δx、Δy 的全增量，记作 Δz，即

$$\Delta z=f(x+\Delta x,y+\Delta y)-f(x,y)$$

一般地，计算全增量 Δz 比较复杂。与一元函数的情形一样，可利用自变量的增量 Δx、Δy 的线性函数近似地计算全增量 Δz。

定义 2-4　设函数 $z=f(x,y)$ 在点 (x,y) 的某邻域内有定义，若函数在点 (x,y) 处的全增量 $\Delta z=f(x+\Delta x,y+\Delta y)-f(x,y)$ 可表示为

$$\Delta z=A\Delta x+B\Delta y+o(\rho)$$

其中，A、B 仅与 x、y 有关，$\rho=\sqrt{(\Delta x)^2+(\Delta y)^2}$，则称函数 $z=f(x,y)$ 在点 (x,y) 处可微分，$A\Delta x+B\Delta y$ 称为函数 $z=f(x,y)$ 在点 (x,y) 处的全微分，记作 $\mathrm{d}z$，即

$$\mathrm{d}z=A\Delta x+B\Delta y$$

如果函数在区域 D 内各点均可微，那么称此函数在 D 内可微分。

定理 2-4（必要条件）　若函数 $z=f(x,y)$ 在点 (x,y) 处可微分，则该函数在点 (x,y)

处存在偏导数$\frac{\partial z}{\partial x}$、$\frac{\partial z}{\partial y}$，且函数对应的全微分为

$$\mathrm{d}z=\frac{\partial z}{\partial x}\Delta x+\frac{\partial z}{\partial y}\Delta y$$

定理 2-5（充分条件） 若函数$z=f(x,y)$的偏导数$\frac{\partial z}{\partial x}$、$\frac{\partial z}{\partial y}$在点$(x,y)$处连续，则该函数在该点处可微分。

例 2-5 计算函数$z=x^2y+y^2$的全微分。

解： 首先计算偏导数，得

$$\frac{\partial z}{\partial x}=2xy\text{，}\frac{\partial z}{\partial y}=x^2+2y$$

则得到

$$\mathrm{d}z=2xy\,\mathrm{d}x+(x^2+2y)\,\mathrm{d}y$$

2.3.4 全微分在近似计算中的应用

根据前述内容可知，当二元函数$z=f(x,y)$在点$P(x,y)$处的两个偏导数$f_x(x,y),f_y(x,y)$连续，且$|\Delta x|,|\Delta y|$都很小时，有

$$\Delta z\approx \mathrm{d}z=f_x(x,y)\Delta x+f_y(x,y)\Delta y \tag{2.9}$$

可利用式（2.9）对二元函数做近似计算和误差估计，举例如下。

例 2-6 有一圆柱体，受压后发生形变，它的半径由 20cm 增大到 20.05cm，高度由 100cm 减少到 99cm。利用近似计算求圆柱体体积的变化值。

解： 设r、h和V分别对应圆柱体的半径、高和体积，则

$$V=\pi r^2h$$

定义r、h和V的增量分别为Δr、Δh和ΔV。应用式（2.9），有

$$\Delta V\approx \mathrm{d}V=V_r\Delta r+V_h\Delta h=2\pi rh\Delta r+\pi r^2\Delta h$$

把$r=20\text{cm}, h=100\text{cm}, \Delta r=0.05\text{cm}, \Delta h=-1\text{cm}$代入，得

$$\Delta V\approx 2\pi\times 20\times 100\times 0.05+\pi\times 20^2\times(-1)=-200\pi\ (\text{cm}^3)$$

因此圆柱体受压后体积减小了约$200\pi\ \text{cm}^3$。

2.4 向量与矩阵的导数

2.4.1 矩阵导数的定义

以实变量x的实函数$y_{ij}(x)$为元素的矩阵

$$\boldsymbol{Y}(x)=\begin{bmatrix} y_{11}(x) & y_{12}(x) & \cdots & y_{1n}(x) \\ y_{21}(x) & y_{22}(x) & \cdots & y_{2n}(x) \\ \vdots & \vdots & \ddots & \vdots \\ y_{m1}(x) & y_{m2}(x) & \cdots & y_{mn}(x) \end{bmatrix}$$

称为函数矩阵，其中所有元素 $y_{ij}(x)(i=1,2,\cdots,m;j=1,2,\cdots,n)$ 都是定义在区间 $[a,b]$ 上的实函数。

当 $m=1$ 时，$\boldsymbol{Y}(x)$ 是函数行向量；当 $n=1$ 时，$\boldsymbol{Y}(x)$ 是函数列向量。

2.4.2 矩阵与向量求导法则

1. 关于变量 x 的导数运算

定义 2-5 若 $\boldsymbol{Y}(x)=(y_{ij}(x))_{m\times n}$ 的所有元素 $y_{ij}(x)(i=1,2,\cdots,m;j=1,2,\cdots,n)$ 在点 $x=x_0$ 处（或在区间 $[a,b]$ 上）可导，便称函数矩阵 $\boldsymbol{Y}(x)$ 在点 $x=x_0$ 处（或在区间 $[a,b]$ 上）可导，并记为

$$\boldsymbol{Y}'(x_0)=\frac{\mathrm{d}\boldsymbol{Y}(x)}{\mathrm{d}x}\bigg|_{x=x_0}=\begin{bmatrix} y'_{11}(x_0) & y'_{12}(x_0) & \cdots & y'_{1n}(x_0) \\ y'_{21}(x_0) & y'_{22}(x_0) & \cdots & y'_{2n}(x_0) \\ \vdots & \vdots & \ddots & \vdots \\ y'_{m1}(x_0) & y'_{m2}(x_0) & \cdots & y'_{mn}(x_0) \end{bmatrix}$$

（1）$\boldsymbol{Y}(x)$ 是常数矩阵的充要条件是

$$\frac{\mathrm{d}\boldsymbol{Y}(x)}{\mathrm{d}x}=0$$

（2）设 $\boldsymbol{Y}(x)=(y_{ij}(x))_{m\times n}, \boldsymbol{H}(x)=(h_{ij}(x))_{m\times n}$ 均可导，则

$$\frac{\mathrm{d}}{\mathrm{d}x}[\boldsymbol{Y}(x)+\boldsymbol{H}(x)]=\frac{\mathrm{d}\boldsymbol{Y}(x)}{\mathrm{d}x}+\frac{\mathrm{d}\boldsymbol{H}(x)}{\mathrm{d}x}$$

（3）设 $k(x)$ 是 x 的纯量函数，$\boldsymbol{Y}(x)$ 是函数矩阵，$k(x)$ 与 $\boldsymbol{Y}(x)$ 均可导，则

$$\frac{\mathrm{d}}{\mathrm{d}x}[k(x)\boldsymbol{Y}(x)]=\frac{\mathrm{d}k(x)}{\mathrm{d}x}\boldsymbol{Y}(x)+k(x)\frac{\mathrm{d}\boldsymbol{Y}(x)}{\mathrm{d}x}$$

当 $k(x)$ 是常数 k 时，有 $\frac{\mathrm{d}}{\mathrm{d}x}[k\boldsymbol{Y}(x)]=k\frac{\mathrm{d}\boldsymbol{Y}(x)}{\mathrm{d}x}$，设 $\boldsymbol{Y}(x),\boldsymbol{H}(x)$ 均可导，且 $\boldsymbol{Y}(x)$ 与 $\boldsymbol{H}(x)$ 是可乘的，则

$$\frac{\mathrm{d}}{\mathrm{d}x}[\boldsymbol{Y}(x)\boldsymbol{H}(x)]=\frac{\mathrm{d}\boldsymbol{Y}(x)}{\mathrm{d}x}\boldsymbol{H}(x)+\boldsymbol{Y}(x)\frac{\mathrm{d}\boldsymbol{H}(x)}{\mathrm{d}x}$$

因为矩阵乘法没有交换律，所以

$$\frac{\mathrm{d}}{\mathrm{d}x}[\boldsymbol{Y}^2(x)]\neq 2\boldsymbol{Y}(x)\frac{\mathrm{d}\boldsymbol{Y}(x)}{\mathrm{d}x}$$

$$\frac{\mathrm{d}}{\mathrm{d}x}[\boldsymbol{Y}^3(x)]\neq 3\boldsymbol{Y}^2(x)\frac{\mathrm{d}\boldsymbol{Y}(x)}{\mathrm{d}x}$$

若 $\boldsymbol{Y}(x)$ 和 $\boldsymbol{Y}^{-1}(x)$ 都可导，则

$$\frac{\mathrm{d}\boldsymbol{Y}^{-1}(x)}{\mathrm{d}x}=-\boldsymbol{Y}^{-1}(x)\frac{\mathrm{d}\boldsymbol{Y}(x)}{\mathrm{d}x}\boldsymbol{Y}^{-1}(x)$$

证明： 因为

$$\boldsymbol{Y}^{-1}(x)\boldsymbol{Y}(x)=\boldsymbol{E}$$

所以

$$\frac{\mathrm{d}}{\mathrm{d}x}[\boldsymbol{Y}^{-1}(x)\boldsymbol{Y}(x)]=\frac{\mathrm{d}\boldsymbol{Y}^{-1}(x)}{\mathrm{d}x}\boldsymbol{Y}(x)+\boldsymbol{Y}^{-1}(x)\frac{\mathrm{d}\boldsymbol{Y}(x)}{\mathrm{d}x}=\frac{\mathrm{d}}{\mathrm{d}x}\boldsymbol{E}=0$$

于是

$$\frac{\mathrm{d}\boldsymbol{Y}^{-1}(x)}{\mathrm{d}x}=-\boldsymbol{Y}^{-1}(x)\frac{\mathrm{d}\boldsymbol{Y}(x)}{\mathrm{d}x}\boldsymbol{Y}^{-1}(x)$$

2. 关于向量 $\boldsymbol{X}$ 的导数

（1）函数 y 关于向量 $\boldsymbol{X}$ 的导数。

定义 2-6 若函数 y 关于元素 $x_i(i=1,2,\cdots,n)$ 均可导，则变量 y 关于向量 $\boldsymbol{X}=\begin{bmatrix}x_1\\x_2\\\vdots\\x_n\end{bmatrix}$ 的导数可表示为 $\dfrac{\partial y}{\partial \boldsymbol{X}}=\begin{bmatrix}\dfrac{\partial y}{\partial x_1}\\\dfrac{\partial y}{\partial x_2}\\\vdots\\\dfrac{\partial y}{\partial x_n}\end{bmatrix}$，此时的向量称为梯度向量。$\dfrac{\partial y}{\partial \boldsymbol{X}}$ 为函数 y 在空间 $\mathbf{R}^n$ 的梯度，该空间以 $\boldsymbol{X}$ 为基。

（2）向量 $\boldsymbol{Y}$ 关于向量 $\boldsymbol{X}$ 的导数。

定义 2-7 若 $\boldsymbol{Y}(x)$ 的所有元素 $y_i(x)(i=1,2,\cdots,m)$ 关于向量 $\boldsymbol{X}$ 的每个元素 $x_j(j=i,2,\cdots,n)$ 均可导，则向量函数 $\boldsymbol{Y}=\begin{bmatrix}y_1\\y_2\\\vdots\\y_m\end{bmatrix}$ 关于向量 $\boldsymbol{X}=\begin{bmatrix}x_1\\x_2\\\vdots\\x_n\end{bmatrix}$ 的导数可表示为

$$\frac{\partial \boldsymbol{Y}}{\partial \boldsymbol{X}}=\begin{bmatrix}\dfrac{\partial y_1}{\partial x_1} & \dfrac{\partial y_1}{\partial x_2} & \cdots & \dfrac{\partial y_1}{\partial x_n}\\ \dfrac{\partial y_2}{\partial x_1} & \dfrac{\partial y_2}{\partial x_2} & \cdots & \dfrac{\partial y_2}{\partial x_n}\\ \vdots & \vdots & \ddots & \vdots\\ \dfrac{\partial y_m}{\partial x_1} & \dfrac{\partial y_m}{\partial x_2} & \cdots & \dfrac{\partial y_m}{\partial x_n}\end{bmatrix}$$

此时矩阵 $\dfrac{\partial \boldsymbol{Y}}{\partial \boldsymbol{X}}$ 叫作 Jacobian 矩阵。

（3）矩阵 $\boldsymbol{Y}$ 关于向量 $\boldsymbol{X}$ 的导数。

定义 2-8 若矩阵 $\boldsymbol{Y}(x)=(y_{ij}(x))_{m\times n}$ 的所有元素 $y_{ij}(x)(i=1,2,\cdots,m;j=1,2,\cdots,n)$ 关于向

量 $\boldsymbol{X}$ 的每个元素 $x_j(j=i,2,\cdots,n)$ 均可导，则矩阵 $\boldsymbol{Y}=\begin{bmatrix} y_{11} & y_{12} & \cdots & y_{1n} \\ y_{21} & y_{22} & \cdots & y_{2n} \\ \vdots & \vdots & \ddots & \vdots \\ y_{m1} & y_{m2} & \cdots & y_{mn} \end{bmatrix}$ 关于向量 $\boldsymbol{X}=\begin{bmatrix} x_1 \\ x_2 \\ \vdots \\ x_n \end{bmatrix}$ 的导数可表示为

$$\frac{\partial \boldsymbol{Y}}{\partial \boldsymbol{X}}=\begin{bmatrix} \frac{\partial y_{11}}{\partial x_1} & \frac{\partial y_{12}}{\partial x_2} & \cdots & \frac{\partial y_{1n}}{\partial x_n} \\ \frac{\partial y_{21}}{\partial x_1} & \frac{\partial y_{22}}{\partial x_2} & \cdots & \frac{\partial y_{2n}}{\partial x_n} \\ \vdots & \vdots & \ddots & \vdots \\ \frac{\partial y_{m1}}{\partial x_1} & \frac{\partial y_{m2}}{\partial x_2} & \cdots & \frac{\partial y_{mn}}{\partial x_n} \end{bmatrix}$$

3. 关于矩阵 $\boldsymbol{X}$ 的导数

（1）函数 y 关于矩阵 $\boldsymbol{X}$ 的导数。

定义 2-9　若函数 y 关于矩阵 $\boldsymbol{X}=(x_{ij})_{p\times q}$ 中的所有元素 $x_{ij}(i=1,2,\cdots,p;j=1,2,\cdots,q)$ 均可导，则函数 y 关于矩阵 $\boldsymbol{X}=\begin{bmatrix} x_{11} & x_{12} & \cdots & x_{1q} \\ x_{21} & x_{22} & \cdots & x_{2q} \\ \vdots & \vdots & \ddots & \vdots \\ x_{p1} & x_{p2} & \cdots & x_{pq} \end{bmatrix}$ 的导数可表示为

$$\frac{\partial y}{\partial \boldsymbol{X}}=\begin{bmatrix} \frac{\partial y}{x_{11}} & \frac{\partial y}{x_{12}} & \cdots & \frac{\partial y}{x_{1q}} \\ \frac{\partial y}{x_{21}} & \frac{\partial y}{x_{22}} & \cdots & \frac{\partial y}{x_{2q}} \\ \vdots & \vdots & \ddots & \vdots \\ \frac{\partial y}{x_{p1}} & \frac{\partial y}{x_{p2}} & \cdots & \frac{\partial y}{x_{pq}} \end{bmatrix}$$

此时的导数为梯度矩阵。

（2）向量 $\boldsymbol{Y}$ 关于矩阵 $\boldsymbol{X}$ 的导数。

定义 2-10　若向量 $\boldsymbol{Y}(x)$ 的所有元素 $y_i(x)(i=1,2,\cdots,m)$ 关于矩阵 $\boldsymbol{X}$ 中的每个元素 $x_{jk}(j=i,2,\cdots,p;k=1,2,\cdots,q)$ 均可导，则向量函数 $\boldsymbol{Y}=\begin{bmatrix} y_1 \\ y_2 \\ \vdots \\ y_m \end{bmatrix}$ 关于矩阵 $\boldsymbol{X}=\begin{bmatrix} x_{11} & x_{12} & \cdots & x_{1q} \\ x_{21} & x_{22} & \cdots & x_{2q} \\ \vdots & \vdots & \ddots & \vdots \\ x_{p1} & x_{p2} & \cdots & x_{pq} \end{bmatrix}$

的导数可表示为 $\dfrac{\partial \boldsymbol{Y}}{\partial \boldsymbol{X}}=\begin{bmatrix}\dfrac{\partial y_1}{\partial \boldsymbol{X}}\\ \dfrac{\partial y_2}{\partial \boldsymbol{X}}\\ \vdots \\ \dfrac{\partial y_m}{\partial \boldsymbol{X}}\end{bmatrix}$，其中 $\dfrac{\partial y_i}{\partial \boldsymbol{X}}$ 为元素 y_i 关于矩阵 $\boldsymbol{X}$ 的导数。

（3）矩阵 $\boldsymbol{Y}$ 关于矩阵 $\boldsymbol{X}$ 的导数。

定义 2-11 设矩阵 $\boldsymbol{Y}=\begin{bmatrix} y_{11} & y_{12} & \cdots & y_{1n} \\ y_{21} & y_{22} & \cdots & y_{2n} \\ \vdots & \vdots & \ddots & \vdots \\ y_{m1} & y_{m2} & \cdots & y_{mn}\end{bmatrix}=\begin{bmatrix}\boldsymbol{y}_1^{\mathrm{T}}\\ \boldsymbol{y}_2^{\mathrm{T}}\\ \vdots \\ \boldsymbol{y}_m^{\mathrm{T}}\end{bmatrix}$ 中的每个元素 $y_{ij}(x)(i=1,2,\cdots,m;$ $j=1,2,\cdots,n)$ 关于矩阵 $\boldsymbol{X}=\begin{bmatrix} x_{11} & x_{12} & \cdots & x_{1q} \\ x_{21} & x_{22} & \cdots & x_{2q} \\ \vdots & \vdots & \ddots & \vdots \\ x_{p1} & x_{p2} & \cdots & x_{pq}\end{bmatrix}$ 中的每个元素 $x_{lk}(l=1,2,\cdots,p;k=1,2,\cdots,q)$ 均可导，则矩阵 $\boldsymbol{Y}$ 关于矩阵 $\boldsymbol{X}$ 的导数可表示为

$$\frac{\partial \boldsymbol{Y}}{\partial \boldsymbol{X}}=\begin{bmatrix}\dfrac{\partial \boldsymbol{Y}}{\partial \boldsymbol{x}_1} & \dfrac{\partial \boldsymbol{Y}}{\partial \boldsymbol{x}_2} & \cdots & \dfrac{\partial \boldsymbol{Y}}{\partial \boldsymbol{x}_q}\end{bmatrix}=\begin{bmatrix}\dfrac{\partial \boldsymbol{y}_1^{\mathrm{T}}}{\partial \boldsymbol{X}}\\ \dfrac{\partial \boldsymbol{y}_2^{\mathrm{T}}}{\partial \boldsymbol{X}}\\ \vdots \\ \dfrac{\partial \boldsymbol{y}_m^{\mathrm{T}}}{\partial \boldsymbol{X}}\end{bmatrix}=\begin{bmatrix}\dfrac{\partial \boldsymbol{y}_1^{\mathrm{T}}}{\partial \boldsymbol{x}_1} & \dfrac{\partial \boldsymbol{y}_1^{\mathrm{T}}}{\partial \boldsymbol{x}_2} & \cdots & \dfrac{\partial \boldsymbol{y}_1^{\mathrm{T}}}{\partial \boldsymbol{x}_q}\\ \dfrac{\partial \boldsymbol{y}_2^{\mathrm{T}}}{\partial \boldsymbol{x}_1} & \dfrac{\partial \boldsymbol{y}_2^{\mathrm{T}}}{\partial \boldsymbol{x}_2} & \cdots & \dfrac{\partial \boldsymbol{y}_2^{\mathrm{T}}}{\partial \boldsymbol{x}_q}\\ \vdots & \vdots & \ddots & \vdots \\ \dfrac{\partial \boldsymbol{y}_m^{\mathrm{T}}}{\partial \boldsymbol{x}_1} & \dfrac{\partial \boldsymbol{y}_m^{\mathrm{T}}}{\partial \boldsymbol{x}_2} & \cdots & \dfrac{\partial \boldsymbol{y}_m^{\mathrm{T}}}{\partial \boldsymbol{x}_q}\end{bmatrix}$$

例 2-7 设 $\boldsymbol{Y}=\begin{bmatrix} 2xy & y^2 & y \\ x^2 & 2xy & x\end{bmatrix}, \boldsymbol{X}=\begin{bmatrix} x \\ y\end{bmatrix}$，求导数 $\dfrac{\partial \boldsymbol{Y}}{\partial \boldsymbol{X}}$。

解：根据前述定义，有

$$\frac{\partial \boldsymbol{Y}}{\partial \boldsymbol{X}}=\begin{bmatrix}\dfrac{\partial(2xy)}{\partial \boldsymbol{X}} & \dfrac{\partial(y^2)}{\partial \boldsymbol{X}} & \dfrac{\partial y}{\partial \boldsymbol{X}}\\ \dfrac{\partial(x^2)}{\partial \boldsymbol{X}} & \dfrac{\partial(2xy)}{\partial \boldsymbol{X}} & \dfrac{\partial x}{\partial \boldsymbol{X}}\end{bmatrix}=\begin{bmatrix} 2y & 0 & 0 \\ 2x & 2y & 1 \\ 2x & 2y & 1 \\ 0 & 2x & 0\end{bmatrix}$$

2.5 导数与微分的应用

前面介绍了导数与微分的概念，现在介绍微分学的几个中值定理，它们是导数应用的理论基础。尤其是通过极值的方法对大数据进行数据标准化，在大数据领域起到了举

足轻重的作用。

2.5.1　极值

函数在定义域上取得的最大值和最小值均被称为函数的极值。下面分别介绍一元函数和二元函数的极值。

1. 一元函数极值

定义 2-12　设函数 $f(x)$ 在 (a,b) 内有定义，任选 $x_0 \in (a,b)$，若存在 x_0 的一个邻域，当 $x \neq x_0$ 时，有：

（1）$f(x) < f(x_0)$，则称 x_0 为 $f(x)$ 的极大点，称 $f(x_0)$ 为函数的极大值；

（2）$f(x) > f(x_0)$，则称 x_0 为 $f(x)$ 的极小点，称 $f(x_0)$ 为函数的极小值。

函数的极大值、极小值统称为函数的极值，极大值点、极小值点统称为极值点。

定理 2-6（函数极值存在的必要条件）　设函数 $f(x)$ 在 x_0 处可导，且 $f(x_0)$ 为极值（x_0 为极值点），则 $f'(x_0)=0$，即函数的极值点必为驻点或不可导点。

定理 2-7（函数极值存在的充分条件一）　设函数 $f(x)$ 在 x_0 的一个邻域内可微（在 x_0 处可以不可微，但必须连续），若当 x 在该邻域内由小于 x_0 连续地变为大于 x_0 时，其导数 $f'(x_0)$ 改变符号，则 $f(x_0)$ 为函数的极值，x_0 为函数的极值点，并且有：

（1）当导数 $f'(x_0)$ 的值由正变负时，则 x_0 为极大值点，$f(x_0)$ 为 $f(x)$ 的极大值；

（2）当导数 $f'(x_0)$ 的值由负变正时，则 x_0 为极小值点，$f(x_0)$ 为 $f(x)$ 的极小值。

定理 2-8（函数极值存在的充分条件二）　设函数 $f(x_0)$ 在 x_0 处的二阶导数存在，若 $f'(x_0)=0$，且 $f''(x_0) \neq 0$，则 x_0 是函数的极值点，$f(x_0)$ 为函数的极值，并且有：

（1）若 $f''(x_0)>0$，则 x_0 为极小值点，$f(x_0)$ 为极小值；

（2）若 $f''(x_0)<0$，则 x_0 为极大值点，$f(x_0)$ 为极大值。

注意，极值的概念反映了函数在某个点的局部状态，极大值不一定大于极小值，极大（小）值不一定是区间上最大（小）的值，而对于极值点附近的范围，极大（小）值就是最大（小）值。同时，一个定义域区间上可能有若干个极值点。

例 2-8　求 $f(x)=x^3-3x^2-9x+5$ 的极值。

解： $f'(x)=3x^2-6x-9=3(x+1)(x-3)$，令 $f'(x)=0$，解得驻点 $x_1=-1$，$x_2=3$。

在 $x=-1$ 处：当 $x<-1$ 时，$f'(x)>0$；当 $x>-1$ 时 $f'(x)<0$，所以极大值 $f(-1)=10$。

在 $x=3$ 处：当 $x<3$ 时，$f'(x)<0$；当 $x>3$ 时，$f'(x)>0$，所以极小值 $f(3)=-22$。

有时，可以将整个解题过程以表格形式表示，如表 2-3 所示。

表 2-3　例 2-8 中 $f(x)$ 极值求解过程

x	$(-\infty,-1)$	-1	$(-1,3)$	3	$(3,+\infty)$
$f'(x)$	+	0	−	0	+
$f(x)$	↗	极大值 10	↘	极小值−22	↗

例 2-9　求 $f(x)=x^2\mathrm{e}^{-x}$ 的最大值和最小值。

解： $f(x)$ 在定义域 $(-\infty,+\infty)$ 上连续可导且 $f'(x)=x(2-x)\mathrm{e}^{-x}$。

令 $f'(x)=0$，得驻点 $x=0,x=2$。

如图 2-2 所示，有 $f(0)=0$，$f(2)=4\mathrm{e}^{-2}$ 且

$$\lim_{x\to-\infty}f(x)=+\infty,\quad \lim_{x\to+\infty}f(x)=0$$

故 $f(x)$ 在定义域内有最小值 $f(0)=0$，无最大值。

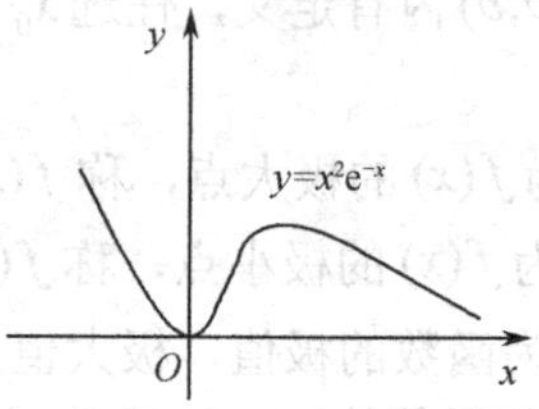

图 2-2　$f(x)$的函数曲线

2. 二元函数的极值

定义 2-13　设函数 $z=f(x,y)$ 在点 (x_0,y_0) 的邻域内有定义，对于该邻域内不同于 (x_0,y_0) 的点，有：

（1）若 $f(x,y)<f(x_0,y_0)$，则 $f(x_0,y_0)$ 为函数 $z=f(x,y)$ 的极大值；

（2）若 $f(x,y)>f(x_0,y_0)$，则 $f(x_0,y_0)$ 为函数 $z=f(x,y)$ 的极小值。

定理 2-9（二元函数极值存在的必要条件） 设二元函数 $z=f(x,y)$ 在点 (x_0,y_0) 处有极值，且两个偏导数存在，则在该点的偏导数必为零，即 $f_x'(x_0,y_0)=0$ 且 $f_y'(x_0,y_0)=0$。凡是能使 $f_x'(x_0,y_0)=0$ 且 $f_y'(x_0,y_0)=0$ 的点 (x_0,y_0) 称为二元函数的驻点。

但是，二元函数的驻点不一定是极值点。例如，点 $(0,0)$ 是函数 $z=xy$ 的驻点，因为 $f_x'(x_0,y_0)=0$ 且 $f_y'(x_0,y_0)=0$，但函数 $z=f(x,y)$ 在点 $(0,0)$ 处不存在极值。

定理 2-10（二元函数极值存在的充分条件） 设函数 $z=f(x,y)$ 在点 (x_0,y_0) 的某个邻域内连续且有二阶连续的偏导数，并有 $f_x'(x_0,y_0)=0$ 且 $f_y'(x_0,y_0)=0$，记二阶偏导数为 $f_{xx}''(x_0,y_0)=A$，$f_{xy}''(x_0,y_0)=B$，$f_{yy}''(x_0,y_0)=C$，$\varDelta=B^2-AC$，则函数 $z=f(x,y)$ 在点 (x_0,y_0) 处取极值的情况如下：

（1）若 $\varDelta<0$ 且 $A<0$，则函数 $z=f(x,y)$ 在点 (x_0,y_0) 处有极大值；

（2）若 $\varDelta<0$ 且 $A>0$，则函数 $z=f(x,y)$ 在点 (x_0,y_0) 处有极小值；

（3）若 $\varDelta>0$，则函数 $z=f(x,y)$ 在点 (x_0,y_0) 处没有极值；

（4）若 $\varDelta=0$，则函数 $z=f(x,y)$ 在点 (x_0,y_0) 处可能有极值，也可能无极值。

定理 2-11　设 $f(x,y)$ 在点 $P_0(x_0,y_0)$ 的某个邻域内有三阶连续偏导数，且在点 $P_0(x_0,y_0)$ 的一阶、二阶偏导数全为 0；如果 $f(P_0)$ 是极值，则其在点 $P_0(x_0,y_0)$ 处的三阶偏导数必全为 0。

定理 2-12（$2n+1$ 阶判别法） 设 $f(x,y)$ 在点 $P_0(x_0,y_0)$ 的某个邻域内有 $2n+1(n=0,1,2,\cdots)$ 阶的连续偏导数，且函数 $f(x,y)$ 在 $P_0(x_0,y_0)$ 处的 $2n+1$ 阶偏导数中有一个不为 0，则 $f(P_0)$ 非极值。

例 2-10 求二元函数 $f(x,y)=x^3-4x^2+2xy-y^2+1$ 的极值。

解：根据题意，按如下步骤求解。

（1）先求 $f(x,y)$ 的偏导数：$f_x'(x,y)=3x^2-8x+2y$，$f_y'(x,y)=2x-2y$，$f_{xx}''(x,y)=6x-8$，$f_{xy}''(x,y)=2$，$f_{yy}''(x,y)=-2$。

（2）解方程组：对于方程组 $\begin{cases} f_x'(x,y)=3x^2-8x+2y=0 \\ f_y'(x,y)=2x-2y=0 \end{cases}$，得到其驻点为 $(0,0)$ 和 $(2,2)$。

（3）判断 $\Delta=B^2-AC$ 正负：当 $(x_0,y_0)=(0,0)$ 时，有 $A=-8, B=2, C=-2, \Delta=B^2-AC<0$；而当 $(x_0,y_0)=(2,2)$ 时，有 $A=4, B=2, C=-2, \Delta=B^2-AC>0$。

（4）求极值：根据上面的判断可知二元函数在点 $(0,0)$ 处取极大值，在点 $(2,2)$ 处不存在极值，因此该二元函数的极大值是 $f(0,0)=1$。

3. 极值的应用实例

（1）枇杷是莆田名果之一，某果园有 100 棵枇杷树，每棵平均产量为 40 千克，现准备多种一批枇杷树以提高产量，但如果多种树，那么树与树之间的距离就会减少，根据实践经验，每多种一棵树，投产后果园中所有的枇杷树每棵产量平均会减少 0.25 千克，则增加多少棵枇杷树，可使投产后果园枇杷的总产量最多？总产量最多是多少千克？

解：设增种 x 棵树，则可知果园共有 $(100+x)$ 棵树，每棵树平均产量为 $(40-0.25x)$ 千克，果园枇杷的总产量为 y 千克。依题意可得

$$y=(100+x)(40-0.25x)=4000-25x+40x-0.25x^2=-0.25x^2+15x+4000$$

因 $y'=-0.5x+15$，当 $y'=0$ 时，$x=30$；当 $x<30$ 时，y 递增；当 $x>30$ 时，y 递减，所以该函数在 $x=30$ 时取得极大值，$y=4225$。

（2）某厂要用铁板做一个体积为 2m^3 的有盖长方体水箱。求当长、宽各取什么尺寸时，用料最省。

解：设冰箱长为 x，宽为 y，则其高为 $\dfrac{2}{xy}$，此水箱所用材料的面积为 $A=2\left(xy+y\dfrac{2}{xy}+x\dfrac{2}{xy}\right)$，即 $A=2\left(xy+\dfrac{2}{x}+\dfrac{2}{y}\right)$ $(x>0,y>0)$。

令 $A_x'=2\left(y-\dfrac{2}{x^2}\right)=0, A_y'=2\left(x-\dfrac{2}{y^2}\right)=0$，解方程组得：$x=\sqrt[3]{2}, y=\sqrt[3]{2}$，此时 $A=4, B=2, C=4$，$\Delta=B^2-AC<0$，所以该函数在 $x=\sqrt[3]{2}, y=\sqrt[3]{2}$ 时取得极大值。因此当长和宽分别为 $\sqrt[3]{2}$ m 和 $\sqrt[3]{2}$ m 时，水箱的表面积最小，即用料最省。

2.5.2 中值定理

1. 罗尔定理

介绍罗尔定理之前，先介绍一下费马（Fermat）引理。

费马引理 函数 $f(x)$ 在点 x_0 的某个邻域 $U(x_0)$ 内有定义，并且在 x_0 处是可导的，如果对邻域 $U(x_0)$ 内的任意一点 x，均有

$$f(x)\leqslant f(x_0)\text{（或 }f(x)\geqslant f(x_0)\text{）}$$

那么 $f'(x_0)=0$。此处，称导数为零的点为函数的驻点（或稳定点、临界点）。

证明： 不妨设 $x\in U(x_0)$ 时，$f(x)\leqslant f(x_0)$（如果 $f(x)\geqslant f(x_0)$，同理证明）。于是对于 $x_0+\Delta x\in U(x_0)$，有

$$f(x_0+\Delta x)\leqslant f(x_0)$$

从而当 $\Delta x>0$ 时，

$$\frac{f(x_0+\Delta x)-f(x_0)}{\Delta x}\leqslant 0$$

当 $\Delta x<0$ 时，

$$\frac{f(x_0+\Delta x)-f(x_0)}{\Delta x}\geqslant 0$$

根据函数 $f(x)$ 在 x_0 处可导的条件及极限的保号性，可得到

$$f'(x_0)=f'_+(x_0)=\lim_{\Delta x\to 0^+}\frac{f(x_0+\Delta x)-f(x_0)}{\Delta x}\leqslant 0$$

$$f'(x_0)=f'_-(x_0)=\lim_{\Delta x\to 0^-}\frac{f(x_0+\Delta x)-f(x_0)}{\Delta x}\geqslant 0$$

所以，$f'(x_0)=0$。证毕。

罗尔定理 若函数 $f(x)$ 满足：

（1）在区间 $[a,b]$ 上是连续的；

（2）在区间 (a,b) 内是可导的；

（3）在区间端点处有 $f(a)=f(b)$。

那么在 (a,b) 内至少有一点 $\xi(a<\xi<b)$，使得 $f'(\xi)=0$。

证明： 因为 $f(x)$ 在区间 $[a,b]$ 上是连续的，根据闭区间上连续函数的最大值最小值定理，$f(x)$ 在闭区间 $[a,b]$ 上必定可取得它的最大值 M 和最小值 m，则存在以下两种可能。

（1）$M=m$。这时 $f(x)$ 在闭区间 $[a,b]$ 上必然取相同的数值 M，即 $f(x)=M$。因此，$\forall\xi\in(a,b)$，有 $f'(\xi)=0$。

（2）$M>m$。因为 $f(a)=f(b)$，所以 M 和 m 这两个数中至少有一个不等于 $f(x)$ 在区间 $[a,b]$ 端点处的函数值。为了确定起见，不妨设 $M\neq f(a)$，那么必定在开区间 (a,b) 内有一点 ξ 使 $f(\xi)=M$。因此，$\forall x\in[a,b]$，有 $f(x)\leqslant f(\xi)$，从而由费马引理可知 $f'(\xi)=0$。证毕。

2. 拉格朗日中值定理

在罗尔定理中，$f(a)=f(b)$这个条件是很苛刻的，这使得罗尔定理的应用受到一定的限制。假设把条件$f(a)=f(b)$取消，其余两个条件保留，就得到在微分学中应用非常广泛的拉格朗日中值定理。

拉格朗日中值定理　如果函数$f(x)$满足：

（1）在闭区间$[a,b]$上是连续的；

（2）在开区间(a,b)内是可导的。

则在(a,b)内至少存在一点$\xi(a<\xi<b)$，使得$f'(b)-f'(a)=f'(\xi)(b-a)$成立。

证明方法同罗尔定理的证明思路。

若函数$f(x)$在区间I上的是常数，那么$f(x)$在该区间上的任意一点的导数均为零。它的逆命题同样成立，即如下定理。

定理 2-13　若函数$f(x)$在区间I上的任意一点的导数均为零，那么$f(x)$在区间I上是个常数。

证明：在区间I任意取两个不同点x_1、$x_2(x_1<x_2)$，应用拉格朗日中值定理得

$$f(x_2)-f(x_1)=f'(\xi)(x_2-x_1)\ (x_1<\xi<x_2)$$

假定$f'(\xi)=0$，那么$f(x_2)-f(x_1)=0$，即

$$f(x_2)=f(x_1)$$

根据上述结果，可以看出，虽无法确定拉格朗日中值定理中的ξ值，但不妨碍它在实际中的应用。

例 2-11　证明当$x>0$时，$\dfrac{x}{1+x}<\ln(1+x)<x$。

证明：设$f(x)=\ln(1+x)$，显然$f(x)$在区间$[0,x]$上满足拉格朗日中值定理的条件，根据定理，应有

$$f(x)-f(0)=f'(\xi)(x-0),0<\xi<x$$

由于$f(0)=0,f'(x)=\dfrac{1}{1+x}$，因此上式为

$$\ln(1+x)=\frac{x}{1+\xi}$$

又因为$0<\xi<x$，有

$$\frac{x}{1+x}<\frac{x}{1+\xi}<x$$

即

$$\frac{x}{1+x}<\ln(1+x)<x\ (x>0)$$

3. 柯西中值定理

柯西中值定理　如果函数$f(x)$及$F(x)$满足：

（1）在闭区间$[a,b]$上连续；

（2）在开区间(a,b)内可导；

（3）对任意 $x\in(a,b)$, $F'(x)\neq 0$。

那么在 (a,b) 内至少有一点 ξ，使等式

$$\frac{f(b)-f(a)}{F(b)-F(a)}=\frac{f'(\xi)}{F'(\xi)}$$

成立。

证明：首先注意到 $F(b)-F(a)\neq 0$，这是由于

$$F(b)-F(a)=F'(\eta)(b-a)$$

其中 $a<\eta<b$，根据假定 $F'(\eta)\neq 0, b-a\neq 0$，得

$$F(b)-F(a)\neq 0$$

结合罗尔定理可知，在开区间 (a,b) 内必有一点 ξ，使得

$$f'(\xi)-\frac{f(b)-f(a)}{F(b)-F(a)}F'(x)=0$$

由此得

$$\frac{f(b)-f(a)}{F(b)-F(a)}=\frac{f'(\xi)}{F'(\xi)} \tag{2.10}$$

证毕。

很明显，如果取 $F(x)=x$，那么 $F(b)-F(a)=b-a, F'(x)=1$，则式（2.10）可以写成

$$f(b)-f(a)=f'(\xi)(b-a)\ (a<\xi<b)$$

这样就得到拉格朗日中值定理了。

习题

1. 根据导数的定义，求函数 $f(x)=\dfrac{1}{x}$ 的导数。

2. 求下列函数的导数：

（1）$y=\arcsin(\sin x)$；（2）$y=\ln(\mathrm{e}^x+\sqrt{1+\mathrm{e}^{2x}})$；

（3）$y=x^{\frac{1}{x}}(x>0)$；（4）$y=\dfrac{x}{\sqrt{1-x^2}}$。

3. 求下列函数的微分：

（1）$y=\dfrac{1}{x}+2\sqrt{x}$；（2）$y=\ln^2(1-x)$；

（3）$y=x^2\mathrm{e}^{2x}$；（4）$y=\tan^2(1+2x^2)$。

4. 利用函数的微分知识求 $\sqrt[3]{1.02}$ 的近似值。

5. 求下列函数的偏导数：

（1）$z=x^3y-y^3x$；（2）$z=\dfrac{x^2+y^2}{xy}$；

（3）$z=\ln\tan\dfrac{x}{y}$；（4）$z=(1+xy)^y$。

6. 当 $x=1, y=2$ 时，求函数 $z=\ln(1+x^2+y^2)$ 的全微分。

7. 当 $x=1, y=1, \Delta x=0.15, \Delta y=0.1$ 时，求函数 $z=\mathrm{e}^{xy}$ 的全微分。

8. 已知 $\boldsymbol{A}=\begin{bmatrix} x & 1 \\ 1 & x \end{bmatrix}$ 在区间 $[2,3]$ 上有逆矩阵，$\boldsymbol{A}^{-1}(x)=\dfrac{1}{x^2-1}\begin{bmatrix} x & -1 \\ -1 & x \end{bmatrix}$，计算 $\dfrac{\mathrm{d}\boldsymbol{A}^{-1}(x)}{\mathrm{d}x}$。

9. 设 $\boldsymbol{Y}=\begin{bmatrix} a & b & c \\ d & e & f \end{bmatrix}$，$\boldsymbol{X}=\begin{bmatrix} u & x \\ v & y \\ w & z \end{bmatrix}$，求矩阵 $\boldsymbol{Y}$ 关于矩阵 $\boldsymbol{X}$ 的导数。

本章参考文献

[1] 章建锋，何蕾. 基于极课大数据的高中数学课堂教学模式初探——以“导数在研究函数中的应用”为例[J]. 中学数学月刊，2017（9）：32-34.

[2] 唐文明. 提高超声相控阵系统测量精度与实时性能关键技术研究[D]. 广州：华南理工大学，2017.

[3] 潘文秀. 基于微分方程的大数据分类系统设计[J]. 现代电子技术，2019，42（4）：27-36.

[4] 殷珊. 基于微分方程的环保大数据分类技术研究[J]. 环境科学与管理，2018，43（6）：122-125.

[5] 曹西林. 基于偏微分分类数学模型的关联挖掘改进技术研究[J]. 电子设计工程，2018，26（23）：57-60.

第 3 章　概率与统计

概率论是许多学科的基本工具，它主要研究随机现象的数量规律。统计学是关于数据的科学，研究如何收集数据，并科学地推断总体特征。在大数据时代，利用概率论与统计学的方法来对繁杂数据进行分析和挖掘是一种简单高效的方法。本章主要介绍概率论和统计学的基本知识，以帮助读者更好地学习大数据相关的知识。

3.1　随机事件的概率

3.1.1　随机事件

在日常生活中，人们经常会遇到随机现象。例如，随意抛掷一枚硬币，结果有两种可能，即正面朝上或正面朝下，这事先是无法预知的；从一批台灯中随意地抽取一台，其使用寿命有许多种可能；在某个股票交易日，开盘时股票指数的点位也是无法预知的。这些现象的各种结果都有可能出现，事先无法准确预言。我们称这些现象为随机现象。

为了研究和掌握随机现象的规律性，人们往往要对随机现象进行观察，我们把对随机现象的观察称为随机试验，通常用字母 E 表示。在随机试验中，人们除了关心试验结果本身，还关心试验结果是否具备某一指定的可观察的特征，我们把这个可观察的特征称为事件。通常用英文大写字母 $A,B,C,\cdots$ 表示事件。例如，投掷一枚骰子，“点数为偶数”就是一个事件。但这个事件在随机试验中可能发生也可能不发生，这样的事件称为随机事件。需要指出的是，在随机试验中有两种特殊的事件：第一种是在试验中不可能出现的事件，称为不可能事件，记作 $\varnothing$；第二种是在试验中一定会出现的事件，称为必然事件，记作 Ω 。

随机试验的每个可能出现的结果称为样本点，记作 $\omega_1,\omega_2,\cdots$。随机试验的所有样本点构成的集合称为样本空间，记作 Ω ，即 $\Omega=\{\omega_1,\omega_2,\cdots\}$ ，它是一个集合。在介绍了样本点及样本空间的概念之后，我们就可以将事件用集合来表示了。基本事件是由样本点构成的单点集；而复合事件是由多个样本点构成的集合，它们都是样本空间的子集。特别地，样本空间自身是必然事件，所以两者统一记作 Ω，其对应的是全集；而空集对应不可能事件，两者统一记作 $\varnothing$ 。

例 3-1　将一枚均匀硬币抛掷 2 次，观察正面和反面出现的情况。那么，基本事件有

$$A_1=\{正，正\}，\ A_2=\{正，反\}$$

$$A_3=\{反，正\}，\ A_4=\{反，反\}$$

样本空间 $\Omega=\{A_1,A_2,A_3,A_4\}$ 。

3.1.2 随机事件的关系与运算

在某些问题的研究中，我们往往会讨论许多事件，它们各有特点，相互之间又有一定的联系。为了用较为简单的事件表示较为复杂的事件，下面介绍事件之间的几种主要关系和运算。

1. 包含关系

如果事件A发生必导致事件B发生，则称事件A包含于事件B中，或称事件B包含事件A，记作$A\subset B$或$B\supset A$。

2. 事件的和（事件的并）

"事件A与事件B至少有一个发生（A或B）"是一个事件，称为A与B的和事件，记作$A\cup B$。

3. 事件的积（事件的交）

"事件A与事件B同时发生"是一个事件，称为A与B的积事件，记作$A\cap B$或AB。

4. 事件的差

"事件A发生而事件B不发生"是一个事件，称为A与B的差事件，记作$A-B$。

5. 互不相容事件

若事件A与事件B不能同时发生，则称事件A与事件B为互不相容事件或互斥事件。

6. 对立事件

若事件A与事件B互不相容且必有一个发生，则称事件A与事件B为对立事件，并称A是B的对立事件或B是A的对立事件。通常A的对立事件记为$\overline{A}$，即$B=\overline{A}$。

从以上对事件关系和运算的定义中可以清楚地看出，事件作为特殊集合，它与普通集合在运算上保持一致，因而事件之间的运算仍满足普通集合具有的如下运算律：

（1）交换律：$A\cup B=B\cup A$，$AB=BA$；

（2）结合律：$A\cup(B\cup C)=(A\cup B)\cup C$，$A(BC)=(AB)C$；

（3）分配律：$A(B\cup C)=AB\cup AC$，$A\cup BC=(A\cup B)(A\cup C)$；

（4）对偶律：$\overline{A\cup B}=\overline{A}\overline{B}$，$\overline{AB}=\overline{A}\cup\overline{B}$。

例 3-2 在例 3-1 中，若记$B=\{至少有一次是正面\}$，则$B=A_1\cup A_2\cup A_3$。

3.1.3 随机事件的概率

关于随机事件的概率有许多种定义方式，这里采用概率的古典定义。

定义 3-1 若随机试验E满足以下条件：

（1）试验的样本空间只包含有限个基本事件；

（2）在每次试验中，各基本事件发生的可能性是相同的。

则称该试验为等可能概型，也称为古典概型。

若古典概型E中基本事件的总数为n，事件A包含其中的m个基本事件，则定义事

件 A 的概率为

$$P(A)=\frac{A\text{包含的基本事件数}}{\text{样本空间}E\text{中的基本事件总数}}=\frac{m}{n} \tag{3.1}$$

由此定义知，例 3-2 中的随机试验是古典概型，由式（3.1）得

$$P(B)=\frac{3}{4}$$

3.2 条件概率

3.2.1 条件概率介绍

在随机现象的研究中，对许多随机事件，不仅需要知道其发生的概率，还需要在观察到某些事件后对该概率进行修正。这种已知事件 B 发生后事件 A 被修正过的概率可表述为在条件 B 下事件 A 的条件概率，通常记为 $P(A|B)$。

定义 3-2 设 A,B 是随机试验的任意两个事件，且 $P(B)>0$，则称

$$P(A|B)=\frac{P(AB)}{P(B)} \tag{3.2}$$

为在事件 B 发生的条件下事件 A 发生的条件概率，简称 A 关于 B 的条件概率。

类似地，当 $P(A)>0$ 时，可定义 B 关于 A 的条件概率：

$$P(B|A)=\frac{P(AB)}{P(A)}$$

例 3-3 设一批产品一共有 10 个，其中 4 个为次品，每次任取一个做不放回抽样，求在第一次抽到次品的情况下第二次又抽到次品的概率。

解： 设 $A=\{$第一次抽到次品$\}$，$B=\{$第二次抽到次品$\}$，则所求概率为 $P(B|A)$。由于 $P(A)=\frac{4}{10}=\frac{2}{5}$，且 $P(AB)=\frac{4\times3}{10\times9}=\frac{2}{15}$，因此有

$$P(B|A)=\frac{P(AB)}{P(A)}=\frac{2/15}{2/5}=\frac{1}{3}$$

3.2.2 乘法公式和事件的独立性

有时，直接得出某些条件概率相对容易。在这种情况下，可以利用条件概率公式算出两个事件的积事件的概率，这就是概率的乘法公式。

定理 3-1 若 $P(A)>0$，$P(B)>0$，则有

$$P(AB)=P(A)P(B|A)=P(B)P(A|B) \tag{3.3}$$

推论 3-1 若 $P(A_1A_2\cdots A_{n-1})>0$，则有

$$P(A_1A_2\cdots A_n)=P(A_1)P(A_2|A_1)\cdots P(A_n|A_1A_2\cdots A_{n-1}) \tag{3.4}$$

例 3-4 某厂的产品中有 4%为废品，且在 100 件合格品中，有 75 件为一等品，试求在该厂中任取一件产品是一等品的概率。

解：设 $A=\{$任取一件产品是合格品$\}$，$B=\{$任取一件产品是一等品$\}$，显然 $B\subset A$，由题意知，$P(A)=1-P(\bar{A})=1-0.04=0.96$；$P(B|A)=0.75$。故有

$$P(B)=P(AB)=P(A)P(B|A)=0.96\times 0.75=0.72$$

式（3.3）表明，积事件的概率未必等于事件概率之积。条件概率 $P(B|A)$ 与概率 $P(B)$ 不一定相等，因为事件 A 的发生对事件 B 产生了影响。如果事件 A 的发生对事件 B 的发生没有影响，就有 $P(B|A)=P(B)$。例如，分两次随机地掷一个均匀对称的骰子，记 $A=\{$第一次的点数为 2$\}$，$B=\{$第二次的点数为 5$\}$，此时 $P(B|A)=P(B)=\dfrac{1}{6}$。这种事件间互不影响的现象，称为事件的相互独立性。

定义 3-3　设 A,B 是随机试验的两个事件，若它们满足等式

$$P(AB)=P(A)P(B)$$

则称事件 A,B 相互独立，或者简称 A,B 独立。

定理 3-2　若 $P(A)>0$，则事件 A,B 独立的充分必要条件是 $P(B|A)=P(B)$；若 $P(B)>0$，则事件 A,B 独立的充分必要条件是 $P(A|B)=P(A)$。

上述定理表明，当事件 A,B 满足独立性的条件时，积事件的概率就等于事件概率之积。

例 3-5　甲、乙两名射击选手独立地向同一目标射击，他们击中目标的概率分别为 0.95 和 0.85，现在两名选手各射击一次，求目标被击中的概率。

解：设 $A=\{$目标被击中$\}$，$B=\{$目标被甲选手击中$\}$，$C=\{$目标被乙选手击中$\}$。由题意，所求事件是 $A=B\cup C$，且 B,C 相互独立，故有

$$\begin{aligned}P(A)&=P(B\cup C)=P(B)+P(C)-P(BC)\\&=P(B)+P(C)-P(B)P(C)\\&=0.95+0.85-0.95\times 0.85=0.9925\end{aligned}$$

独立性概念可以推广至有限多个事件。

定义 3-4　称 n 个事件 $A_1,A_2,\cdots,A_n$ 相互独立，如果对任意 $k(2\leqslant k\leqslant n)$ 个事件 $A_{i_1},A_{i_2},\cdots,A_{i_k}\ (1\leqslant i_1<i_2<\cdots<i_k\leqslant n)$，有

$$P(A_{i_1}A_{i_2}\cdots A_{i_k})=P(A_{i_1})P(A_{i_2})\cdots P(A_{i_k})$$

需要指出的是，这里的等式有 $\mathrm{C}_n^2+\mathrm{C}_n^3+\cdots+\mathrm{C}_n^n=2^n-n-1$ 个。如当 n=3 时，有 4 个等式：

$$\begin{gathered}P(AB)=P(A)P(B)\\P(AC)=P(A)P(C)\\P(BC)=P(B)P(C)\\P(ABC)=P(A)P(B)P(C)\end{gathered}$$

仅满足前三个等式，称这三个事件 A,B,C 两两独立。虽然事件相互独立一定两两独立，但两两独立未必相互独立。

3.2.3　全概率公式与贝叶斯公式

前面介绍了条件概率和概率的乘法公式，对于某些较为复杂的事件，可能需要用到

它们的综合运算，下面介绍全概率公式和贝叶斯公式。

定理 3-3（全概率公式） 设事件 $B_1, B_2, \cdots, B_n$ 两两互不相容，且为样本空间 Ω 的一个完备事件组，$P(B_i) > 0$（$i = 1, 2, \cdots, n$），则对任一事件 $A \subset \Omega$，有

$$P(A) = \sum_{i=1}^{n} P(B_i) P(A | B_i) \tag{3.5}$$

证明： 因为 $A = A\Omega = A(\bigcup_{i=1}^{n} B_i) = \bigcup_{i=1}^{n} AB_i$，又 $B_1, B_2, \cdots, B_n$ 两两互不相容，所以 $AB_1, AB_2, \cdots, AB_n$ 两两互不相容，故有

$$P(A) = P(\bigcup_{i=1}^{n} AB_i) = \sum_{i=1}^{n} P(AB_i) = \sum_{i=1}^{n} P(B_i) P(A | B_i)$$

例 3-6 某工厂有 4 条流水线生产同一种产品，这 4 条流水线的产量分别占总产量的比例为 0.15,0.2,0.3,0.35。这 4 条生产线生产的产品次品率依次为 0.05,0.04,0.03,0.02。现在从该工厂的产品中任抽取一件，取到次品的概率是多少？

解： 设 $A = \{$抽到的产品是次品$\}$，$B_i = \{$抽到的产品是第 i 条流水线的产品$\}$，$i = 1, 2, 3, 4$。由题意知，B_i（$i = 1, 2, 3, 4$）互不相容，且

$$P(B_1) = 0.15, \quad P(B_2) = 0.2, \quad P(B_3) = 0.3, \quad P(B_4) = 0.35$$

$$P(A | B_1) = 0.05, P(A | B_2) = 0.04, P(A | B_3) = 0.03, P(A | B_4) = 0.02$$

则由全概率公式得

$$\begin{aligned} P(A) &= \sum_{i=1}^{4} P(B_i) P(A | B_i) \\ &= 0.15 \times 0.05 + 0.2 \times 0.04 + 0.3 \times 0.03 + 0.35 \times 0.02 = 0.0315 \end{aligned}$$

由全概率公式可以很容易地得到贝叶斯公式。

定理 3-4 设事件 $B_1, B_2, \cdots, B_n$ 两两互不相容，且

$$\bigcup_{i=1}^{n} B_i = \Omega, \ P(B_i) > 0 \ (i = 1, 2, \cdots, n)$$

则对任意事件 $A \subset \Omega$，$P(A) > 0$，有

$$P(B_j | A) = \frac{P(B_j) P(A | B_j)}{\sum_{i=1}^{n} P(B_i) P(A | B_i)}, \quad j = 1, 2, \cdots, n \tag{3.6}$$

证明： 根据条件概率的定义及全概率公式，有

$$P(B_j | A) = \frac{P(AB_j)}{P(A)} = \frac{P(B_j) P(A | B_j)}{\sum_{i=1}^{n} P(B_i) P(A | B_i)}, \quad j = 1, 2, \cdots, n$$

式（3.6）称为贝叶斯公式。

例 3-7 在例 3-6 的假设下，若抽取的产品为次品，由于该产品是哪一条生产线生产的标志已经看不清楚，试问厂方应该追究哪条生产线的责任比较合理。

解： 事件 A 及 B_i 的意义同例 3-6，则该次品为第 i 条生产线的产品的概率为

$$P(B_i | A) = \frac{P(B_i) P(A | B_i)}{\sum_{j=1}^{n} P(B_j) P(A | B_j)}$$

将已知的数据代入，可得

$$P(B_1|A)=\frac{0.15\times 0.05}{0.0315}\approx 0.2381$$

$$P(B_2|A)=\frac{0.2\times 0.04}{0.0315}\approx 0.2540$$

$$P(B_3|A)=\frac{0.3\times 0.03}{0.0315}\approx 0.2857$$

$$P(B_4|A)=\frac{0.35\times 0.02}{0.0315}\approx 0.2222$$

由计算结果可以看出，不合格率最高的第 1 条流水线和占有产品份额最高的第 4 条流水线不应该承担更多的责任，反而第 2 条和第 3 条流水线应该承担更多的责任。

贝叶斯公式中的概率 $P(B_1),P(B_2),\cdots$ 是人们在原有认识的基础上得到的概率，常称为先验概率。当新的信息（已知 A 发生）产生后，同样的事件 $B_1,B_2,\cdots$ 发生的可能性大小常常也会随之变化，需要与时俱进地进行新的评估，即用概率 $P(B_1|A),P(B_2|A),\cdots$ 去修正原有的概率，以准确把握新情况下这些事件的概率，这样的情况在现实生活中经常遇到。这种修正后的概率 $P(B_1|A),P(B_2|A),\cdots$ 常称为后验概率。贝叶斯公式就是描述在新的信息产生后，用先验概率求得修正后的后验概率的过程。

例 3-8　用血清甲胎蛋白法普查肝癌。设 $B=\{$受检查者患有这种肝癌$\}$，$A=\{$受检查者的甲胎蛋白检验结果呈阳性$\}$。这种检验法虽然相当可靠但还不够完善，已知有

$$P(A|B)=0.9,\quad P(A|\overline{B})=0.9,\quad P(B)=0.0001$$

现在，如果一个人被此检验法诊断为阳性，求此人确实患有肝癌的概率。

解： 由贝叶斯公式得，所求概率为

$$P(B|A)=\frac{P(B)P(A|B)}{P(B)P(A|B)+P(\overline{B})P(A|\overline{B})}=\frac{0.0001\times 0.9}{0.0001\times 0.9+0.9999\times 0.1}\approx 0.0009$$

这个结果告诉我们，即便在已知检验结果是阳性的条件下，患有这种癌症的概率也大约为千分之一，而不是常被误认为的 0.9。其原因是人们会忽视在诊病之前有这种疾病的小概率 0.0001。如果我们仔细地分析一下这个问题，就会发现，实际能患上这种癌症的每一万人中仅有一人，但若完全用检验结果为阳性作为患此病的依据，则大约每十人中有一人患此病。因此，这样得到的具有阳性结果的“患者”人数大约是真正患者人数的 1000 倍。也就是说，检验结果呈阳性的 1000 人中，只有一人真正患有此病，人们大可不必为一次的阳性结果而惊慌失措。这个例子告诉我们，不仅贝叶斯公式十分有用，而且在问题中考虑所有可得到的信息也十分重要。

3.3　随机变量

3.3.1　一维随机变量

在对随机事件及其概率的研究中可以发现，有许多随机现象的试验结果可以用一维

实数来表示。也就是说，随机试验所有可能的结果构成的集合可以对应于一个数的集合，而不同的数对应的是不同的试验结果。这样，随机现象就可以用一个随试验结果改变而改变的变量来描述。

例 3-9 将一枚质地均匀的硬币上抛，观察正面和反面出现的情况。此随机现象的样本空间 $\Omega=\{\omega\}=\{正面向上，反面向上\}$，其虽与数据无关，但可设

$$X=X\{\omega\}=\begin{cases}1, & \omega=正面向上\\0, & \omega=反面向上\end{cases}$$

这样就可用 $X=0$ 表示基本事件{反面向上}；用 $X=1$ 表示基本事件{正面向上}。

若将随机试验的结果用一个变量来表示，则称这个变量为随机变量。

定义 3-5 设随机试验的样本空间 $\Omega=\{\omega\}$，若 $X=X(\omega)$ 是定义在样本空间 Ω 上的单值实函数，称函数 $X=X(\omega)$ 为随机变量，简记成 r.v.X。

我们一般用大写字母 $X,Y,Z,\cdots$ 来表示随机变量，用小写字母 $x,y,z,\cdots$ 表示实数。值得注意的是，随机变量 X 不是一个普通的函数，其定义域为样本空间，故其取值随试验结果变化而变化，且其取值有一定的概率，如在例 3-9 中，$P(X=1)=1/2$，因而 X 是一个取值带有随机性的因变量。

由于任意一个随机事件都由基本事件组成，引入随机变量后，任意一个随机事件也就可用 X 的取值表示。一般地，随机事件 $\{a\leqslant X<b\}$，表示"随机变量 X 的值落入区间 $[a,b)$ 中"这一事件。类似地，$\{a<X<b\},\{X<b\},\{X>a\},\{X=a\}$ 等都表示相应的随机事件。$\{X<-\infty\}$ 表示不可能事件 $\varnothing$，$\{X<\infty\}$ 表示必然事件 Ω，$\{X>a\}$ 和 $\{X\leqslant a\}$ 为对立事件。

如果随机变量 X 的所有取值都可以无遗漏地一个接一个排列出来，那么称 X 是离散型随机变量。

1. 离散型随机变量与概率分布律

对于离散型随机变量，要列出它的全部可能的取值，而且需要知道它取每个值的概率。

定义 3-6 设离散型随机变量 X 的所有可能取值为 $x_i\ (i=1,2,\cdots)$，X 取 x_i 的概率为 $p_i\ (i=1,2,\cdots)$，即

$$P\{X=x_i\}=p_i,\quad i=1,2,\cdots \tag{3.7}$$

则称式（3.7）为随机变量 X 的分布律或分布列。

为了清楚起见，分布律也可用表格的形式来表示：

X	x_1	x_2	$\cdots$	x_n	$\cdots$
P	p_1	p_2	$\cdots$	p_n	$\cdots$

分布律可以清楚地表示随机变量 X 的取值范围及以怎样的概率取这些值，而这正是我们关心的问题。分布律有如下性质：

（1）非负性 $p_i\geqslant 0,\ i=1,2,\cdots$；

（2）正规性 $\sum\limits_{i=1}^{\infty}p_i=1$。

反过来，若 p_i 满足以上两条性质，它就可以作为某一随机变量的分布律。

例 3-10　设一辆运输货车开往工厂需要经过 4 个十字路口，这些路口的每组红绿灯以 1/2 的概率允许它通过。设 X 表示首次停下时，它已通过的红绿灯的组数（设各组红绿灯的工作是相互独立的），求 X 的分布律。

解： X 的分布律为

X	0	1	2	3	4
P	$1/2$	$(1/2)^2$	$(1/2)^3$	$(1/2)^4$	$(1/2)^4$

常见的离散型随机变量及其分布律如下。

1）0-1 分布

定义 3-7　若随机变量 X 只可能取 0,1 两个数值，其分布律为 $P(X=k)=p^k q^{1-k}$（$k=0,1$； $p+q=1$；$0<p<1$），则称 X 服从参数为 p 的 0-1 分布或两点分布。其分布律也可写成表格形式（其中，$q=1-p$）：

X	0	1
P	q	p

在例 3-9 中，表示硬币朝向的随机变量 X 就服从 0-1 分布，其分布律为

X	0	1
P	$\frac{1}{2}$	$\frac{1}{2}$

2）二项分布

定义 3-8　若试验 E 只有两种可能的结果，即 A 及 $\overline{A}$，则称试验 E 为伯努利（Bernoulli）试验。

定义 3-9　若保持条件不变，将伯努利试验重复进行 n 次，且每次相互独立，就形成了 n 重伯努利试验。

用 X 表示 n 重伯努利试验中事件 A 发生的次数，则事件 A 发生 k 次的概率为 $\mathrm{C}_n^k p^k q^{n-k}$，即

$$P(X=k)=\mathrm{C}_n^k p^k q^{n-k}，k=0,1,2,\cdots,n \tag{3.8}$$

显然式（3.8）满足分布律的两条性质：

（1）$P(X=k)\geqslant 0, k=0,1,2,\cdots,n$；

（2）$\sum\limits_{k=0}^{n} P(X=k)=\sum\limits_{k=0}^{n}\mathrm{C}_n^k p^k q^{n-k}=(p+q)^n=1$。

因此式（3.8）就是 X 的分布律。注意到 $\mathrm{C}_n^k p^k q^{n-k}$ 恰好是 $(p+q)^n$ 二项展开式中出现 p^k 的那一项，因此有如下定义。

定义 3-10　若随机变量 X 的分布律为 $P(X=k)=\mathrm{C}_n^k p^k q^{n-k}$，$k=0,1,2,\cdots,n$，则称 X 服从参数为 n,p 的二项分布，简记为 $X\sim B(n,p)$。

在上述定义中，n 为试验的总次数，p 为每次试验中事件 A 发生的概率，X 为 n 重伯努利试验中事件 A 发生的次数。特别地，当 n=1 时，二项分布 $B(n,p)$ 退化为 0-1 分布。

例 3-11　若已知中国福利彩票的中奖概率为 0.0001，现在某人购买了 40000 张彩票。

试求：

（1）他中奖的概率；

（2）至少有 3 张彩票中奖的概率。

解： 将每购买一张彩票看成一次试验，设 X 表示 40000 张彩票中中奖的彩票数，则 $X \sim B(40000,0.0001)$，因而有如下结果。

（1）他中奖的概率为 $P(X\geqslant 1)=1-P(X=0)=1-(0.9999)^{40000}\approx 0.982$。

（2）至少有 3 张彩票中奖的概率为

$$
\begin{aligned}
P(X\geqslant 3)&=1-P(X=0)-P(X=1)-P(X=2)\\
&=1-(0.9999)^{40000}-\mathrm{C}_{40000}^{1}(0.0001)(0.9999)^{39999}-\mathrm{C}_{40000}^{2}(0.0001)^2(0.9999)^{39998}
\end{aligned}
$$

3）泊松分布

定义 3-11 若随机变量 X 的分布律为 $P(X=k)=\dfrac{\lambda^k}{k!}\mathrm{e}^{-\lambda}$，$k=0,1,2,\cdots$，则称 X 服从参数为 λ 的泊松分布，简记为 $X\sim P(\lambda)$ 或 $X\sim \pi(\lambda)$。

例 3-12 某移动营业厅在 1 分钟内来交话费的人数 $X\sim \pi(\lambda)$，且在一分钟内没有人来交话费的概率为 0.368。求在 1 分钟内至少有两人来交话费的概率。

解： $P(X=0)=\dfrac{\lambda^0}{0!}\mathrm{e}^{-\lambda}=0.368$，可得 $\lambda=-\ln 0.368$。因此有

$$
\begin{aligned}
P(X\geqslant 2)&=1-P(X=0)-P(X=1)\\
&=1-0.368-0.368(-\ln 0.368)\approx 0.264
\end{aligned}
$$

泊松分布在实际生活中应用比较广泛，可作为一段时间内或一定空间内事件出现次数的分布。例如，在一段时间内，到营业厅交话费的人数、某地区发生交通事故的次数，等等。

下面的泊松定理揭示了二项分布与泊松分布之间隐含的关系。

定理 3-5（泊松定理，Poisson 定理） 设 $\lambda>0$，为常数，n 是正整数，若 $\lim\limits_{n\to\infty} np=\lambda$，则对任意非负整数 k，有 $\lim\limits_{n\to\infty}\mathrm{C}_n^k p_n{}^k(1-p_n)^{n-k}=\dfrac{\lambda^k}{k!}\mathrm{e}^{-\lambda}$。

2. 随机变量的分布函数

定义 3-12 设 X 是一个随机变量，对任意实数 x，称 $F(x)=P(X\leqslant x)$ 为随机变量 X 的分布函数。

需要注意：

（1）尽管 $F(x)$ 是用概率定义的，但它是一个普通函数，$F(x)$ 的定义域为 $(-\infty,+\infty)$，且在 x 处的函数值就是随机变量 X 落在区间 $(-\infty,x]$ 内的概率，即

$$F(x)=P(X\leqslant x)=P\{X\in(-\infty,x]\}$$

（2）对任意实数 $x_1,x_2\,(x_1<x_2)$，有

$$P(x_1<X\leqslant x_2)=P(X\leqslant x_2)-P(X\leqslant x_1)=F(x_2)-F(x_1)$$

这表明用 $F(x)$ 可以描述随机变量 X 的概率分布，这也是 $F(x)$ 被称为分布函数的原因。

容易验证，分布函数具有如下性质：

（1）$F(x)$是不减函数；

（2）$F(x)$是非负有界函数，且$0 \leqslant F(x) \leqslant 1$；

（3）$F(-\infty)=\lim\limits_{x \to -\infty} F(x)=0$，$F(+\infty)=\lim\limits_{x \to +\infty} F(x)=1$；

（4）$F(x)$是右连续的，即$F(x)=F(x+0)$。

分布函数是一个分析性质很好的函数，只要知道了分布函数，就可以求随机变量落在任一区间内的概率。因此，引入分布函数使许多概率问题得以简化为函数的运算问题，这也为我们运用微积分的方法研究概率问题提供了方便。

利用分布函数可以求以下常见事件的概率：

（1）$P(X \leqslant a)=F(a)$；（2）$P(a<x \leqslant b)=F(b)-F(a)$；

（3）$P(X<a)=F(a-0)$；（4）$P(X=a)=F(a)-F(a-0)$；

（5）$P(X>a)=1-F(a)$；（6）$P(X>a)=1-F(a-0)$。

3. 连续型随机变量

对于非离散型随机变量，我们仅讨论其中最重要的连续型随机变量，它的取值通常呈现为区间形式，比如，代表“一台电视机的寿命”的随机变量，其取值范围为$[0,+\infty)$。当然，取值为区间形式的随机变量未必就是连续型随机变量，还需要满足一定的条件，下面给出连续型随机变量的定义。

定义 3-13 对于随机变量X的分布函数$F(x)$，如果存在非负可积函数$f(x)$，使得对任意实数x有$F(x)=\int_{-\infty}^{x} f(t)\mathrm{d}t$，则称$X$为连续型随机变量，称$f(x)$为$X$的概率密度函数。

由分布函数定义及定义 3-13 可知，对连续型随机变量，有如下重要关系：

（1）$F(x)=P(X \leqslant x)=\int_{-\infty}^{x} f(t)\mathrm{d}t$；

（2）$P(x_1<X \leqslant x_2)=F(x_2)-F(x_1)=\int_{x_1}^{x_2} f(t)\mathrm{d}t$。

这表明，分布函数$F(x)$是概率密度函数$f(x)$的原函数，二者知其一必知其二，因而在刻画连续型随机变量X的概率分布方面，$F(x)$与$f(x)$是等价的。

容易验证，概率密度函数具有如下性质：

（1）非负性：$f(x) \geqslant 0$；

（2）正规性：$\int_{-\infty}^{+\infty} f(x)\mathrm{d}x=1$。

对于连续型随机变量，分布函数$F(x)$与概率密度函数$f(x)$相互确定：已知分布函数$F(x)$，则概率密度函数$f(x)=F'(x)$；已知概率密度函数$f(x)$，则分布函数$F(x)=\int_{-\infty}^{x} f(t)\mathrm{d}t$。

常见的连续型随机变量及其概率密度函数如下。

1）均匀分布

定义 3-14 若随机变量X具有概率密度函数$f(x)=\begin{cases} \dfrac{1}{b-a}, & a \leqslant x \leqslant b \\ 0, & \text{其他} \end{cases}$，则称$X$在区

间$[a,b]$上服从均匀分布，简记作$X{\sim}U[a,b]$。

均匀分布的分布函数为$F(x)=\begin{cases}0, & x<a \\ \dfrac{x-a}{b-a}, & a\leqslant x<b \\ 1, & x\geqslant b\end{cases}$。

例 3-13 设在一公交车的起始站，每隔 10 分钟有一辆公交车发车，而一乘客在任意时刻等可能性地到达该站点。

（1）求此乘客在该站点候车时间为X（分钟）的概率密度函数$f(x)$；

（2）求此乘客候车时间X超过 8 分钟的概率。

解：（1）由题意知，$X\sim U[0,10]$，所以$f(x)=\begin{cases}\dfrac{1}{10}, & 0\leqslant x\leqslant 10 \\ 0, & \text{其他}\end{cases}$；

（2）$P(X>8)=\int_8^{+\infty}f(x)\mathrm{d}x=\int_8^{10}\dfrac{1}{10}\mathrm{d}x=\dfrac{1}{5}$。

2）指数分布

定义 3-15 若随机变量X具有概率密度函数$f(x)=\begin{cases}\lambda \mathrm{e}^{-\lambda}, & x>0 \\ 0, & \text{其他}\end{cases}$，则称$X$服从参数为$\lambda$的指数分布，简记为$X{\sim}e(\lambda)$。

指数分布的分布函数为$F(x)=\begin{cases}1-\mathrm{e}^{-\lambda x}, & x>0 \\ 0, & x\leqslant 0\end{cases}$。

指数分布具有无记忆性，即对任意的$s,t>0$，有$P(X>t)=P(X>s+t|X>s)$。

指数分布应用非常广泛，许多与存在或使用时间长短有关的随机现象（如电子元件的寿命、动物的寿命等）都服从指数分布。

3）正态分布

正态分布是概率论中最重要的一个分布，因为许多随机变量服从或近似服从正态分布，如一门课大量学生的考试成绩等。

定义 3-16 若随机变量X具有概率密度函数

$$f(x)=\frac{1}{\sqrt{2\pi}}\mathrm{e}^{-\frac{(x-\mu)^2}{2\sigma^2}}\quad(-\infty<x<+\infty)$$

其中，$\mu,\sigma(\sigma>0)$为常数，则称随机变量X服从参数为μ,σ^2的正态分布或高斯分布，简记作$X\sim N(\mu,\sigma^2)$。

正态分布的概率密度函数$f(x)$具有如下性质：

（1）$f(x)$的图像关于$x=\mu$对称，以x轴为渐近线，且在点$x=\mu\pm\sigma$处有拐点；

（2）$f(x)$在点$x=\mu$处有最大值，即$f_{\max}(x)=f(\mu)=\dfrac{1}{\sqrt{2\pi}\sigma}$。

正态分布的分布函数为

$$F(x)=P(X\leqslant x)=\int_{-\infty}^{x}f(t)\mathrm{d}t=\int_{-\infty}^{x}\frac{1}{\sqrt{2\pi}\sigma}\mathrm{e}^{-\frac{(t-\mu)^2}{2\sigma^2}}\mathrm{d}t$$

定义 3-17 若 $X\sim N(\mu,\sigma^2)$, $\mu=0$, $\sigma=1$，则称 X 服从标准正态分布，记作 $X\sim N(0,1)$。

标准正态分布的概率密度函数为

$$\varphi(x)=\frac{1}{\sqrt{2\pi}}\mathrm{e}^{-\frac{x^2}{2}},\quad -\infty<x<+\infty$$

其图像关于 y 轴对称（见图 3-1）。

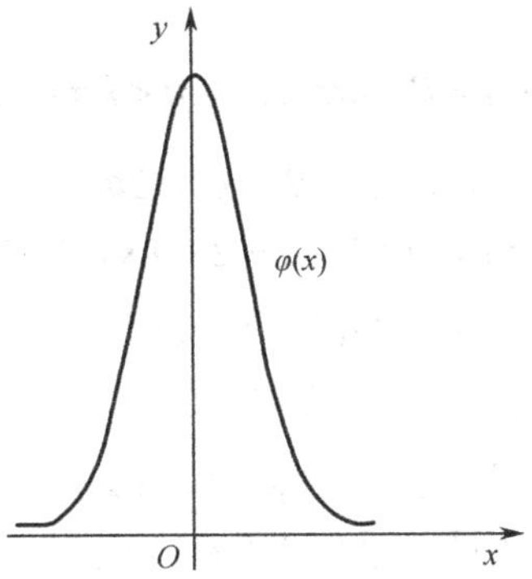

图 3-1 标准正态分布的概率密度函数的图像

标准正态分布的分布函数记作

$$\Phi(x)=P(X\leqslant x)=\int_{-\infty}^{x}\frac{1}{\sqrt{2\pi}}\mathrm{e}^{-\frac{t^2}{2}}\mathrm{d}t$$

在应用时，$\Phi(x)$ 的数值可通过查标准正态分布表得到。

标准正态分布的分布函数 $\Phi(x)$ 有如下性质：

（1）$\Phi(0)=0.5$；（2）$\Phi(-x)=1-\Phi(x)$；

（3）$P(X\leqslant a)=\Phi(a)$；（4）$P(a<X\leqslant b)=\Phi(b)-\Phi(a)$。

对于一般正态分布概率计算问题，可将其转化为标准正态分布，再通过查表求得。

定理 3-6 若 $X\sim N(\mu,\sigma^2)$，则 $Y=\dfrac{X-\mu}{\sigma}\sim N(0,1)$。

证明：

$$p(Y\leqslant x)=P\left(\frac{X-\mu}{\sigma}\leqslant x\right)=P(X\leqslant\mu+\sigma x)=\frac{1}{\sqrt{2\pi}\sigma}\int_{-\infty}^{\mu+\sigma x}\mathrm{e}^{-\frac{(y-\mu)^2}{2\sigma^2}}\mathrm{d}y$$

令 $\dfrac{y-\mu}{\sigma}=t$，则当 $y:-\infty\to\mu+\sigma x$ 时，$t:-\infty\to x$; $\mathrm{d}y=\sigma\mathrm{d}t$，因而有

$$P(Y\leqslant x)=\frac{1}{\sqrt{2\pi}}\int_{-\infty}^{x}\mathrm{e}^{-\frac{t^2}{2}}\mathrm{d}t=\Phi(x)$$

所以 $Y=\dfrac{X-\mu}{\sigma}\sim N(0,1)$。

由定理 3-6 知，当 $X\sim N(\mu,\sigma^2)$ 时，可采用下面式子将其转换为标准正态分布：

$$P(X\leqslant a)=P\left(\frac{X-\mu}{\sigma}\leqslant\frac{a-\mu}{\sigma}\right)=\Phi\left(\frac{a-\mu}{\sigma}\right)$$

$$P(a<X\leqslant b)=P\left(\frac{a-\mu}{\sigma}<\frac{X-\mu}{\sigma}\leqslant\frac{b-\mu}{\sigma}\right)=\Phi\left(\frac{b-\mu}{\sigma}\right)-\Phi\left(\frac{a-\mu}{\sigma}\right)$$

这就解决了一般正态分布的概率计算问题。

例 3-14 若 $X\sim N(\mu,\sigma^2)$，证明 $P(|X-\mu|<k\sigma)=2\Phi(k)-1$。

证明：

$$P(|X-\mu|<k\sigma)=P(-k\sigma<X-\mu<k\sigma)=P(-k<\frac{X-\mu}{\sigma}<k)$$

$$=\Phi(k)-\Phi(-k)=2\Phi(k)-1$$

当 $k=1$ 时，$P(|X-\mu|<\sigma)=2\Phi(1)-1=2\times0.8413-1=0.6826$；

当 $k=2$ 时，$P(|X-\mu|<2\sigma)=2\Phi(2)-1=0.9544$；

当 $k=3$ 时，$P(|X-\mu|<3\sigma)=2\Phi(3)-1=0.9974$。

由此揭示了一个极为重要的统计规律，即所谓的“3σ 原则”。它表明在一次随机试验中，服从正态分布的随机变量几乎落入 $(\mu-3\sigma,\mu+3\sigma)$ 中，而落入该区间外是一个小概率事件。这一原则常在实际问题的抽样中用来筛选合理的数据。

3.3.2 多维随机变量

定义 3-18 设随机试验 E 的样本空间为 $\Omega=\{w\}$, $X=X(w)$ 和 $Y=Y(w)$ 为定义在 Ω 上的随机变量，由它们构成的向量 (X,Y) 叫作二维随机变量或二维随机向量，称 X、Y 分别为 (X,Y) 的第一分量和第二分量。类似于二维随机变量，可定义 n 维随机变量 $(X_1,X_2,\cdots,X_n)$，其中，随机变量 X_i 为 n 维随机变量的第 i 分量 $(i=1,2,\cdots,n)$。

定义 3-19 设 (X,Y) 为二维随机变量，对任意实数 x,y，称二元函数

$$F(x,y)=P\{(X\leqslant x)\cap(Y\leqslant y)\}\triangleq P(X\leqslant x,Y\leqslant y) \tag{3.9}$$

为二维随机变量 (X,Y) 的联合分布函数或简称分布函数。

1. 二维离散型随机变量及其联合分布律

定义 3-20 若二维随机变量 (X,Y) 只能取有限对或可列无限多对不同的值，则称 (X,Y) 为二维离散型随机变量。

对于二维离散型随机变量的概率分布，可以用下面的联合分布律来描述。

定义 3-21 二维离散型随机变量 (X,Y) 的所有可能取值为 (x_i,y_j) $(i,j=1,2,\cdots)$，则称 (X,Y) 取所有可能值的概率公式

$$P(X=x_i,Y=y_j)\triangleq p_{ij},\quad i,j=1,2,\cdots \tag{3.10}$$

为二维离散型随机变量 (X,Y) 的联合分布律或联合分布列。它也可用表格形式表示：

X	Y				
	y_1	y_2	$\cdots$	y_j	$\cdots$
x_1	p_{11}	p_{12}	$\cdots$	p_{1j}	$\cdots$
x_2	p_{21}	p_{22}	$\cdots$	p_{2j}	$\cdots$
$\vdots$	$\vdots$	$\vdots$	$\ddots$	$\vdots$	$\ddots$
x_i	p_{i1}	p_{i2}	$\cdots$	p_{ij}	$\cdots$
$\vdots$	$\vdots$	$\vdots$	$\ddots$	$\vdots$	$\ddots$

显然，二维离散型随机变量(X,Y)的联合分布律具有以下性质：

（1）非负性：$p_{ij}\geqslant 0$，$i,j=1,2,\cdots$；

（2）规范性：$\sum\limits_{i=1}^{\infty}\sum\limits_{j=1}^{\infty}p_{ij}=1$。

二维离散型随机变量(X,Y)的分布函数为

$$F(x,y)=P(X\leqslant x,Y\leqslant y)=\sum_{\substack{x_i\leqslant x\\ y_j\leqslant y}}p_{ij}$$

例 3-15　已知一批产品共有 10 件，其中有 3 件为一等品，5 件为二等品，2 件为三等品，现在从这批产品中任意抽取 4 件，求一等品的件数X和二等品的件数Y的联合分布律。

解： 由古典概型可得

$$p_{ij}=P(X=i,Y=j)=\frac{\begin{bmatrix}3\\ i\end{bmatrix}\begin{bmatrix}5\\ j\end{bmatrix}\begin{bmatrix}2\\ 4-i-j\end{bmatrix}}{\begin{bmatrix}10\\ 4\end{bmatrix}},\quad i=0,1,2,3;\ j=0,1,2,3,4$$

且$2\leqslant i+j\leqslant 4$，从而可以得到$(X,Y)$的联合分布律如下：

X	Y				
	0	1	2	3	4
0	0	0	10/210	20/210	5/210
1	0	15/210	60/210	30/210	0
2	3/210	30/210	30/210	0	0
3	2/210	5/210	0	0	0

下面介绍二维离散型随机变量的边际分布律。

设(X,Y)的联合分布律为$p_{ij}=P(X=x_i,Y=y_j),i,j=1,2,\cdots$，可得出分量$X$、$Y$的分布律为

$$P(X=x_i)=P(X=x_i,Y<\infty)=\sum_{j=1}^{\infty}P(X=x_i,Y=y_j)=\sum_{j=1}^{\infty}p_{ij}\triangleq p_{i\cdot},\quad i=1,2,\cdots$$

$$P(Y=y_j)=P(X<\infty,Y=y_j)=\sum_{i=1}^{\infty}P(X=x_i,Y=y_j)=\sum_{i=1}^{\infty}p_{ij}\triangleq p_{\cdot j},\quad j=1,2,\cdots$$

称$p_{i\cdot}(i=1,2,\cdots)$和$p_{\cdot j}(j=1,2,\cdots)$分别为$(X,Y)$关于$X$、$Y$的边际分布律或边缘分布律。

设$P(Y=y_j)>0$，考察在事件$\{Y=y_j\}$发生的条件下随机变量X的概率分布。由条件概率公式可得

$$P(X=x_i|Y=y_i)=\frac{P(X=x_i,Y=y_j)}{P(Y=y_j)}=\frac{P_{i,j}}{P_{\cdot j}}$$

此时，称$P(X=x_i|Y=y_i)(i=1,2,\cdots)$为已知$\{Y=y_j\}$时随机变量$X$的条件分布律。

若$p_{i,j}=p_{i\cdot},p_{\cdot j}$，称离散型随机变量$X$、$Y$是相互独立的。

例 3-16　设随机变量X在1,2,3,4中等可能地取一个值，另一个随机变量Y在$1\sim X$中等可能地取一个值。试求(X,Y)的联合分布律和边际分布律。

解：X的所有可能取值为1,2,3,4；Y的所有可能取值为1,2,3,4。由此可知，(X,Y)为二维离散型随机变量。注意到(X,Y)所有可能取值的概率求解方法一样，下面仅求事件$\{X=3,Y=3\}$的概率，其余类推。

$$P(X=3,Y=3)=P(X=3)\cdot P(Y=3|X=3)=\frac{1}{4}\times\frac{1}{3}=\frac{1}{12}$$

于是可得(X,Y)的联合分布律如下：

X	Y				p_i
	1	2	3	4	
1	$\frac{1}{4}$	0	0	0	$\frac{1}{4}$
2	$\frac{1}{8}$	$\frac{1}{8}$	0	0	$\frac{1}{4}$
3	$\frac{1}{12}$	$\frac{1}{12}$	$\frac{1}{12}$	0	$\frac{1}{4}$
4	$\frac{1}{16}$	$\frac{1}{16}$	$\frac{1}{16}$	$\frac{1}{16}$	$\frac{1}{4}$
p_j	$\frac{25}{48}$	$\frac{13}{48}$	$\frac{7}{48}$	$\frac{3}{48}$	1

上表中增加了两部分数据，位于表的最右侧和最下方。根据边际分布律的计算公式不难得出，最右侧即X的边际分布律，而最下方即Y的边际分布律，它们在联合分布律表格中的位置也是称X、Y的分布律为边际分布律的原因。

2. 二维连续型随机变量与联合概率密度函数

定义 3-22 对于二维随机变量 (X,Y) 的联合分布函数 $F(x,y)$，如果存在非负可积函数 $f(x,y)$，使得对任意的实数 x、y，有 $F(x,y)=\int_{-\infty}^{y}\int_{-\infty}^{x}f(u,v)\mathrm{d}u\mathrm{d}v$，则称 (X,Y) 为二维连续型随机变量，并称非负可积函数 $f(x,y)$ 为 (X,Y) 的联合概率密度函数。

联合概率密度函数 $f(x,y)$ 具有以下性质：

（1）非负性：$f(x,y)\geqslant 0,\quad x\in\mathbf{R},y\in\mathbf{R}$；

（2）规范性：$\int_{-\infty}^{+\infty}\int_{-\infty}^{+\infty}f(x,y)\mathrm{d}x\mathrm{d}y=1$。

例 3-17 设二维随机变量 (X,Y) 的联合概率密度函数为

$$f(x,y)=\frac{1}{2\pi\sigma_1\sigma_2\sqrt{1-\rho^2}}\mathrm{e}^{-\frac{1}{2(1-\rho^2)}\left[\frac{(x-\mu_1)^2}{\sigma_1^2}-2\rho\frac{(x-\mu_1)(y-\mu_2)}{\sigma_1\sigma_2}+\frac{(y-\mu_2)^2}{\sigma_2^2}\right]}$$

其中，$-\infty<x<+\infty,-\infty<y<+\infty$，$\mu_1,\mu_2,\sigma_1,\sigma_2,\rho$ 都是常数，且 $\sigma_1>0,\sigma_2>0,|\rho|<1$，则称 (X,Y) 服从参数为 $\mu_1,\mu_2,\sigma_1,\sigma_2,\rho$ 的二维正态分布，记为 $(X,Y)\sim N(\mu_1,\mu_2,\sigma_1,\sigma_2,\rho)$。

设 (X,Y) 的联合概率密度函数 $f(x,y)$ 在 (x,y) 处连续。记

$$f_X(x)=\int_{-\infty}^{+\infty}f(x,y)\mathrm{d}y,\quad f_Y(y)=\int_{-\infty}^{+\infty}f(x,y)\mathrm{d}x$$

容易验证，$f_X(x),f_Y(y)$ 满足概率密度函数的定义，分别称为随机变量 X 和 Y 的边际概率密度函数。

称 $f_{X|Y}(x|y)=\dfrac{f(x,y)}{f_Y(y)}$ 为 $\{Y=y\}$ 条件下随机变量 X 的条件概率密度函数。若 $f(x,y)=f_X(x)\cdot f_Y(y)$，则称随机变量 X 和 Y 是相互独立的。

可以验证，在例 3-17 中，随机变量 X 和 Y 的边际概率密度函数分别为

$$f_X(x)=\frac{1}{\sqrt{2\pi}\sigma_1}\mathrm{e}^{-\frac{(x-\mu_1)^2}{2\sigma_1^2}},\quad -\infty<x<+\infty$$

$$f_Y(y)=\frac{1}{\sqrt{2\pi}\sigma_2}\mathrm{e}^{-\frac{(y-\mu_2)^2}{2\sigma_2^2}},\quad -\infty<y<+\infty$$

所以可以得到如下结论：若 $(X,Y)\sim N(\mu_1,\mu_2,\sigma_1,\sigma_2,\rho)$，则随机变量 X 和 Y 相互独立的充分必要条件是参数 $\rho=0$。

3.4 随机变量的数字特征

本节将介绍随机变量的常用数字特征，包括数学期望、方差、协方差、相关系数等。

3.4.1 随机变量的数学期望

1. 离散型随机变量的数学期望

定义 3-23 设 X 是离散型随机变量，它的概率分布为

$$P(X=x_i)=p_i,\ i=1,2,\cdots$$

若级数$\sum_{i=1}^{\infty}x_i p_i$绝对收敛，则称其为随机变量$X$的数学期望，简称期望（又称均值），记作$E(X)$，即

$$E(X)=\sum_{i=1}^{\infty}x_i p_i \tag{3.11}$$

例 3-18 甲、乙两台自动车床生产同一种零件，日产量相等，其每日生产的次品数分别为X_1,X_2，经过一段时间的考察知X_1,X_2的分布律如下：

X_1	0	1	2	3
p_i	0.7	0.1	0.1	0.1

X_2	0	1	2
p_i	0.5	0.3	0.2

试比较两台车床的优劣。

解： 由式（3.11）可得

$$E(X_1)=\sum_{i=1}^{4}x_i p_i=0\times0.7+1\times0.1+2\times0.1+3\times0.1=0.6$$

$$E(X_2)=\sum_{i=1}^{3}x_i p_i=0\times0.5+1\times0.3+2\times0.2=0.7$$

故就平均次品数来说，甲车床每天生产的次品数要少于乙车床，所以甲车床要优于乙车床。

2. 连续型随机变量的数学期望

定义 3-24 设连续型随机变量X的概率密度函数为$f(x)$，若积分$\int_{-\infty}^{+\infty}xf(x)\mathrm{d}x$绝对收敛，则称积分$\int_{-\infty}^{+\infty}xf(x)\mathrm{d}x$为随机变量$X$的数学期望，记作$E(X)$，即

$$E(X)=\int_{-\infty}^{+\infty}xf(x)\mathrm{d}x$$

3. 几个常见分布的数学期望

1）0-1 分布

X的分布律为

X	0	1
p_i	q	p

其中，$q=1-p$，$0<p<1$，则

$$E(X)=0\times(1-p)+1\times p=p$$

2）二项分布

设随机变量X服从参数为n,p的二项分布$B(n,p)$，即X的分布律为

$$P(X=k)=\mathrm{C}_n^k p^k(1-p)^{n-k},\ 0<p<1;\ k=0,1,2,\cdots,n$$

则

$$\begin{aligned}E(X)&=\sum_{k=0}^{n}kP(X=k)=\sum_{k=0}^{n}k\mathrm{C}_n^k p^k(1-p)^{n-k}\\&=\sum_{k=1}^{n}\frac{k\cdot n!}{(k-1)![(n-1)-(k-1)]}pp^{k-1}(1-p)^{(n-1)-(k-1)}\\&=np\sum_{k=1}^{n}\mathrm{C}_{n-1}^{k-1}p^{k-1}(1-p)^{(n-1)-(k-1)}\\&=np[p+(1-p)]^{n-1}=np\end{aligned}$$

3）泊松分布

设随机变量 X 服从参数为 λ 的泊松分布 $\pi(\lambda)$，即 X 的分布律为

$$P(X=k)=\frac{\lambda^k}{k!}\mathrm{e}^{-\lambda},\quad \lambda>0;k=0,1,2,\cdots$$

则

$$E(X)=\sum_{k=0}^{n}kP(X=k)=\sum_{k=0}^{n}k\frac{\lambda^k}{k!}\mathrm{e}^{-\lambda}=\lambda\mathrm{e}^{-\lambda}\sum_{k=1}^{n}\frac{\lambda^{k-1}}{(k-1)!}=\lambda\mathrm{e}^{-\lambda}\mathrm{e}^{\lambda}=\lambda$$

4）均匀分布

设随机变量 X 服从区间 $[a,b]$ 上的均匀分布 $U(a,b)$，即 X 的概率密度函数为

$$f(x)=\begin{cases}\dfrac{1}{b-a}, & a<x<b\\0, & \text{其他}\end{cases}$$

则

$$E(X)=\int_{-\infty}^{+\infty}xf(x)\mathrm{d}x=\int_a^b x\frac{1}{b-a}\mathrm{d}x=\frac{a+b}{2}$$

5）指数分布

设随机变量 X 服从参数为 $\lambda>0$ 的指数分布 $e(\lambda)$，即 X 的概率密度函数为

$$f(x)=\begin{cases}\lambda\mathrm{e}^{-\lambda x}, & x>0\\0, & \text{其他}\end{cases}$$

则

$$E(X)=\int_{-\infty}^{+\infty}xf(x)\mathrm{d}x=\int_0^{+\infty}x\lambda\mathrm{e}^{-\lambda x}\mathrm{d}x=\frac{1}{\lambda}$$

6）正态分布

设随机变量 X 服从参数为 μ,σ^2 的正态分布 $N(\mu,\sigma^2)$，即 X 的概率密度函数为

$$f(x)=\frac{1}{\sqrt{2\pi}\sigma}\mathrm{e}^{-\frac{(x-\mu)^2}{2\sigma^2}},-\infty<x<+\infty$$

则

$$E(x)=\int_{-\infty}^{+\infty}xf(x)\mathrm{d}x=\int_{-\infty}^{+\infty}x\frac{1}{\sqrt{2\pi}\sigma}\mathrm{e}^{-\frac{(x-\mu)^2}{2\sigma^2}}\mathrm{d}x$$

令$\dfrac{x-\mu}{\sigma}=t$，$x=\mu+\sigma t$，得

$$E(x)=\frac{1}{\sqrt{2\pi}}\int_{-\infty}^{+\infty}(\mu+\sigma t)\mathrm{e}^{-\frac{t^2}{2}}\mathrm{d}t=\mu\frac{1}{\sqrt{2\pi}}\int_{-\infty}^{+\infty}\mathrm{e}^{-\frac{t^2}{2}}\mathrm{d}t+\sigma\frac{1}{\sqrt{2\pi}}\int_{-\infty}^{+\infty}t\mathrm{e}^{-\frac{t^2}{2}}\mathrm{d}t=\mu$$

4. 数学期望的性质

（1）设C是常数，则$E(C)=C$；

（2）设X为随机变量，C是常数，则$E(CX)=CE(X)$；

（3）设X和Y为随机变量，则$E(X+Y)=E(X)+E(Y)$，这一性质可以推广到任意有限个随机变量的情况，即

$$E\left(\sum_{i=1}^{n}X_i\right)=\sum_{i=1}^{n}E(X_i)$$

（4）设X和Y为相互独立的随机变量，则$E(XY)=E(X)E(Y)$。

注意：由$E(XY)=E(X)E(Y)$不一定能推出X和Y相互独立。

3.4.2 方差

定义 3-25 设X是一个随机变量，若$E[(X-E(X))^2]$存在，则称$E[(X-E(X))^2]$为X的方差，记为$D(X)$或$\mathrm{Var}(X)$，即

$$D(X)=E[(X-E(X))^2] \tag{3.12}$$

而方差的算术平方根$\sqrt{D(X)}$称为标准差或均方差，记为$\sigma(X)$，在实际应用中经常使用。

方差刻画了随机变量X的取值与数学期望的偏离程度，它的大小可以衡量随机变量取值的稳定性，是考察随机变量取值分散程度的数字特征。从方差的定义易见：

（1）若X的取值比较集中，则方差较小，此时$E(X)$的代表性好；

（2）若X的取值比较分散，则方差较大，此时$E(X)$的代表性差。

若X是离散型随机变量，且其概率分布为

$$P(X=x_i)=p_i,\quad i=1,2,\cdots$$

则

$$D(X)=\sum_{i=1}^{\infty}[x_i-E(X)^2]p_i$$

若X是连续型随机变量，且其概率密度函数为$f(x)$，则

$$D(X)=\int_{-\infty}^{+\infty}[x-E(X)^2]f(x)\mathrm{d}x$$

利用数学期望的性质，易得计算方差的一个常用的简化公式：

$$D(X)=E(X^2)-E^2(X) \tag{3.13}$$

证明：

$$\begin{aligned}D(X)&=E[(X-E(X))^2]=E[X^2-2XE(X)+E^2(X)]\\&=E(X^2)-2E(X)E(X)+E^2(X)=E(X^2)-E^2(X)\end{aligned}$$

1. 几个常见分布的方差

1）0-1 分布

设随机变量 X 服从 0-1 分布，即 X 的分布律为

X	0	1
p_i	q	p

其中，$q=1-p$，$1<p<1$，则由前述内容可知，$E(X)=p$，又

$$E(X^2)=0^2\times(1-p)+1^2\times p=p$$

故由式（3.13）知：

$$D(X)=E(X^2)-E^2(X)=p-p^2=p(1-p)$$

2）二项分布

设随机变量 X 服从参数为 n,p 的二项分布 $B(n,p)$，即 X 的分布律为

$$P(X=k)=\mathrm{C}_n^k p^k(1-p)^{n-k}，0<p<1; k=0,1,2,\cdots,n$$

则由前述内容可知，$E(X)=np$，又

$$\begin{aligned}E(X^2)&=E[X(X-1)+X]=E[X(X-1)]+E(X)\\&=\sum_{k=0}^{n}k(k-1)\mathrm{C}_n^k p^k(1-p)^{n-k}+np=\sum_{k=0}^{n}\frac{k(k-1)n!}{k!(n-k)!}p^k(1-p)^{n-k}+np\\&=n(n-1)p^2\sum_{k=2}^{n}\frac{(n-2)!}{(n-k)!(k-2)!}p^k(1-p)^{(n-2)-(k-2)}+np\\&=n(n-1)p^2[p+(1-p)]^{n-2}+np=(n^2-n)p^2+np\end{aligned}$$

故由式（3.14）知：

$$D(X)=E(X^2)-E^2(X)=(n^2-n)p^2+np-(np)^2=np(1-p)$$

3）泊松分布

设随机变量 X 服从参数为 λ 的泊松分布 $\pi(\lambda)$，即 X 的分布律为

$$P(X=k)=\frac{\lambda^k}{k!}\mathrm{e}^{-\lambda}，\lambda>0; k=0,1,2,\cdots$$

则由前述内容可知，$E(X)=\lambda$，又

$$\begin{aligned}E(X^2)&=E[X(X-1)+X]=E[X(X-1)]+E(X)\\&=\sum_{k=0}^{+\infty}k(k-1)\frac{\lambda^k}{k!}\mathrm{e}^{-\lambda}+\lambda=\lambda^2\mathrm{e}^{-\lambda}\sum_{k=2}^{+\infty}\frac{\lambda^{k-2}}{(k-2)!}+\lambda\\&=\lambda^2\mathrm{e}^{-\lambda}\mathrm{e}^{\lambda}+\lambda=\lambda^2+\lambda\end{aligned}$$

故由式（3.13）知：

$$D(X)=E(X^2)-E^2(X)=\lambda^2+\lambda-\lambda^2=\lambda$$

由此可知，泊松分布的数学期望与方差相等，都等于参数 λ。因为泊松分布只含有一个参数 λ，所以只要知道它的数学期望或方差，就能完全确定它的分布。

4）均匀分布

设随机变量 X 服从区间 $[a,b]$ 上的均匀分布 $U(a,b)$，即 X 的概率密度函数为

$$f(x)=\begin{cases}\dfrac{1}{b-a}, & a<x<b\\ 0, & \text{其他}\end{cases}$$

则由前述内容可知，$E(X)=\dfrac{a+b}{2}$，又

$$E(X^2)=\int_{-\infty}^{+\infty}x^2 f(x)\mathrm{d}x=\int_a^b x^2\frac{1}{b-a}\mathrm{d}x=\frac{a^2+ab+b^2}{3}$$

故由式（3.14）知：

$$D(X)=E(X^2)-E^2(X)=\frac{a^2+ab+b^2}{3}-\left(\frac{a+b}{2}\right)^2=\frac{(b-a)^2}{12}$$

5）正态分布

设随机变量 X 服从参数为 μ,σ^2 的正态分布 $N(\mu,\sigma^2)$，即 X 的概率密度函数为

$$f(x)=\frac{1}{\sqrt{2\pi}\sigma}\mathrm{e}^{-\frac{(x-\mu)^2}{2\sigma^2}},\ -\infty<x<+\infty$$

则由前述内容可知，$E(X)=\mu$，又由式（3.12）得

$$D(X)=E[(X-E(X))^2]=\int_{-\infty}^{+\infty}(x-\mu)^2\frac{1}{\sqrt{2\pi}\sigma}\mathrm{e}^{-\frac{(x-\mu)^2}{2\sigma^2}}\mathrm{d}x$$

令 $\dfrac{x-\mu}{\sigma}=t$，则

$$D(X)=\frac{\sigma^2}{\sqrt{2\pi}}\int_{-\infty}^{+\infty}t^2\mathrm{e}^{-\frac{t^2}{2}}\mathrm{d}t=\frac{\sigma^2}{\sqrt{2\pi}}\left(-t\mathrm{e}^{-\frac{t^2}{2}}\Bigg|_{-\infty}^{+\infty}+\int_{-\infty}^{+\infty}\mathrm{e}^{-\frac{t^2}{2}}\mathrm{d}t-t\mathrm{e}^{-\frac{t^2}{2}}\right)=\sigma^2$$

也就是说，正态分布的概率密度函数中的两个参数 μ 和 σ^2 分别是该分布的数学期望和方差，因此正态分布完全可由它的数学期望和方差确定。

2. 方差的性质

方差具有如下性质：

（1）设 C 为常数，则 $D(C)=0$；

（2）若 C 为常数，则 $D(CX)=C^2D(X)$；

（3）设 X 和 Y 为相互独立的随机变量，则

$$D(X\pm Y)=D(X)+D(Y)$$

该性质可推广到 n 维情形，即若 $X_1,X_2,\cdots,X_n$ 相互独立，则

$$D\left(\sum_{i=1}^n X_i\right)=\sum_{i=1}^n D(X_i),\quad D\left(\sum_{i=1}^n C_iX_i\right)=\sum_{i=1}^n C_i^2D(X_i)$$

（4）若方差 $D(X)=0$，则随机变量 X 取常数的概率为 1，并且这个常数是 $E(X)$，即若方差 $D(X)=0$，则 $P(X=E(X))=1$。

例 3-19 设随机变量 X,Y 相互独立，且 $D(X)=4, D(Y)=5$，求 $D(2X-4Y+1)$。

解：$D(2X-4Y+1)=2^2D(X)+4^2D(Y)=96$。

3.4.3 协方差与相关系数

1. 协方差

定义 3-26 设 (X,Y) 为二维随机变量，若 $E\{[X-E(X)][Y-E(Y)]\}$ 存在，则称其为随机变量 X 和 Y 的协方差，记为 $\mathrm{cov}(X,Y)$，即

$$\mathrm{cov}(X,Y)=E\{[X-E(X)][Y-E(Y)]\} \tag{3.14}$$

特别地，当 $X=Y$ 时，有

$$\mathrm{cov}(X,X)=E\{[X-E(X)][X-E(X)]\}=E\{[X-E(X)]^2\}=D(X)$$

很显然，方差 $D(X)$ 是协方差的特例。

从定义 3-26 可以看出，协方差其实就是随机变量函数的数学期望，于是有如下结论。

若 (X,Y) 为离散型随机变量，其联合概率分布为

$$P\{X=x_i,Y=y_j\}=p_{ij} \quad (i,j=1,2,\cdots)$$

则

$$\mathrm{cov}(X,Y)=\sum_{i=1}^{\infty}\sum_{j=1}^{\infty}\{[x_i-E(X)][y_j-E(Y)]\}p_{ij}$$

若 (X,Y) 为连续型随机变量，其联合概率密度函数为 $f(x,y)$，则

$$\mathrm{cov}(X,Y)=\int_{-\infty}^{+\infty}\int_{-\infty}^{+\infty}\{[x-E(X)][y-E(Y)]\}f(x,y)\mathrm{d}x\mathrm{d}y$$

此外，利用数学期望的性质，易得协方差的一个常用的简化计算公式：

$$\begin{aligned}\mathrm{cov}(X,Y)&=E\{[X-E(X)][Y-E(Y)]\}\\&=E(XY)-E(X)E(Y)-E(Y)E(X)+E(X)E(Y)\\&=E(XY)-E(X)E(Y)\end{aligned}$$

即

$$\mathrm{cov}(X,Y)=E(XY)-E(X)E(Y) \tag{3.15}$$

例 3-20 已知离散型随机向量 (X,Y) 的联合分布律如下：

X \ Y	-1	0	2
0	0.1	0.2	0
1	0.3	0.05	0.1
2	0.15	0	0.1

试求 $\mathrm{cov}(X,Y)$。

解：容易求得 X 的边际分布律为

$$P\{X=0\}=0.3,\ P\{X=1\}=0.45,\ P\{X=2\}=0.25$$

Y 的边际分布律为

$$P\{Y=-1\}=0.55,\ P\{Y=0\}=0.25,\ P\{Y=2\}=0.2$$

于是有

$$E(X)=0\times0.3+1\times0.45+2\times0.25=0.95$$
$$E(Y)=(-1)\times0.55+0\times0.25+2\times0.2=-0.15$$

计算得

$$\begin{aligned}E(XY)=&0\times(-1)\times0.1+0\times0\times0.2+0\times2\times0+\\&1\times(-1)\times0.3+1\times0\times0.5+1\times2\times0.1+\\&2\times(-1)\times0.15+2\times0\times0+2\times2\times0.1=0\end{aligned}$$

于是由式（3.15）知，$\text{cov}(X,Y)=E(XY)-E(X)E(Y)=0.95\times0.15=0.1425$。

容易验证，协方差具有如下性质：

（1）$\text{cov}(X,Y)=\text{cov}(Y,X)$；

（2）$\text{cov}(aX,bY)=ab\,\text{cov}(X,Y)$，其中，$a,b$ 是常数；

（3）$\text{cov}(X_1+X_2,Y)=\text{cov}(X_1,Y)+\text{cov}(X_2,Y)$；

（4）$D(X\pm Y)=D(X)+D(Y)\pm2\,\text{cov}(X,Y)$。

以上性质通过定义容易推得，这里证明从略。

2. 相关系数

定义 3-27 设 (X,Y) 为二维随机变量，$D(X)>0$，$D(Y)>0$，称

$$\rho_{XY}=\frac{\text{cov}(X,Y)}{\sqrt{D(X)D(Y)}} \tag{3.16}$$

为随机变量 X 和 Y 的相关系数，有时也记为 ρ。特别地，当 $\rho_{XY}=0$ 时，称 X 与 Y 不相关。

例 3-21 已知 $X\sim N(1,3^2)$，$Y\sim N(0,4^2)$，且 X 与 Y 的相关系数为 $\rho_{XY}=-\frac{1}{2}$。设 $Z=\frac{X}{3}-\frac{Y}{2}$，试求 $D(Z)$ 及 ρ_{XZ}。

解：因为 $D(X)=3^2$，$D(Y)=4^2$，且 $\text{cov}(X,Y)=\sqrt{D(X)}\sqrt{D(Y)}\rho_{XY}=3\times4\times\left(-\frac{1}{2}\right)=-6$，

所以

$$\begin{aligned}D(Z)&=D\left(\frac{X}{3}-\frac{Y}{2}\right)=\frac{1}{9}D(X)+\frac{1}{4}D(Y)-2\,\text{cov}\left(\frac{X}{3},\frac{Y}{2}\right)\\&=\frac{1}{9}D(X)+\frac{1}{4}D(Y)-2\times\frac{1}{3}\times\frac{1}{2}\text{cov}(X,Y)=7\end{aligned}$$

又因为

$$\begin{aligned}\text{cov}(X,Z)&=\text{cov}\left(X,\frac{X}{3}-\frac{Y}{2}\right)=\text{cov}\left(X,\frac{X}{3}\right)-\text{cov}\left(X,\frac{Y}{2}\right)\\&=\frac{1}{3}\text{cov}(X,X)-\frac{1}{2}\text{cov}(X,Y)\\&=\frac{1}{3}D(X)-\frac{1}{2}\text{cov}(X,Y)=6\end{aligned}$$

所以

$$\rho_{XZ}=\frac{\operatorname{cov}(X,Z)}{\sqrt{D(X)}\sqrt{D(Z)}}=\frac{6}{3\times\sqrt{7}}=\frac{2\sqrt{7}}{7}$$

容易验证，相关系数具有如下性质：

（1）$|\rho_{XY}|\leqslant 1$；

（2）若 X 和 Y 相互独立，则 $\rho_{XY}=0$；

（3）若 $D(X)>0$，$D(Y)>0$，则 $|\rho_{XY}|=1$ 当且仅当存在常数 $a,b(a\neq 0)$，使得 $P\{Y=aX+b\}=1$，而且当 $a>0$ 时，$\rho_{XY}=1$；当 $a<0$ 时，$\rho_{XY}=-1$。

注： 相关系数 ρ_{XY} 刻画了随机变量 Y 与 X 之间的线性相关程度。

$|\rho_{XY}|$ 的值越接近 1，X 与 Y 的线性相关程度越高；

$|\rho_{XY}|$ 的值越接近 0，X 与 Y 的线性相关程度越低。

当 $|\rho_{XY}|=1$ 时，X 与 Y 的变化完全可由 X 的线性函数给出。

当 $\rho_{XY}=0$ 时，X 与 Y 之间不是线性关系，但可能存在除线性关系之外的其他关系。

例 3-22　设（X,Y）的分布律为

Y	X				
	-2	-1	1	2	$P\{Y=y_j\}$
1	0	1/4	1/4	0	1/2
4	1/4	0	0	1/4	1/2
$P\{X=x_i\}$	1/4	1/4	1/4	1/4	1

试证随机变量 X 和 Y 不相关但并不相互独立。

证明： 由 X 和 Y 的联合分布律及边缘分布律，易得

$$E(X)=0,\ E(Y)=5/2,\ E(XY)=0$$

根据式（3.15）和式（3.16）得

$$\rho_{XY}=0$$

这表示 X,Y 不相关，即不存在线性关系。

但是

$$P\{X=-2,Y=1\}=0,\ P\{X=-2\}P\{Y=1\}=\frac{1}{4}\times\frac{1}{2}=\frac{1}{8}$$

$$P\{X=-2,Y=1\}\neq P\{X=-2\}P\{Y=1\}$$

可知 X,Y 并不是相互独立的。

事实上，可以观察出 X 和 Y 的关系：$Y=X^2$，Y 的值完全可由 X 的值确定。

3. 协方差矩阵

设 n 维随机变量 $(X_1,X_2,\cdots,X_n)$ 中任意两个变量的协方差

$$\sigma_{ij}=\operatorname{cov}(X_i,X_j)=E[(X_i-E(X_i))(X_j-E(X_j))](i,j=1,2,\cdots,n)$$

都存在，则称 n 阶矩阵

$$\boldsymbol{\Sigma}=\begin{bmatrix}\sigma_{11} & \sigma_{12} & \cdots & \sigma_{1n}\\ \sigma_{21} & \sigma_{22} & \cdots & \sigma_{2n}\\ \vdots & \vdots & \ddots & \vdots\\ \sigma_{n1} & \sigma_{n2} & \cdots & \sigma_{nn}\end{bmatrix}$$

为n维随机变量$(X_1,X_2,\cdots,X_n)$的协方差矩阵。由于$\sigma_{i,j}=\sigma_{j,i}\quad(i,j=1,2,\cdots,n)$，因此协方差矩阵$\boldsymbol{\Sigma}$是一个对称矩阵，而且是一个非负定矩阵。

下面介绍在理论和实际中有着重要应用的n维正态随机变量。

记

$$\boldsymbol{X}=\begin{bmatrix}X_1\\ X_2\\ \vdots\\ X_n\end{bmatrix},\ \boldsymbol{\mu}=\begin{bmatrix}\mu_1\\ \mu_2\\ \vdots\\ \mu_n\end{bmatrix}=\begin{bmatrix}E(X_1)\\ E(X_2)\\ \vdots\\ E(X_n)\end{bmatrix}$$

则n维正态随机变量$(X_1,X_2,\cdots,X_n)$的概率密度函数定义为

$$f(x_1,x_2,\cdots,x_n)=\frac{1}{(2\pi)^{\frac{n}{2}}|\boldsymbol{\Sigma}|^{\frac{1}{2}}}\exp\left[-\frac{1}{2}(\boldsymbol{X}-\boldsymbol{\mu})^{\mathrm{T}}\boldsymbol{\Sigma}^{-1}(\boldsymbol{X}-\boldsymbol{\mu})\right]$$

其中，$\boldsymbol{\Sigma}^{-1}$为协方差矩阵$\boldsymbol{\Sigma}$的逆矩阵，$(\boldsymbol{X}-\boldsymbol{\mu})^{\mathrm{T}}$为列向量$(\boldsymbol{X}-\boldsymbol{\mu})$的转置向量。此时也记$\boldsymbol{X}\sim N_n(\boldsymbol{\mu},\boldsymbol{\Sigma})$。

$\boldsymbol{X}\sim N_n(\boldsymbol{\mu},\boldsymbol{\Sigma})$具有如下性质：

（1）$\boldsymbol{X}$的每个分量$X_i\ (i=1,2,\cdots,n)$都是正态随机变量。反之，若每个分量$X_i\ (i=1,2,\cdots,n)$都是正态随机变量，并且相互独立，则X是n维正态随机变量。

（2）$\boldsymbol{X}\sim N_n(\boldsymbol{\mu},\boldsymbol{\Sigma})$的充要条件是$X_1,X_2,\cdots,X_n$的任意线性组合$\eta=a_1X_1+a_2X_2+\cdots+a_nX_n$服从一维正态分布。

（3）若$\boldsymbol{X}\sim N_n(\boldsymbol{\mu},\boldsymbol{\Sigma})$，则“$X_1,X_2,\cdots,X_n$相互独立”与“$X_1,X_2,\cdots,X_n$两两不相关”是等价的。此时，$\boldsymbol{X}$的协方差矩阵是对角阵。

3.5 极大似然估计

3.5.1 简单抽样与统计量

在数理统计中，把研究对象的全体构成的集合称为总体或母体，把组成总体的每个元素称为个体。

例如：普查某所高校的大学生的身高，这所高校的全体学生的身高组成总体，每个学生的身高就是个体。

为了了解总体的分布规律，需要对总体中的个体进行研究。最保险的方法是对每个个体进行研究，然而这是不现实的或是不必要的。比如当研究小麦品种的优劣时，我们关心麦穗的麦粒数，但我们不可能把每株麦穗上的麦粒都数一遍。一般的做法是：从总

体中抽出有限个个体，然后对这些个体进行逐一观测，进而对总体的分布规律做出较为合理的判断或推测。

这种从总体中抽出有限个个体来对总体进行观测的过程称为抽样，被抽出的个体称为样品，所有的样品构成了总体的样本。

需要指出的是，样本有一个重要的属性——二重性。首先，从总体中抽到哪个个体是随机的，所以被列为样本的第 i 个样品也是一个随机变量，记为 $X_i(i=1,2,\cdots,n)$，n 个样品 $X_1,X_2,\cdots,X_n$ 组成了一个容量为 n 的样本，记为 $(X_1,X_2,\cdots,X_n)$，这是一个 n 维的随机变量；其次，在一次具体的抽样之后，就会得到一组确定的数字，也就是说，样本既可以被看成多维随机变量，也可以被看成一组数字，这就是样本的二重性。我们把一次抽样得到的确定数值 $(x_1,x_2,\cdots,x_n)$ 称为样本 $(X_1,X_2,\cdots,X_n)$ 的一组观察值，也称为样本观测值或样本值。

在抽取样本 $X_1,X_2,\cdots,X_n$ 时，如果满足以下条件：

（1）代表性：样本中的每个分量 $X_i(i=1,2,\cdots,n)$ 都是随机抽得的，即与总体 X 有相同的分布；

（2）独立性：$X_1,X_2,\cdots,X_n$ 相互独立。

那么称这样得到的样本为简单随机样本，这种抽样的方法称为简单抽样。若不加以说明，一般的样本都指的是简单随机样本。

定义 3-28 设 $(X_1,X_2,\cdots,X_n)$ 为总体 X 的一个样本，$\varphi(X_1,X_2,\cdots,X_n)$ 是不含任何未知参数的 n 元连续函数，则称样本函数 $\varphi(X_1,X_2,\cdots,X_n)$ 为统计量。

由定义 3-28 可知，统计量具有两个特点：一是统计量是样本 $(X_1,X_2,\cdots,X_n)$ 的函数，所以是一个随机变量；二是一旦获得样本值 $(x_1,x_2,\cdots,x_n)$，就能得到统计量相应的观测值。

下面介绍几个常用的统计量。

（1）样本均值：

$$\bar{X}=\frac{1}{n}\sum_{i=1}^{n}X_i$$

（2）样本方差：

$$S^2=\frac{1}{n-1}\sum_{i=1}^{n}(X_i-\bar{X})^2$$

（3）样本标准差：

$$S=\sqrt{\frac{1}{n-1}\sum_{i=1}^{n}(X_i-\bar{X})^2}$$

（4）样本 k 阶原点矩：

$$A_k=\frac{1}{n}\sum_{i=1}^{n}X_i^k$$

（5）样本 k 阶中心矩：

$$B_k=\frac{1}{n}\sum_{i=1}^{n}(X_i-\bar{X})^k$$

用概率论的知识可以证明上述几个统计量有如下性质，见定理 3-7。

定理 3-7 设$(X_1,X_2,\cdots,X_n)$为总体X的一个样本，$E(X)=\mu,D(X)=\sigma^2$，则：

（1）$E(\bar{X})=\mu$，$D(\bar{X})=\dfrac{\sigma^2}{n}$；

（2）$E(S^2)=\sigma^2$。

3.5.2 几个重要分布

1. χ^2 分布

定义 3-29 设$X_1,X_2,\cdots,X_n$是相互独立的随机变量，且$X_i\sim N(0,1)\ (i=1,2,\cdots,n)$，则称随机变量

$$\chi^2={X_1}^2+{X_2}^2+\cdots+{X_n}^2=\sum_{i=1}^{n}{X_i}^2 \tag{3.17}$$

服从自由度为n的χ^2分布，简记为$\chi^2\sim\chi^2(n)$。

χ^2分布的概率密度函数为

$$f(x)=\begin{cases}\dfrac{1}{2^{\frac{n}{2}}\Gamma(n/2)}x^{\frac{n}{2}-1}\mathrm{e}^{-\frac{x}{2}}, x>0\\ 0, \qquad 其他\end{cases} \tag{3.18}$$

其图像如图 3-2 所示。

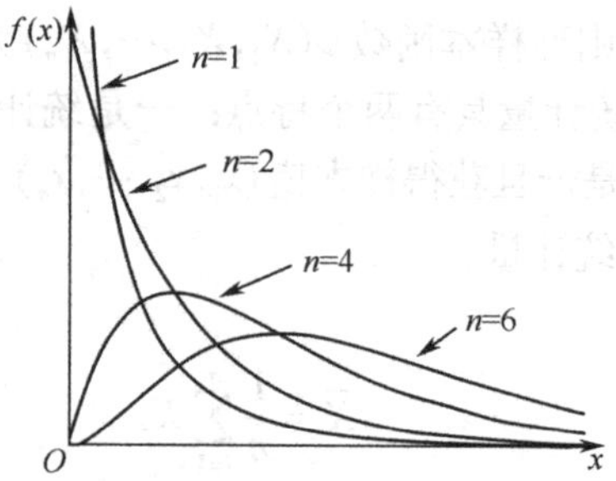

图 3-2 χ^2分布的概率密度函数图像

可见，χ^2分布是一种不对称分布，n是其唯一的参数，且其在负值区间的概率为零。

容易验证，χ^2分布具有如下性质：

（1）设$Y_1\sim\chi^2(n_1)$，$Y_2\sim\chi^2(n_2)$，且Y_1,Y_2相互独立，则$Y_1+Y_2\sim\chi^2(n_1+n_2)$；

（2）设$\chi^2\sim\chi^2(n)$，则$E(\chi^2)=n$，$D(\chi^2)=2n$。

2. t 分布

定义 3-30 设$X\sim N(0,1)$，$Y\sim\chi^2(n)$，且X,Y相互独立，则称随机变量

$$T=\frac{X}{\sqrt{Y/n}} \tag{3.19}$$

服从自由度为n的t分布，简记为$T\sim t(n)$。

t分布的概率密度函数为

$$f(x)=\frac{\Gamma[(n+1)/2]}{\sqrt{n\pi}\Gamma(n/2)}\left(1+\frac{x^2}{n}\right)^{-(n+1)/2},-\infty<x<\infty \tag{3.20}$$

其图像如图 3-3 所示。

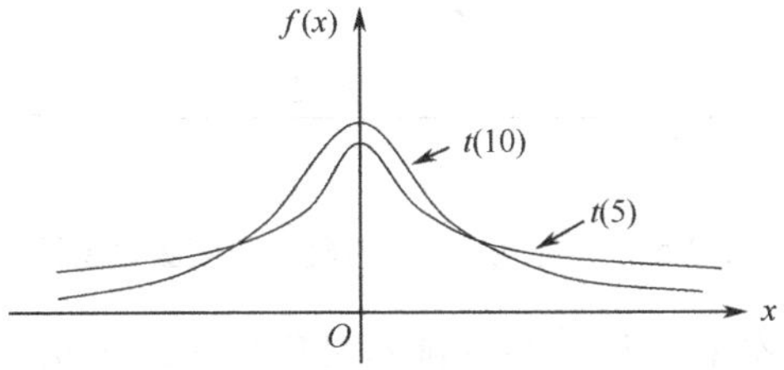

图 3-3　t 分布的概率密度函数图像

可见，t 分布是对称分布，以 y 轴为对称轴，因此若 $T\sim t(n)$，则有 $E(T)=0$。此外，t 分布的曲线形态很像标准正态分布曲线，t 分布的概率密度函数与该分布总体的均值和方差无关，只与样本容量 n 有关，n 是其唯一的参数。可以证明，当 $n\to\infty$ 时，t 分布的极限分布就是标准正态分布，所以当 n 较大时（$n>45$），可用 $N(0,1)$ 近似表示 $t(n)$。

对于给定的正数 $\alpha(0<\alpha<1)$，称满足条件

$$P(T>t_\alpha(n))=\int_{t_\alpha(n)}^{+\infty}f(x)\mathrm{d}x=\alpha \tag{3.21}$$

的数 $t_\alpha(n)$ 为 $t(n)$ 分布的 α 临界值（或上 α 分位点），如图 3-4 所示。

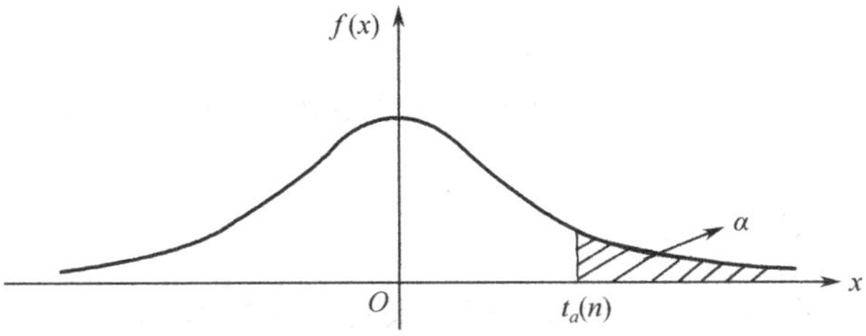

图 3-4　$t(n)$分布的 α 临界值示意

3. F 分布

定义 3-31　设 $X\sim\chi^2(n_1)$，$Y\sim\chi^2(n_2)$，且 X,Y 相互独立，则称随机变量

$$F=\frac{X/n_1}{Y/n_2} \tag{3.22}$$

服从第一个自由度为 n_1、第二个自由度为 n_2 的 F 分布，简记为 $F\sim F(n_1,n_2)$。

$F(n_1,n_2)$ 分布的概率密度函数为

$$f(x)=\begin{cases}\dfrac{\Gamma[(n_1+n_2)/2]}{\Gamma(n_1/2)\Gamma(n_2/2)}\left(\dfrac{n_1}{n_2}\right)^{\frac{n_1}{2}}x^{\frac{n_1}{2}-1}\left(1+\dfrac{n_1}{n_2}x\right)^{-\frac{n_1+n_2}{2}}, & x>0\\ 0, & \text{其他}\end{cases} \tag{3.23}$$

其图像如图 3-5 所示。

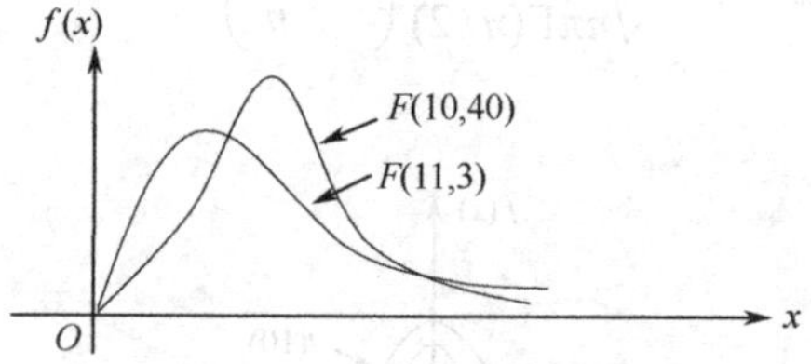

图 3-5 $F(n_1,n_2)$ 分布的概率密度函数图像

可见，F 分布与 χ^2 分布一样，是一种不对称分布，n_1,n_2 是它的两个参数，且其在负值区间的概率为零。

由定义 3-31 容易得到 F 分布有如下性质：若 $F\sim F(n_1,n_2)$，则 $\frac{1}{F}\sim F(n_2,n_1)$。

对于给定的正数 $\alpha(0<\alpha<1)$，称满足条件

$$P(F>F_\alpha(n_1,n_2))=\int_{F_\alpha(n_1,n_2)}^{+\infty}f(x)\mathrm{d}x=\alpha \tag{3.24}$$

的数 $F_\alpha(n_1,n_2)$ 为 $F(n_1,n_2)$ 分布的 α 临界值（或上 α 分位点），如图 3-6 所示。

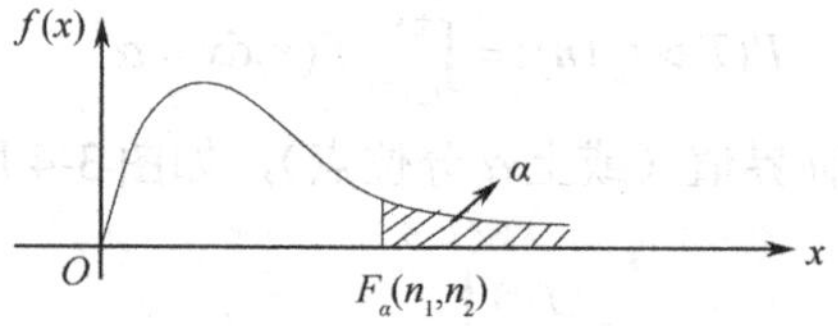

图 3-6 $F(n_1,n_2)$ 分布的 α 临界值示意

3.5.3 极大似然估计简介

设 θ 为总体 X 分布中的未知参数，接下来我们从样本 $(X_1,X_2,\cdots,X_n)$ 出发构造一个样本函数 $\hat{\theta}(X_1,X_2,\cdots,X_n)$ 来估计 θ。称 $\hat{\theta}(X_1,X_2,\cdots,X_n)$ 为 θ 的一个估计量，称 $\hat{\theta}(x_1,x_2,\cdots,x_n)$ 为 θ 的估计值，其中，$(x_1,x_2,\cdots,x_n)$ 为样本的观测值。

估计 θ 可采用极大似然估计法。极大似然估计法是建立在极大似然原理基础上的一种估计方法。该原理的直观想法是，将在试验中发生概率较大的事件推断为最有可能发生。

设总体 X 是离散型随机变量，已知其分布律为

$$P\{X=x\}=p(x;\theta),\ \theta\in\Theta$$

其中，θ 为待估参数，Θ 为参数的取值空间，则事件 $\{X_1=x_1,X_2=x_2,\cdots,X_n=x_n\}$ 发生的概率为

$$L(\theta)=L(x_1,x_2,\cdots,x_n;\theta)=\prod_{i=1}^{n}p(x_i;\theta),\ \theta\in\Theta \tag{3.25}$$

对于具体的样本观测值 $x_1,x_2,\cdots,x_n$ 而言，$L(\theta)$ 是 θ 的函数，称 $L(\theta)$ 为样本的似然函数。

当总体 X 为连续型分布时，设其概率密度函数为 $f(x;\theta)(\theta\in\Theta)$，类似地，定义其似然函数为

$$L(\theta)=L(x_1,x_2,\cdots,x_n;\theta)=\prod_{i=1}^{n}f(x_i;\theta),\quad \theta\in\Theta \tag{3.26}$$

根据极大似然原理，注意到取的样本观测值 $x_1,x_2,\cdots,x_n$ 是在一次试验中得到的结果，故对于任何 θ 值，$L(\theta)$ 理应最大。也就是说，当样本值 $(x_1,x_2,\cdots,x_n)$ 确定后，应该在 θ 的可能取值范围 Θ 内，选择使似然函数 $L(\theta)$ 达到最大的数值 $\hat{\theta}(x_1,x_2,\cdots,x_n)$ 作为参数 θ 的估计值。

定义 3-32　若存在一个数值 $\hat{\theta}=\hat{\theta}(x_1,x_2,\cdots,x_n)$，使得当 $\theta=\hat{\theta}$ 时，有

$$L(x_1,x_2,\cdots,x_n;\hat{\theta})=\max_{\theta\in\Theta}L(x_1,x_2,\cdots,x_n;\theta)$$

则称 $\hat{\theta}(x_1,x_2,\cdots,x_n)$ 为参数 θ 的极大似然估计值，相应的样本函数 $\hat{\theta}(X_1,X_2,\cdots,X_n)$ 称为极大似然估计量。

由定义 3-32 可知，寻找参数 θ 的极大似然估计值 $\hat{\theta}$，就是求函数 $L(\theta)$ 的最大值。当 $L(\theta)$ 关于 θ 可微时，θ 应该满足

$$\frac{\mathrm{d}L(\theta)}{\mathrm{d}\theta}=0$$

解此方程，即可得到 θ 的极大似然估计值 $\hat{\theta}$，此方程称为似然方程。注意到 $L(\theta)$ 与 $\ln L(\theta)$ 有相同的极大值点，为了简化计算，有时也用方程

$$\frac{\mathrm{d}\ln L(\theta)}{\mathrm{d}\theta}=0$$

进行计算，同样可得 θ 的极大似然估计值 $\hat{\theta}$，此方程称为对数似然方程。

例 3-23　设总体 X 服从几何分布，分布律为

$$P(X=x)=p(1-p)^{x-1},\quad x=1,2,\cdots$$

其中，$p(0<p<1)$ 为未知参数，$X_1,X_2,\cdots,X_n$ 是来自总体 X 的样本，$x_1,x_2,\cdots,x_n$ 是样本观测值，试求 p 的极大似然估计。

解： 建立如下似然函数，即

$$L(p)=\prod_{i=1}^{n}p(1-p)^{x_i-1}=p^n(1-p)^{\sum_{i=1}^{n}x_i-n}$$

将其取对数：

$$\ln L(p)=n\ln p+(\sum_{i=1}^{n}x_i-n)\ln(1-p)$$

令

$$\frac{\mathrm{d}\ln L(p)}{\mathrm{d}p}=\frac{n}{p}-\frac{1}{1-p}\left(\sum_{i=1}^{n}x_i-n\right)=0$$

解得 p 的极大似然估计值为 $\hat{p}=\dfrac{n}{\sum_{i=1}^{n}x_i}=\dfrac{1}{\bar{x}}$，从而得极大似然估计量为 $\hat{p}=\dfrac{1}{\bar{X}}$。

例 3-24 设总体 X 服从指数分布，其概率密度函数为

$$f(x;\lambda)=\begin{cases}\lambda e^{-\lambda x}, x>0\\ 0, \quad x\leqslant 0\end{cases}$$

其中，λ 为未知参数，且 $\lambda>0$，求 θ 的极大似然估计。

解： λ 的似然函数为

$$L(\lambda)=\prod_{i=1}^{n}\lambda e^{-\lambda x_i}=\lambda^n e^{-\lambda\sum_{i=1}^{n}x_i}$$

将其取对数：

$$\ln L(\lambda)=n\ln\lambda-\lambda\sum_{i=1}^{n}x_i$$

对数似然方程为

$$\frac{d\ln L(\lambda)}{d\lambda}=\frac{n}{\lambda}-\sum_{i=1}^{n}x_i=0$$

解得 λ 的极大似然估计值为 $\hat{\lambda}=\dfrac{n}{\sum_{i=1}^{n}x_i}=\dfrac{1}{\bar{x}}$，从而得到极大似然估计量为 $\hat{\lambda}=\dfrac{1}{\bar{X}}$。

当总体分布含有两个或两个以上的未知参数时，也可用极大似然估计法来估计未知参数。只是这里的似然函数为多元函数，需要用多元函数求极值的方法求未知参数的估计（量）值。

设总体 X 的分布律（或概率密度函数）为 $f(x;\theta_1,\theta_2,\cdots,\theta_l)$，其中，$\theta_1,\theta_2,\cdots,\theta_l$ 为未知参数，则可以定义样本 $(X_1,X_2,\cdots,X_n)$ 的似然函数为

$$L(\theta_1,\theta_2,\cdots,\theta_l)=\prod_{i=1}^{n}f(x_i;\theta_1,\theta_2,\cdots,\theta_l) \tag{3.27}$$

建立似然方程组

$$\frac{\partial L(\theta_1,\theta_2,\cdots,\theta_l)}{\partial\theta_i}=0,\ i=1,2,\cdots,l \tag{3.28}$$

或对数似然方程组

$$\frac{\partial\ln L(\theta_1,\theta_2,\cdots,\theta_l)}{\partial\theta_i}=0,\ i=1,2,\cdots,l \tag{3.29}$$

求解方程组（3.28）或方程组（3.29）可得 $\theta_1,\theta_2,\cdots,\theta_l$ 的极大似然估计 $\hat{\theta}_1,\hat{\theta}_2,\cdots,\hat{\theta}_l$。

例 3-25 设总体 $X\sim N(\mu,\sigma^2)$，其中，$-\infty<\mu<+\infty$，$\sigma>0$，二者为未知参数，$x_1,x_2,\cdots,x_n$ 是总体 X 的样本观测值，试求 μ,σ^2 的极大似然估计值。

解： 建立如下似然函数，即

$$\begin{aligned}L(\mu,\sigma^2)&=\prod_{i=1}^{n}f(x_i;\mu,\sigma^2)=\prod_{i=1}^{n}\frac{1}{\sqrt{2\pi}\sigma}\exp\left[-\frac{(x_i-\mu)^2}{2\sigma^2}\right]\\&=(2\pi)^{-\frac{n}{2}}(\sigma^2)^{-\frac{n}{2}}\exp\left[-\frac{1}{2\sigma^2}\sum_{i=1}^{n}(x_i-\mu)^2\right]\end{aligned}$$

将其取对数得

$$\ln L(\mu,\sigma^2)=-\frac{n}{2}\ln 2\pi-\frac{n}{2}\ln\sigma^2-\frac{1}{2\sigma^2}\sum_{i=1}^{n}(x_i-\mu)^2$$

分别对参数 μ,σ^2 求偏导：

$$\frac{\partial\ln L(\mu,\sigma^2)}{\partial\mu}=\frac{1}{\sigma^2}\sum_{i=1}^{n}(x_i-\mu),\quad \frac{\partial\ln L(\mu,\sigma^2)}{\partial\sigma^2}=-\frac{n}{2\sigma^2}+\frac{1}{2\sigma^4}\sum_{i=1}^{n}(x_i-\mu)^2$$

令

$$\begin{cases}\dfrac{\partial\ln L(\mu,\sigma^2)}{\partial\mu}=0\\ \dfrac{\partial\ln L(\mu,\sigma^2)}{\partial\sigma^2}=0\end{cases}$$

即

$$\begin{cases}\dfrac{1}{\sigma^2}\sum\limits_{i=1}^{n}(x_i-\mu)=0\\ -\dfrac{n}{2\sigma^2}+\dfrac{1}{2\sigma^4}\sum\limits_{i=1}^{n}(x_i-\mu)^2=0\end{cases}$$

解得 μ,σ^2 的极大似然估计值为

$$\hat{\mu}=\frac{1}{n}\sum_{i=1}^{n}x_i,\quad \hat{\sigma}^2=\frac{1}{n}\sum_{i=1}^{n}(x_i-\bar{x})^2$$

习题

1. 设 A,B,C 为三个事件，用 A,B,C 的运算关系表示下列各事件：

（1） A 发生，B 与 C 不发生；（2） A 与 B 都发生，C 不发生；

（3） A,B,C 中至少有一个发生；（4） A,B,C 都发生；

（5） A,B,C 都不发生；（6） A,B,C 中不多于一个发生；

（7） A,B,C 中至少有一个不发生；（8） A,B,C 中最多有两个发生。

2. 在 1800 个产品中有 600 个次品、1200 个正品，现在任意取 200 个。求：

（1）恰有 90 个次品的概率；

（2）至少有 2 个次品的概率。

3. 某电视机生产商有甲、乙两个工厂，每周产量共 3000 台，其中，甲厂生产 1800 台，次品率为 0.01，乙厂生产 1200 台，次品率为 0.02。现在从每周生产的产品中任意选取一个，求下列事件的概率：

（1）选出的产品是次品；

（2）已知选出的产品是次品，它是由甲厂生产的；

（3）已知选出的产品是次品，它是由乙厂生产的。

4. 一个仪器生产商生产的每台仪器，有 0.7 的概率可以直接出厂，有 0.3 的概率需要进一步调试，并经调试后有 0.8 的概率可以出厂，而仍有 0.2 的概率由于不合格不能出

厂。现在该生产商生产了 $n(n\geqslant 2)$ 台仪器（设生产每台仪器的过程是相互独立的），求：

（1）能出厂的仪器数量 X 的分布律；

（2）n 台仪器全部能出场的概率；

（3）至少有两台仪器不能出厂的概率；

（4）不能出场的仪器数量的数学期望与方差。

5. 设随机变量 X 的概率密度函数为

$$f(x)=\begin{cases}\dfrac{a}{\sqrt{1-x^2}}, & |x<1| \\ 0, & 其他\end{cases}$$

求：

（1）系数 a 的值；

（2）概率 $P(|x|<1/3)$；

（3）分布函数 $F(x)$。

6. 已知投资某个项目的收益率 X 是一个随机变量，其分布律为

X	1%	2%	3%	4%	5%	6%
p_i	0.1	0.1	0.2	0.3	0.2	0.1

一位投资者在该项目上投资了10万元，则他预期可以获得多少收入？收入的方差是多少？

7. 设随机变量 X、Y 相互独立，且 $E(X)=E(Y)=1$，$D(X)=2$，$D(Y)=3$，求 $D(XY)$。

8. 设随机变量 X,Y 相互独立，$X\sim N(1,1)$，$Y\sim N(-2,1)$，求 $E(2X+Y)$ 和 $D(2X+Y)$。

9. 设二维随机变量 (X,Y) 的联合分布律为

X	Y	
	−1	0
1	1/4	1/6
0	a	1/4

试求：

（1）常数 a；

（2）(X,Y) 的边缘分布律。

10. 设二维随机变量 (X,Y) 的联合分布律为

X	Y		
	−1	0	1
−1	1/8	1/8	1/8
0	1/8	0	1/8
1	1/8	1/8	1/8

计算相关系数 ρ，并判断 X,Y 是否独立。

11. 设某电子设备的使用寿命 X 服从指数分布，其概率密度函数为

$$f(x)=\begin{cases}\dfrac{1}{\lambda}\mathrm{e}^{-\frac{x}{\lambda}}, & x>0\\ 0, & x\leqslant 0\end{cases}$$

其中，$\lambda>0$ 为未知参数，现在随机从一批电视设备中抽取 10 台，经测试，它们的寿命数据（单位：小时）如下：

1050，　1100，　1080，　1120，　1200

1250，　1040，　1130，　1300，　1200

求 λ 的极大似然估计。

本章参考文献

[1] 盛骤，谢式千，潘承毅. 概率论与数理统计[M]. 北京：高等教育出版社，2008.

[2] 郝志峰，谢国瑞，汪国强. 概率论与数理统计[M]. 北京：高等教育出版社，2008.

[3] 魏广华，徐鹤卿，等. 概率论与数理统计[M]. 北京：高等教育出版社，2011.

[4] 许国根，贾瑛，韩启龙. 模式识别与智能计算的 Matlab 实现[M]. 北京：北京航空航天大学出版社，2016.

[5] 柴园园，贾利民，陈钧. 大数据与计算智能[M]. 北京：科学出版社，2016.

[6] THOMAS M C, JOY A T. 信息论基础[M]. 阮吉寿，张华，译. 北京：机械工业出版社，2006.

第 4 章　多维数据之间的距离度量

深度学习中需要计算各种数据之间的距离，从而判断相似性或相异性。那么，采用什么样的方法计算距离呢？计算方法合适与否，直接关系到计算结果的好坏，甚至关系到判断的正确与否。深度学习中有哪些距离呢？它们之间有什么差别呢？具体应用时又该如何选择呢？本章将解答这些疑问。

4.1　涉及线性代数的距离

4.1.1　欧几里得距离

欧几里得距离是最易于理解的一种距离，源自欧几里得空间中两点之间的距离。例如，在平面上两点 $A(1,1),B(2,2)$ 之间的距离是 $d=\sqrt{(2-1)^2+(2-1)^2}=\sqrt{2}$，向量 $\overrightarrow{OA}(1,1)$，$\overrightarrow{OB}(2,2)$ 的端点 A、B 之间的距离还是 $\sqrt{2}$。根据线性代数中向量的平移性知，欧几里得距离对两点的绝对位置敏感。相应地，如果两个 n 维向量为 $\boldsymbol{a}=(x_1,x_2,\cdots,x_n)$, $\boldsymbol{b}=(y_1,y_2,\cdots,y_n)$，则两者的欧几里得距离为

$$D_{11}=\sqrt{\sum_{i=1}^{n}(x_i-y_i)^2} \tag{4.1}$$

例 4-1　设平面点 A 为（10, 10000），点 B 为（1, 500），求 A,B 两点之间的距离。

解：根据式（4.1）知，A,B 两点之间的距离为

$$D=\sqrt{(10-1)^2+(10000-500)^2}$$

例 4-2　设 n 维向量 $\boldsymbol{a}=(1,2,\cdots,n)$, $\boldsymbol{b}=(1,1,\cdots,1)$，求向量 $\boldsymbol{a}$ 与 $\boldsymbol{b}$ 之间的距离。

解：根据式（4.1）知，$\boldsymbol{a}$ 与 $\boldsymbol{b}$ 两点之间的距离为

$$D=\sqrt{(1-1)^2+(2-1)^2+\cdots+(n-1)^2}=\sqrt{\frac{n(n-1)(2n-1)}{6}}$$

4.1.2　向量余弦距离

向量余弦距离使用两个向量夹角的余弦值衡量两个向量间的差异。相比欧几里得距离，向量余弦距离更加注重两个向量在方向上的差异，而对两向量点的绝对位置不敏感。

由中学数学知识可知，余弦 $\cos\theta$ 的值域为 $[-1,1]$。当 $\theta=0$ 时，$\cos\theta$ 取最大值 1。当 θ 表示两个向量夹角时，如果 $\cos\theta=1$，那么意味着两个向量的夹角为 0，此时两个向量平行或重合。

向量的数量积为 $\boldsymbol{a}\cdot\boldsymbol{b}=|\boldsymbol{a}|\cdot|\boldsymbol{b}|\cdot\cos\theta$，其中 $|\boldsymbol{a}|,|\boldsymbol{b}|$ 分别表示向量 $\boldsymbol{a},\boldsymbol{b}$ 的模，即 $\boldsymbol{a},\boldsymbol{b}$ 的长度，θ 表示向量 $\boldsymbol{a},\boldsymbol{b}$ 的夹角。数量积也可称为内积，内积等于对应分量乘积之和。

例如，设 $\boldsymbol{a}=(x_1,x_2,\cdots,x_n)$, $\boldsymbol{b}=(y_1,y_2,\cdots,y_n)$，则内积 $\boldsymbol{a}\cdot\boldsymbol{b}=\sum_{i=1}^{n}x_iy_i$ 。

特别地，$|\boldsymbol{a}|=\sqrt{\boldsymbol{a}\cdot\boldsymbol{a}}=\sqrt{\sum_{i=1}^{n}{x_i}^2}$ ，$|\boldsymbol{b}|=\sqrt{\boldsymbol{b}\cdot\boldsymbol{b}}=\sqrt{\sum_{i=1}^{n}{y_i}^2}$ 。

因此结合数量积（内积）公式，知向量余弦距离为

$$D=\cos\theta=\frac{\boldsymbol{a}\cdot\boldsymbol{b}}{|\boldsymbol{a}|\cdot|\boldsymbol{b}|}=\frac{\sum_{i=1}^{n}x_iy_i}{\sqrt{\sum_{i=1}^{n}{x_i}^2}\cdot\sqrt{\sum_{i=1}^{n}{y_i}^2}}$$
$$=\frac{x_1y_1+x_2y_2+\cdots+x_ny_n}{\sqrt{{x_1}^2+{x_2}^2+\cdots+{x_n}^2}\cdot\sqrt{{y_1}^2+{y_2}^2+\cdots+{y_n}^2}} \tag{4.2}$$

显然，D 值越接近于 1，说明两个向量的方向越接近，即两个向量的近似程度越好。

欧几里得距离和向量余弦距离有各自的计算方式和衡量特征，因此它们适用于不同的数据分析模型。

欧几里得距离更多地用于需要从向量的数值大小上体现差异的分析，如使用用户行为指标分析用户价值的相似度或差异。向量余弦距离更多地用于需要从向量的方向上体现差异的分析，如根据用户对内容的评分来区分用户兴趣的相似度和差异，同时修正用户间可能存在的评分标准不一的问题（因为向量余弦距离对绝对数值不敏感）。

向量余弦距离也经常用于度量两个文本、图像、音频等的相似性。当把文本文档表示成词频向量时，向量余弦距离可以用于度量词频向量的重合程度，即文本相似性。类似地，当把音频文件转化为音频向量后，可以用向量余弦距离计算两段音频的重合程度。当把图形文件转化为亮度向量时，可以用向量余弦距离表示两个图形文件的相似性。

例 4-3　句子 1：我喜欢看电视，不喜欢看电影。句子 2：我不喜欢看电视，也不喜欢看电影。试计算句子 1 和句子 2 的距离。

解：通过分词和计算词频，得句子 1 的词频向量为 $\boldsymbol{X}=(1,2,2,1,1,1,0)$ ，句子 2 的词频向量为 $\boldsymbol{Y}=(1,2,2,1,1,2,1)$ ，则根据式（4.2），得两个向量的余弦距离为

$$D=\frac{1\times1+2\times2+2\times2+1\times1+1\times1+1\times2+0\times1}{\sqrt{1^2+2^2+2^2+1^2+1^2+1^2+0^2}\sqrt{1^2+2^2+2^2+1^2+1^2+2^2+1^2}}\approx0.938$$

特别地，当余弦值 $D=\cos\theta\in[-1,0]$ 时，需要进行归一化处理。此时，通常令

$$D_1=0.5+0.5D \tag{4.3}$$

这样 $D_1\in[0,1/2]\subset[0,1]$ 。

向量余弦距离应用很广，只要能把实际问题转化为向量问题，那么计算相似性时就可以考虑用向量余弦距离。但是，向量余弦距离有个局限，那就是它要求两个向量长度相等。为了解决该问题，有了向量余弦距离的一个扩展公式，它考虑了向量长度差异，即

$$D=\frac{\boldsymbol{a}\cdot\boldsymbol{b}}{|\boldsymbol{a}|^2+|\boldsymbol{b}|^2-\boldsymbol{a}\cdot\boldsymbol{b}} \tag{4.4}$$

从数值上看，由于 $\cos\theta=\dfrac{\boldsymbol{a}\cdot\boldsymbol{b}}{|\boldsymbol{a}|\cdot|\boldsymbol{b}|}\leqslant1$ ，故 $|\boldsymbol{a}|\cdot|\boldsymbol{b}|-\boldsymbol{a}\cdot\boldsymbol{b}\geqslant0$ ，又因为 $|\boldsymbol{a}|^2+|\boldsymbol{b}|^2\geqslant2|\boldsymbol{a}|\cdot|\boldsymbol{b}|$ ，

故

$$|\boldsymbol{a}|^2+|\boldsymbol{b}|^2-\boldsymbol{a}\cdot\boldsymbol{b}=|\boldsymbol{a}|^2+|\boldsymbol{b}|^2-|\boldsymbol{a}|\cdot|\boldsymbol{b}|+|\boldsymbol{a}|\cdot|\boldsymbol{b}|-\boldsymbol{a}\cdot\boldsymbol{b}\geqslant|\boldsymbol{a}|\cdot|\boldsymbol{b}|$$

这意味着，与式（4.2）相比，式（4.4）的分母变大了，当且仅当向量长度一样时，式（4.2）与式（4.4）的分母才相等。也就是说，向量长度差异越大，向量相似性越小。

在例 4-3 中，句子 1 的词频向量最后元素为 0，因此也可记为 $\boldsymbol{X}_1=(1,2,2,1,1,1)$，那么根据式（4.4）可计算扩展向量余弦距离为

$$D=\frac{13}{12+16-13}\approx 0.867$$

向量余弦距离还有一个局限，就是会受向量平移的影响。

4.1.3 闵氏距离

闵式距离其实是一类距离，也就是通常所说的范数距离。它的定义如下。

设两个 n 维变量 $\boldsymbol{x}=(x_1,x_2,\cdots,x_n)$，$\boldsymbol{y}=(y_1,y_2,\cdots,y_n)$，则它们之间的闵氏距离为

$$D=\sqrt[p]{\sum_{i=1}^{n}|x_i-y_i|^p} \tag{4.5}$$

其中，p 是变参数。

当 p=1 时，闵式距离也称曼哈顿距离，也就是 1 范数距离。可以这样理解 1 范数距离：在一维空间中，直线上两点 x,y 之间的距离为 $|x-y|$，类似地，在高维空间中，每个维度上的距离为 $|x_i-y_i|$，那么所有维度上的距离之和 $\sum_{i=1}^{n}|x_i-y_i|$ 就可以用来表示 n 维空间中两点之间的 1 范数距离。其典型的实际应用就是计算城市中两个街区之间的驾驶距离。

例 4-4 图 4-1 中，折线都可以表示两点间的曼哈顿距离。图 4-2 中，根据国际象棋中车的行走规则，也可用曼哈顿距离来计算棋盘格上的距离。

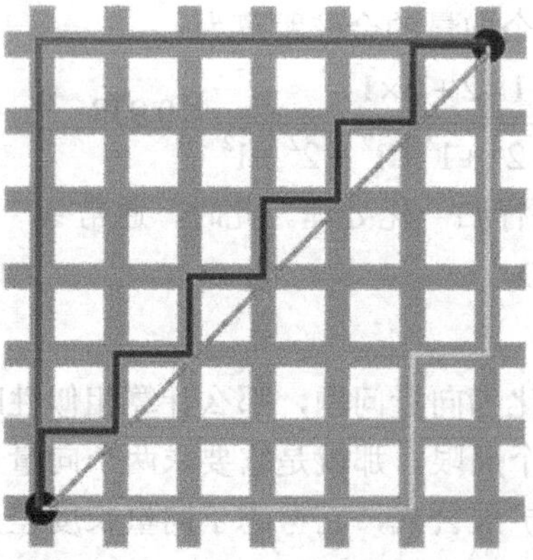

图 4-1 两点间曼哈顿距离示意

图 4-2 国际象棋棋盘

例 4-5 计算向量 $\boldsymbol{x}_1=(0,0),\ \boldsymbol{x}_2=(1,0),\ \boldsymbol{x}_3=(0,2)$ 两两之间的曼哈顿距离。

解：根据曼哈顿距离公式知，向量 $\boldsymbol{x}_1,\boldsymbol{x}_2$ 之间的曼哈顿距离为 1，$\boldsymbol{x}_1,\boldsymbol{x}_3$ 之间的曼哈顿距离为 2，$\boldsymbol{x}_2,\boldsymbol{x}_3$ 之间的曼哈顿距离为 3。

当 p=2 时，式（4.5）所示的闵氏距离就是欧几里得距离，也就是 2 范数距离。图 4-1

中的对角线就表示两点间的 2 范数距离。

类似地，还有 3 范数距离、4 范数距离……

4.2　涉及微积分的距离

当闵式距离中的变参数 $p\to\infty$ 时，闵氏距离称为切比雪夫距离，也就是∞范数距离，即

$$\lim_{p\to\infty}\sqrt[p]{\sum_{i=1}^{n}|x_i-y_i|^p}=\max_i|x_i-y_i| \tag{4.6}$$

下面证明式（4.6）成立。

不妨假设

$$f(p)=\sqrt[p]{\sum_{i=1}^{n}|x_i-y_i|^p}$$

则取对数得

$$\ln f(p)=\frac{1}{p}\ln\sum_{i=1}^{n}|x_i-y_i|^p$$

当 p 为实数时，有

$$\lim_{p\to\infty}\ln f(p)=\lim_{p\to\infty}\frac{1}{p}\ln\sum_{i=1}^{n}|x_i-y_i|^p$$

由微积分中的洛必达法则知

$$\lim_{p\to\infty}\ln f(p)=\lim_{p\to\infty}\frac{\left(\ln\sum_{i=1}^{n}|x_i-y_i|^p\right)'}{p'}=\lim_{p\to\infty}\left(\ln\sum_{i=1}^{n}|x_i-y_i|^p\right)'$$

由复合函数和指数函数求导法则知，

$$\left(\ln\sum_{i=1}^{n}|x_i-y_i|^p\right)'=\frac{\sum_{i=1}^{n}|x_i-y_i|^p\ln|x_i-y_i|}{\sum_{i=1}^{n}|x_i-y_i|^p}$$

令 $\max_i|x_i-y_i|=|x_k-y_k|$，则

$$\begin{aligned}\lim_{p\to\infty}\ln f(p)&=\lim_{p\to\infty}\frac{\sum_{i=1}^{n}|x_i-y_i|^p\ln|x_i-y_i|}{\sum_{i=1}^{n}|x_i-y_i|^p}\\&=\lim_{p\to\infty}\frac{\sum_{i=1}^{n}\left|\frac{x_i-y_i}{x_k-y_k}\right|^p\ln|x_i-y_i|}{\sum_{i=1}^{n}\left|\frac{x_i-y_i}{x_k-y_k}\right|^p}\\&=\ln|x_k-y_k|\end{aligned}$$

例 4-6　计算向量 $\boldsymbol{x}_1=(0,0)$, $\boldsymbol{x}_2=(1,0)$, $\boldsymbol{x}_3=(0,2)$ 两两之间的切比雪夫距离。

解：向量 $\boldsymbol{x}_1$, $\boldsymbol{x}_2$ 之间的切比雪夫距离为 $\max\{1-0,0-0\}=1$， $\boldsymbol{x}_1$, $\boldsymbol{x}_3$ 之间的切比雪夫

距离为$\max\{0-0,2-0\}=2$，x_2,x_3之间的切比雪夫距离为$\max\{1-0,2-0\}=2$。

闵氏距离有着明显的缺点，那就是它忽略了量纲和各分量的分布。例如：对于二维样本（身高,体重），其中，身高取值范围是 150～170cm，体重取值范围是 50～70kg，现有 $a(150,50)$, $b(170,50)$, $c(170,70)$三个样本，计算可得 a 与 b 之间的闵氏距离等于 b 与 c 之间的闵氏距离，但身高的 20cm 与体重的 20kg 是完全不一样的，因此用闵氏距离来衡量这些样本间的相似度有很大的问题。所以当选用距离公式计算时，要注意这些细节问题。

4.3 涉及概率统计的距离

4.3.1 欧几里得距离标准化

实际应用时，经常要对欧几里得距离做改进，因为数据各维分量的分布很可能不一样。因此可以利用统计学把欧几里得距离标准化。此时要先把变量标准化。假设样本集 X 的均值为 u，标准差为σ，那么 X 的标准化变量为

$$x^* = \frac{x-u}{\sigma}$$

如果有均值为u_i、方差为σ_i的向量$\boldsymbol{a}=(x_1,x_2,\cdots,x_n)$, $\boldsymbol{b}=(y_1,y_2,\cdots,y_n)$，则向量$\boldsymbol{a}$与$\boldsymbol{b}$之间的标准化欧几里得距离为

$$\begin{aligned} D &= \sqrt{\sum_{i=1}^{n}(x_i^* - y_i^*)^2} = \sqrt{\sum_{i=1}^{n}\left[\frac{(x_i-u_i)-(y_i-u_i)}{\sigma_i}\right]^2} \\ &= \sqrt{\sum_{i=1}^{n}\frac{(x_i-y_i)^2}{\sigma_i^2}} \end{aligned} \tag{4.7}$$

如果把方差的倒数$\frac{1}{\sigma_i^2}$看作权重，则式（4.7）可以看成加权欧几里得距离。

例 4-7 设向量$\boldsymbol{a}$为（10, 10000），向量$\boldsymbol{b}$为（1, 500），求向量$\boldsymbol{a}$与$\boldsymbol{b}$之间的距离。

分析：根据式（4.1）知，$\boldsymbol{a}$与$\boldsymbol{b}$之间的欧几里得距离为$D=\sqrt{(10-1)^2+(10000-500)^2}$，但在这个计算中，第二个维度对整个距离的贡献远超第一个维度的贡献，D 不能完全体现数据价值，因此两点之间的距离用标准化欧几里得距离计算更合理。

解：均值向量为（5.5, 5250），标准差向量为（4.5, 4750），此时根据式（4.7）知，$\boldsymbol{a}$与$\boldsymbol{b}$之间的距离为

$$D \approx \sqrt{\left(\frac{9}{4.5}\right)^2+\left(\frac{9500}{4750}\right)^2} \approx 2.828$$

4.3.2 皮尔逊相关系数

前面提到向量余弦距离会受向量平移的影响，那么，怎么才能实现平移不变呢？这就需要用到皮尔逊相关系数。

皮尔逊相关系数与协方差有关，协方差是反映两个随机变量相关程度的一个指标。如果一个变量随另一个变量变大（变小）而变大（变小），则两个变量的协方差为正，否则为负。皮尔逊相关系数计算公式为

$$D=\frac{\operatorname{cov}(X,Y)}{\sqrt{D(X)}\sqrt{D(Y)}}=\frac{\sum_{i=1}^{n}(\boldsymbol{x}_i-\overline{\boldsymbol{x}})(\boldsymbol{y}_i-\overline{\boldsymbol{y}})}{\sqrt{\sum_{i=1}^{n}(\boldsymbol{x}_i-\overline{\boldsymbol{x}})^2}\cdot\sqrt{\sum_{i=1}^{n}(\boldsymbol{y}_i-\overline{\boldsymbol{y}})^2}}$$

$$=\frac{\sum_{i=1}^{n}\frac{(\boldsymbol{x}_i-\overline{\boldsymbol{x}})}{\sigma_x}\cdot\frac{(\boldsymbol{y}_i-\overline{\boldsymbol{y}})}{\sigma_y}}{\sqrt{\sum_{i=1}^{n}\frac{(\boldsymbol{x}_i-\overline{\boldsymbol{x}})^2}{\sigma_x^2}}\cdot\sqrt{\sum_{i=1}^{n}\frac{(\boldsymbol{y}_i-\overline{\boldsymbol{y}})^2}{\sigma_y^2}}} \tag{4.8}$$

$$=\frac{\left(\frac{\boldsymbol{x}-\overline{\boldsymbol{x}}}{\sigma_x}\cdot\frac{\boldsymbol{y}-\overline{\boldsymbol{y}}}{\sigma_y}\right)}{\left\|\frac{\boldsymbol{x}-\overline{\boldsymbol{x}}}{\sigma_x}\right\|\cdot\left\|\frac{\boldsymbol{y}-\overline{\boldsymbol{y}}}{\sigma_y}\right\|}=\frac{(\boldsymbol{x}-\overline{\boldsymbol{x}})(\boldsymbol{y}-\overline{\boldsymbol{y}})}{\|\boldsymbol{x}-\overline{\boldsymbol{x}}\|\cdot\|\boldsymbol{y}-\overline{\boldsymbol{y}}\|}$$

皮尔逊相关系数对变量做了标准化处理，因此具有平移不变性和尺度不变性，它给出了两个向量（维度）的相关性。一般情况下，该系数绝对值小于 0.4，表示低度线性相关；介于 0.4 与 0.7 之间，表示显著性相关；介于 0.7 与 1 之间，表示高度线性相关。

从式（4.8）的形式上看，其实皮尔逊相关系数就是标准化后的向量余弦距离，在大多数实际应用中也的确如此，但在理论分析上，两者还是有些差别的。

例 4-8　计算例 4-3 中词频向量的皮尔逊相关系数。

解：根据式（4.8）计算得

$$D\approx\frac{1.57142857}{\sqrt{2.857/4285\times1.71428572}}\approx0.71$$

当数据的各维度不相关时，可以利用数据的分布特征计算距离。但是，当向量之间的数据相关时，如身高与体重有某种关联，那么计算距离时要先消除数据间的相关性，此时就要用到马氏距离。

4.3.3　马氏距离

马氏距离也称为统计距离或协方差距离，它能有效反映两个未知样本集的相似性。它利用科勒斯基（Cholesky）分解消除数据之间的相关性，因此表达式与协方差有关。其具体定义如下。

设有 m 个向量 $\boldsymbol{x}_1,\boldsymbol{x}_2,\cdots,\boldsymbol{x}_m$，其均值记为 $\boldsymbol{\mu}$，协方差矩阵记为 $\boldsymbol{\Sigma}$，则向量 $\boldsymbol{x}_i$ 到 $\boldsymbol{\mu}$ 的马氏距离为

$$D=\sqrt{(\boldsymbol{x}_i-\boldsymbol{\mu})^{\mathrm{T}}\boldsymbol{\Sigma}^{-1}(\boldsymbol{x}_i-\boldsymbol{\mu})} \tag{4.9}$$

$\boldsymbol{x}_i,\boldsymbol{x}_j$ 之间的马氏距离为

$$D=\sqrt{(\boldsymbol{x}_i-\boldsymbol{x}_j)^{\mathrm{T}}\boldsymbol{\Sigma}^{-1}(\boldsymbol{x}_i-\boldsymbol{x}_j)} \tag{4.10}$$

如何理解马氏距离呢？先来看看科勒斯基分解。科勒斯基分解又叫平方根法，其实

是正定矩阵的 LU 分解的一种特殊形式。所谓 LU 分解就是将原矩阵转变成矩阵 $\boldsymbol{L}$ 和 $\boldsymbol{U}$ 的乘积，其中，$\boldsymbol{L}$ 代表下三角矩阵，$\boldsymbol{U}$ 代表上三角矩阵。

特别地，当协方差矩阵 $\boldsymbol{\Sigma}$ 为正定矩阵时，通过线性代数中的正交变换可得

$$\boldsymbol{\Sigma}=\boldsymbol{L}_1\boldsymbol{D}\boldsymbol{L}_1^{\mathrm{T}}=\boldsymbol{L}_1\sqrt{\boldsymbol{D}}\sqrt{\boldsymbol{D}}\boldsymbol{L}_1^{\mathrm{T}}=(\boldsymbol{L}_1\sqrt{\boldsymbol{D}})(\boldsymbol{L}_1\sqrt{\boldsymbol{D}})^{\mathrm{T}}$$

其中，$\boldsymbol{D}$ 是特征值构成的对角矩阵；$\boldsymbol{L}_1$ 是正交矩阵。令 $\boldsymbol{L}=\boldsymbol{L}_1\sqrt{\boldsymbol{D}}$，则有 $\boldsymbol{\Sigma}=\boldsymbol{L}\boldsymbol{L}^{\mathrm{T}}$。

故对向量 $\boldsymbol{x}$，令 $\boldsymbol{z}=\boldsymbol{L}^{-1}(\boldsymbol{x}-\boldsymbol{\mu})$，则由线性代数中矩阵的计算知，

$$\begin{aligned}\boldsymbol{z}^{\mathrm{T}}\boldsymbol{z}&=(\boldsymbol{L}^{-1}(\boldsymbol{x}-\boldsymbol{\mu}))^{\mathrm{T}}\boldsymbol{L}^{-1}(\boldsymbol{x}-\boldsymbol{\mu})\\&=(\boldsymbol{x}-\boldsymbol{\mu})^{\mathrm{T}}(\boldsymbol{L}^{-1})^{\mathrm{T}}\boldsymbol{L}^{-1}(\boldsymbol{x}-\boldsymbol{\mu})\\&=(\boldsymbol{x}-\boldsymbol{\mu})^{\mathrm{T}}(\boldsymbol{L}^{\mathrm{T}})^{-1}\boldsymbol{L}^{-1}(\boldsymbol{x}-\boldsymbol{\mu})\\&=(\boldsymbol{x}-\boldsymbol{\mu})^{\mathrm{T}}(\boldsymbol{L}^{\mathrm{T}}\boldsymbol{L})^{-1}(\boldsymbol{x}-\boldsymbol{\mu})\\&=(\boldsymbol{x}-\boldsymbol{\mu})^{\mathrm{T}}(\boldsymbol{\Sigma}^{\mathrm{T}})^{-1}(\boldsymbol{x}-\boldsymbol{\mu})=(\boldsymbol{x}-\boldsymbol{\mu})^{\mathrm{T}}\boldsymbol{\Sigma}^{-1}(\boldsymbol{x}-\boldsymbol{\mu})\end{aligned}\tag{4.11}$$

从式（4.11）可以看出，马氏距离实际上就是消除相关性后的新空间内的欧几里得距离。要注意的是，马氏距离只能消除二维的相关性，不能消除高维的相关性。

例 4-9 设有向量组 $\boldsymbol{x}_1=(1,2),\boldsymbol{x}_2=(1,3),\boldsymbol{x}_3=(2,2),\boldsymbol{x}_4=(3,1)$，求各向量之间的马氏距离。

解：根据给定向量组得向量矩阵为 $\begin{bmatrix}1&2\\1&3\\2&2\\3&1\end{bmatrix}$，则根据式（4.10）得马氏距离矩阵为

$$\begin{bmatrix}0&2.3452&2.0000&2.3452\\2.3452&0&1.2247&2.4495\\2.0000&1.2247&0&1.2247\\2.3452&2.4495&1.2247&0\end{bmatrix}$$

则向量 $\boldsymbol{x}_1,\boldsymbol{x}_2$ 的马氏距离为 2.3452，$\boldsymbol{x}_1,\boldsymbol{x}_3$ 的马氏距离为 2.0000，$\boldsymbol{x}_1,\boldsymbol{x}_4$ 的马氏距离为 2.3452，$\boldsymbol{x}_2,\boldsymbol{x}_3$ 的马氏距离为 1.2247，$\boldsymbol{x}_2,\boldsymbol{x}_4$ 的马氏距离为 2.4495，$\boldsymbol{x}_3,\boldsymbol{x}_4$ 的马氏距离为 1.2247。

4.3.4 直方相交距离

直方相交距离主要用于度量两幅图像的相似度。那么，直方图和图像有什么关系呢？

以图片亮度为例。人们把图片的亮度分为 0 到 255 共 256 个数值，数值越大，图片亮度越高。当用横轴代表亮度、纵轴代表图片中对应亮度的像素数时，就得到这个图片关于亮度的直方图。也就是说，直方图是一个统计数据的图形，它统计了画面中亮度的分布和比例。直方相交距离计算公式为

$$D = 1 - \frac{\sum_{i=1}^{n} \min(a_i, b_i)}{\min\left(\sum_{i=1}^{n} a_i, \sum_{i=1}^{n} b_i\right)} \tag{4.12}$$

例 4-10　通过二维码生成器生产两幅二维码图（见图 4-3），求两幅二维码图的直方相交距离。

（a）二维码 a　　（b）二维码 b

图 4-3　二维码图

解：根据图片亮度描绘的二维码图的直方图如图 4-4 所示。

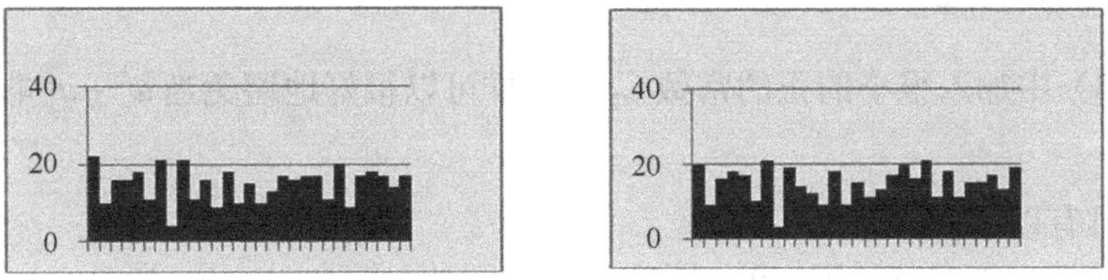

（a）二维码 a 的直方图　　（b）二维码 b 的直方图

图 4-4　二维码的直方图

根据式（4.12）得两幅图的直方相交距离为

$$D = 1 - \frac{408}{\min(429, 427)} \approx 0.044$$

式中，429 和 427 为图 4-4 中的直方像素点数；408 为较短直方块像素点总数。实际操作时，经常选用部分亮度特征绘制统计直方图。

由于二维码图的特征包含位置探测图、定位图、格式信息、版本信息、校正图形、数据与纠错码字、功能区、编码区等，特别是定位、功能分区等固有信息直接影响直方相交距离，因此可以改进二维码图中的直方相交距离。

例 4-11　以图 4-3 中二维码图为例，改进其直方相交距离。

解：考虑定位、功能分区等信息后，相应的直方相交距离为

$$D = 1 - \frac{278}{\min(297, 299)} \approx 0.064$$

那么，两个直方图完全一样的图片，一定画面完全一样吗？当然不是。比如，对于

同一内容的画面，一个上黑下白，另一个下黑上白，在这种情况下，两者直方图完全一样，但画面完全不一样。因此有了基于概率统计的判断图片相似度的参数——结构相似度（SSIM）。

结构相似度考虑了亮度、对比度、结构等图片特征。

首先，介绍亮度对比函数。平均灰度的计算公式为

$$u_x = \frac{\sum_{i=1}^{N} x_i}{N}$$

由于样本均值是整个图片均值的无偏估计，因此平均灰度可以直接用于表示整个图片亮度的均值，亮度对比函数为

$$I(x,y) = \frac{2u_x u_y + C_1}{u_x^2 + u_y^2 + C_1} \tag{4.13}$$

式（4.13）中为什么要加入常数 C_1 呢？为了说明这个问题，设有二元函数

$$f(x,y) = \frac{2xy}{x^2 + y^2} \tag{4.14}$$

由多元函数的极限知识知，$\lim\limits_{\substack{x\to 0\\ y\to 0}} \frac{2xy}{x^2+y^2}$ 的极限不存在，因为沿着特殊路径 $y = kx$ 看，极限 $\lim\limits_{\substack{x\to 0\\ y\to 0}} \frac{2kx^2}{x^2+k^2x^2} = \frac{2k}{1+k^2}$，即此极限值与路径相关，不满足多元函数极限存在的定义。所以式（4.13）中加入很小的正的常数 C_1，这样可以很好地避免当 $u_x^2 + u_y^2$ 非常接近 0 时系统不稳定。

$I(x,y)$ 具有以下性质：

（1）对称性：$I(x,y) = I(y,x)$，即它与顺序无关。

（2）有界性：$I(x,y) \leqslant 1$，即它的计算是有效的。

（3）最大值唯一性：$I(x,y) = 1$，当且仅当 $x = y$。

其中，（1）显然成立。对于（2）、（3），令偏导数

$$I_x = \frac{2u_y(u_x^2 + u_y^2 + C_1) - (2u_x u_y + C_1)2u_x}{\left(u_x^2 + u_y^2 + C_1\right)^2}$$

$$= \frac{2u_y(u_y^2 - u_x^2) - 2C_1(u_y - u_x)}{\left(u_x^2 + u_y^2 + C_1\right)^2} = 0$$

同理，令偏导数 $I_y = 0$，则得可能极值点为 $x = y$。将其代入式（4.13），得 $I(x,y) = 1$。又因为 $u_x^2 + u_y^2 \geqslant 2u_x u_y$，所以 $I(x,y) \leqslant \frac{2u_x u_y + C_1}{2u_x u_y + C_1} = 1$。

其次，介绍对比度对比函数。亮度标准差为

$$\sigma_x = \sqrt{\frac{\sum_{i=1}^{N}(x_i - u_x)^2}{N-1}}$$

亮度标准差反映了样本亮度值与亮度均值的差异，是整个图片亮度标准差的无偏估计，因此亮度标准差可以直接用于表示整个图片的亮度与亮度均值的差异。与亮度对比函数类似，对比度对比函数为

$$c(x,y)=\frac{2\sigma_x\sigma_y+C_2}{{\sigma_x}^2+{\sigma_y}^2+C_2} \tag{4.15}$$

显然，它也具有稳定性、对称性、有界性和最大值唯一性。

再次，介绍结构对比函数。亮度协方差为

$$\begin{aligned}\sigma_{xy}&=\frac{\sum_{i=1}^{N}(x_i-u_x)(y_i-u_y)}{N-1}\\&=\frac{\sigma_x\sigma_y\sum_{i=1}^{N}\frac{(x_i-u_x)}{\sigma_x}\cdot\frac{(y_i-u_y)}{\sigma_y}}{N-1}\end{aligned}$$

协方差可表示与均值、标准差有关的结构信息。因为图像像素间的相似性隐藏着图像中物体结构的相似性信息，因此用亮度的相关性表示图片结构的相似性。与亮度对比函数类似，结构对比函数为

$$s(x,y)=\frac{\sigma_{xy}+C_3}{\sigma_x\sigma_y+C_3} \tag{4.16}$$

最后，综合三个对比函数，得到 SSIM 指数函数为

$$S(x,y)=[I(x,y)]^{\alpha}[c(x,y)]^{\beta}[s(x,y)]^{\gamma}$$

为了简单化，一般令 $\alpha=\beta=\gamma=1$，$C_3=\frac{1}{2}C_2$，此时得

$$\begin{aligned}S(x,y)&=\frac{2u_xu_y+C_1}{u_x^2+u_y^2+C_1}\cdot\frac{2\sigma_x\sigma_y+C_2}{\sigma_x^2+\sigma_y^2+C_2}\cdot\frac{\sigma_{xy}+\frac{1}{2}C_2}{\sigma_x\sigma_y+\frac{1}{2}C_2}\\&=\frac{2u_xu_y+C_1}{u_x^2+u_y^2+C_1}\cdot\frac{2\sigma_{xy}+C_2}{\sigma_x^2+\sigma_y^2+C_2}\end{aligned} \tag{4.17}$$

例 4-12　用 SSIM 指数函数计算图 4-3 中两幅二维码图的相似性。

解： 由式（4.17）得

$$S(x,y)\approx\frac{2\times14.79310\times14.72414}{14.79310^2+14.72414^2}\times\frac{2\times17.40517}{4.346042^2+4.374411^2}\approx0.915$$

4.3.5　巴氏距离

巴氏距离是由一位印度统计学者提出的，是对两个统计样本的重叠量的近似计算，与度量尺度无关，一般用于测量两种概率分布的可分离性。巴氏距离主要用于特征提取、图像处理、语音识别等方面。

设有多个变量标准分布，$p_i=N(\mu_i,\Sigma_i)$，则两个分布的巴氏距离为

$$D = \frac{1}{8}(\mu_1 - \mu_2)^{\mathrm{T}} \Sigma^{-1} (\mu_1 - \mu_2) + \frac{1}{2}\ln\frac{|\Sigma|}{\sqrt{|\Sigma_1||\Sigma_2|}} \tag{4.18}$$

其中，μ_i, Σ_i 分别是对应分布的均值与方差，且 $\Sigma = \frac{\Sigma_1 + \Sigma_2}{2}$。若计算的巴氏距离值为 0，则认为两个分布完全匹配；若值为 1，则认为两个分布完全不区配。

马氏距离描述的也是与统计样本有关的距离，对比式（4.18）与式（4.9）发现，其实马氏距离是巴氏距离的一种特例。直方图本身就是图片某种属性的统计数据，那么计算两个直方图的距离为什么不用马氏距离呢？从式（4.9）可以看到，当样本均值 $\mu_1 = \mu_2$ 时，马氏距离失效了，所以一般直接用巴氏距离计算两个直方图的距离。

例 4-13 用巴氏距离计算图 4-3 中的两幅二维码直方图的距离。

解： 根据式（4.18），得到两幅图的直方图的巴氏距离为

$$D \approx \frac{1}{8} \times \frac{(14.79310 - 14.72414)^2}{19.011776} + \frac{1}{2} \times \ln\frac{19.011776}{4.346042 \times 4.374411} \approx 0.0003$$

4.3.6 卡方距离

卡方距离通过列联表分析的方法得到卡方统计量，依此衡量两个 n 维个体之间的差异。因此卡方距离越大，表明个体与变量的取值越有显著关系，也意味着两个个体之间的差异越大。卡方距离计算公式为

$$\chi^2(x, y) = \sqrt{\sum_{i=1}^{n}\left(\frac{x_i - E(x_i)}{E(x_i)}\right)^2 + \sum_{i=1}^{n}\left(\frac{y_i - E(y_i)}{E(y_i)}\right)^2} \tag{4.19}$$

其中，x_i 是个体 x 的第 i 个变量的取值或在第 i 类上的频数；$E(x_i)$ 是个体 x 的第 i 个变量的均值或在第 i 类上的期望值。

和方差一样，卡方距离表示数据的相对离散程度，方差或卡方距离值越大，说明数据离散程度越高，也就是误差越大。至于式（4.19）中求平方和，其实最初是考虑用离均差的绝对值求和的，用绝对值主要是为了避免离均差之间正负相互抵消，后来发现用离均差的平方和更合理，这样不仅可以避免离均差之间正负相互抵消，而且计算方便得多。

例 4-14 表 4-1 给出了某市两所高校教职工文化程度的数据，试根据表 4-1 计算甲、乙两所高校之间的卡方距离。

表 4-1 甲、乙两高校的教职工文化程度

高校	文化程度			
	博士及以上	硕士	本科及以下	合计
高校甲	44（46）	36（42）	140（132）	220
高校乙	60（58）	60（54）	160（168）	280
合计	104	96	300	500

解：根据式（4.19）得

$$\chi^2=\sqrt{\left(\frac{44-46}{46}\right)^2+\left(\frac{36-42}{42}\right)^2+\left(\frac{140-132}{132}\right)^2+\left(\frac{60-58}{58}\right)^2+\left(\frac{60-54}{54}\right)^2+\left(\frac{160-168}{168}\right)^2}$$

$$\approx 0.2044$$

4.4　涉及其他数学知识的距离

4.4.1　EMD

EMD（Earth Mover's Distance）是文章 *The Earth Mover's Distance as a Metric for Image Retrieval* 于 2000 年提出的一种度量直方图相似性的参数。EMD 其实是线性规划问题的求解结果，它可以更好地描述直方图的距离。

设

$$\boldsymbol{P}=\{(\boldsymbol{P}_1,w_{P_1}),(\boldsymbol{P}_2,w_{P_2}),\cdots,(\boldsymbol{P}_M,w_{P_M})\}\text{，}\quad \boldsymbol{Q}=\{(\boldsymbol{Q}_1,w_{Q_1}),(\boldsymbol{Q}_2,w_{Q_2}),\cdots,(\boldsymbol{Q}_N,w_{Q_N})\}$$

其中，$\boldsymbol{P}_i,\boldsymbol{Q}_j\in\mathbf{R}^n$，$\boldsymbol{P}_i,\boldsymbol{Q}_j$ 分别表示第 i 张和第 j 张图片的特征；w_{P_i},w_{Q_j} 分别表示 $\boldsymbol{P}_i,\boldsymbol{Q}_j$ 的权值，则有最优化问题 $\min\sum_{i=1}^{M}\sum_{j=1}^{N}d_{ij}f_{ij}$，使得

$$f_{ij}\geqslant 0,i=1,2,\cdots,M;\quad j=1,2,\cdots,N$$

$$\sum_{j=1}^{N}f_{ij}\leqslant w_{P_i},i=1,2,\cdots,M$$

$$\sum_{i=1}^{M}f_{ij}\leqslant w_{Q_j},j=1,2,\cdots,N$$

$$\sum_{i=1}^{M}\sum_{j=1}^{N}f_{ij}=\min\left\{\sum_{i=1}^{M}\boldsymbol{P}_i,\sum_{j=1}^{N}\boldsymbol{Q}_j\right\}$$

其中，d_{ij} 表示 $\boldsymbol{P}_i,\boldsymbol{Q}_j$ 之间的某种距离。可解出 f_{ij} 的最优解。此时，EMD 定义为

$$\text{EMD}(\boldsymbol{P},\boldsymbol{Q})=\frac{\sum_{i=1}^{M}\sum_{j=1}^{N}d_{ij}f_{ij}}{\sum_{i=1}^{M}\sum_{j=1}^{N}f_{ij}}\tag{4.20}$$

从上述求解最优化的过程可知，在求出最优解的同时，也找到了最匹配的分配方案，然后用 f_{ij} 做归一化处理，这样算得的距离是合理的，所以通过计算 EMD 来计算图像的相似度是有效的。

4.4.2　编辑距离

编辑距离是由 Vladimir Levenshtein 于 1965 年提出的，可用于计算两个文本的相似度。编辑距离经常用于自然语言处理中，如在拼写检查中，可以根据一个拼错单词和其

他正确单词的编辑距离，判断哪个（或哪几个）是可能的正确单词；在抄袭侦测中，可根据两篇文档的编辑距离判断它们的相似程度，也可判断哪部分词（或句子，或段落）是相同的。编辑距离也经常用于生物信息学中，用于比较两个DNA的类似程度。

编辑距离描述的是将字符串 a 转换成字符串 b 所用的最少操作次数。这里的操作包括将一个字符替换成另一个字符、插入一个字符、删除一个字符。

例如：将 kitten 转换成 sitting，至少需要 3 个操作，即首先将 k 替换成 s（kitten → sitten），其次将 e 替换成 i（sitten → sittin），最后在尾部插入字符 g（sittin → sitting）。故 kitten 与 sitting 的编辑距离是 3。

那么，如何计算两个字符串的编辑距离呢？

假设字符串 a 的前 i 个字符序列为 $a[1\cdots i]$，字符串 b 的前 j 个字符序列为 $b[1\cdots j]$，则可得到子问题：字符串 $a[1\cdots i]$ 与 $b[1\cdots j]$ 的编辑距离是多少？即从字符串 $a[1\cdots i]$ 到字符串 $b[1\cdots j]$ 至少需要多少个操作？这个子问题和原问题是同一问题，因此编辑距离是一个动态规划问题。

为了便于解释，我们分以下情况进行讨论：

对于插入操作：

若将把 $a[1\cdots i]$ 转换成 $b[1\cdots j-1]$ 需要的操作数记为 op_1，当插入一个字符 $a[i']=b[i]$ 到 $a[i]$ 和 $a[i+1]$ 之间用以匹配 $b[i]$ 时，$a[1\cdots i]$ 转换到 $b[1\cdots j]$，因此 $a[1\cdots i]$ 转换到 $b[1\cdots j]$ 所需的操作数为 op_1+1。

对于删除操作：

若将把 $a[1\cdots i-1]$ 转换成 $b[1\cdots j]$ 需要的操作数记为 op_2，当删掉字符 $a[i]$ 就能将 $a[1\cdots i]$ 转换到 $b[1\cdots j]$ 时，$a[1\cdots i]$ 转换到 $b[1\cdots j]$ 需要的操作数为 op_2+1。

对于修改操作：

若将把 $a[1\cdots i-1]$ 转换成 $b[1\cdots j-1]$ 所需的操作数记为 op_3，当将字符 $a[i]$ 替换成 $a[i']=b[j]$ 时，可将 $a[1\cdots i]$ 转换到 $b[1\cdots j]$，则 $a[1\cdots i]$ 转换到 $b[1\cdots j]$ 需要的操作数为 op_3+1。但是，如果字符 $a[i]==b[j]$，则不需要进行修改操作，操作数仍为 op_3。

综上所述，将字符串 $a[1\cdots i]$ 转换成字符串 $b[1\cdots j]$ 所需的操作数为 $\min\{\text{op}_1+1,\text{op}_2+1,\text{op}_3+l\}$，其中，$l(a_i,b_j)=\begin{cases}1, & a_i\neq b_j\\ 0, & a_i=b_j\end{cases}$。

因此编辑距离的计算公式为

$$\text{lev}(m,n)=\min\begin{cases}\text{lev}(m-1,n)+1\\ \text{lev}(m,n-1)+1\\ \text{lev}(m-1,n-1)+l(m,n)\end{cases} \tag{4.21}$$

其中，m,n 分别为字符串 a、b 的长度。

当使用编辑距离比较两个文本的相似性时，由于编辑距离是基于文本自身计算的，没有办法深入到语义层面，因此只能胜任一些简单的分析场景。

除了以上这些距离，还有其他一些有效度量文本、图像、音频文件相似性的距离，这里不再一一列举。使用时应多判断、多总结，以便找到适当的距离计算公式。

习题

1. 计算三维空间中点(1,2,3)与点(3,2,1)之间的距离。
2. 简述两个物品相似度的判断方法。
3. 简述两幅彩色图的相似度的判断方法。
4. 简述两幅动态图的相似度的判断方法。

本章参考文献

[1] 聂淑媛. 统计史上“相关”概念的思想演变[J]. 中国统计，2018（4）：36-38.
[2] MAHALANOBIS P C. On the generalised distance in statistics[J]. Proceedings of the National Institute of Sciences of India, 1936, 2:49-55.
[3] BHATTACHARYYA A. On a measure of divergence between two multinomial populations[J]. Sankhya, 1946 (10): 401-406.
[4] BOSCH A. Image classification for a large number of object categories[D]. Catalunya: University of Girona, 2007.
[5] RUBNER Y, TOMASI C, UUIBAS L J. The earth mover’s distance as a metric for image retrieval[J]. International Journal of Computer Vision, 2000, 40(2): 99-121.
[6] NAVARRO G. A guided tour to approximate string matching[J]. ACM Computing Surveys, 2001, 33 (1): 31-88.

第 5 章　大数据中的优化问题

在大数据处理中，很多技术最终会涉及最优化问题的求解，如线性回归中的优化问题、logistic 回归中的最大似然估计、支持向量机中的最小化间隔、贝叶斯决策中的最小化误差等，因此本章主要介绍最优化问题及大数据处理中一些常用的最优化问题，并针对这些问题给出一些简单的理论求解方法和基于数学专业软件的求解方法。

5.1　最优化问题

最优化是近几十年来发展起来的一门新兴的应用型学科。最优化理论与方法被广泛应用于工业、农业、交通运输、国防军事、通信与管理等领域，主要用于解决最优生产计划、最优分配、最佳设计、最优决策和最佳管理等问题。其主要研究方法是定量化、系统化和模型化方法，特别是运用各种数学模型和技术来解决实际问题。具体地来说，最优化问题是求一个函数（一元或多元）在某个给定集合上的极值，几乎所有类型的最优化问题都可以用下面的数学模型来描述：

$$\min f(\boldsymbol{x}) \quad \text{s.t. } \boldsymbol{x} \in \Omega \tag{5.1}$$

其中，$f(\boldsymbol{x})$ 为定义在 $\mathbf{R}^n$ 上的实值函数，称为目标函数；$\boldsymbol{x}$ 为决策变量；s.t.为 subject to（受限于）的缩写；$\Omega \subset \mathbf{R}^n$ 为给定的集合（称为可行集或可行域），通常情况下 Ω 由一些不等式和等式确定，所以式（5.1）也可以具体描述为下列模型：

$$\begin{aligned} &\min f(\boldsymbol{x}) \\ &\text{s.t.}\begin{cases} g_i(\boldsymbol{x}) \leqslant 0, & i=1,2,\cdots,m \\ h_j(\boldsymbol{x})=0, & j=1,2,\cdots,l \end{cases} \end{aligned} \tag{5.2}$$

其中，$g_i(\boldsymbol{x}) \leqslant 0,\ i=1,2,\cdots,m$，$h_j(\boldsymbol{x})=0,\ j=1,2,\cdots,l$ 都是定义在 $\mathbf{R}^n$ 上的多元实值函数，称为约束函数，即式（5.2）中的 $\Omega=\{\boldsymbol{x} | g_i(\boldsymbol{x}) \leqslant 0,\ i=1,2,\cdots,m;\ h_j(\boldsymbol{x})=0,\ j=1,2,\cdots,l\}$。

在式（5.2）中，若不存在等式和不等式的约束，称其为无约束优化问题，否则称其为约束优化问题；若目标函数和约束函数都是线性函数，称其为线性规划问题，否则称其为非线性优化问题，其中，若目标函数是二次函数，约束函数是线性函数，则非线性优化问题又称为二次规划问题。

对于最优化问题式（5.1）或式（5.2），其解称为最优解（极小值点），最优解可分为全局最优解和局部最优解。

全局最优解：对于任意的 $\boldsymbol{x} \in \Omega$ 且 $\boldsymbol{x} \neq \boldsymbol{x}^*$，都有

$$f(\boldsymbol{x}) \geqslant f(\boldsymbol{x}^*),\ \boldsymbol{x}^* \in \Omega$$

则称 $\boldsymbol{x}^*$ 是最优化问题的一个全局极小值点。若该不等式严格成立，则称 $\boldsymbol{x}^*$ 是最优化问题

的一个严格全局极小值点。

局部最优解：对于任意的 $\boldsymbol{x} \in \Omega \cap N(\boldsymbol{x}^*, \delta), \boldsymbol{x}^* \in \Omega$ 且 $\boldsymbol{x} \neq \boldsymbol{x}^*$，都有

$$f(\boldsymbol{x}) \geqslant f(\boldsymbol{x}^*)$$

则称 $\boldsymbol{x}^*$ 是最优化问题的一个局部极小值点。若该不等式严格成立，则称 $\boldsymbol{x}^*$ 是最优化问题的一个严格局部极小值点。

由上述可知，全局极小值点一定是局部极小值点，反之不然。一般来说，目标函数会出现如图 5-1 所示的情形。

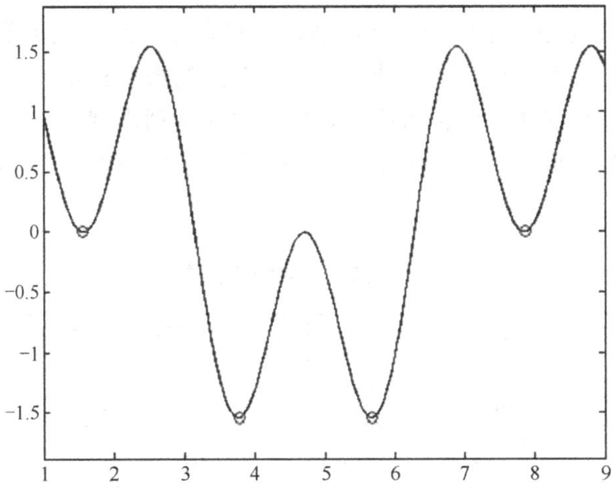

图 5-1　全局极小值点与局部极小值点

从图 5-1 可以看出，若目标函数的可行域为 $\Omega = [1,9]$，那么该最优化问题有 4 个局部极小值点，如图中的圆圈所示，而自左向右第二、第三个极小值点也是全局极小值点。迄今为止，求全局极小值点是相当困难的，大部分优化方法只能求得优化问题的局部极小值点，而在实际应用问题中，求得局部极小值点往往是不够的。为了解决容易陷落到局部极小值的问题，在大数据科学和机器学习中，一般利用最优化方法求解优化问题时，希望所涉及的目标函数是凸函数或尽可能地将目标函数转化为凸函数（凸函数局部极小值点与全局极小值点是一致的），如神经网络中的激励函数、支持向量机中的核函数等。

另外，存在一类用于求解全局最优解的新优化算法，这里统称为智能优化方法，目前比较流行的智能优化方法包括遗传算法、粒子群优化算法、模拟退火算法等。

5.2　线性规划

线性规划（Linear Programming）是最优化的一个重要分支，是研究较早、发展较快、应用广泛、方法较成熟的一个重要优化问题。线性规划发展情况如下：

1939 年，苏联数学家康托洛维奇出版了《生产组织和计划中的数学方法》一书。

1947 年，美国数学家丹兹格提出了线性规划问题的单纯形求解方法。

1951 年，美国经济学家库普曼斯出版了《生产与配置的活动分析》一书。

1950—1956 年，线性规划的对偶理论出现。

1960 年，丹兹格与沃尔夫建立了大规模线性规划问题的分解算法。

1975 年，康托罗维奇与库普曼斯因对资源最优配置理论的贡献荣获诺贝尔经济学奖。

1978 年，苏联数学家哈奇扬（L.G.Khachian）提出了求解线性规划问题的多项式时间算法（内点算法），具有重要理论意义。

1984 年，在美国贝尔实验室工作的印度裔数学家卡玛卡（N.Karmarkar）提出可以有效求解实际线性规划问题的多项式时间算法——Karmarkar 算法。

发展至今，线性规划已不仅是一种数学理论和方法，而且成了现代化管理的重要手段，是帮助管理者与经营者做出科学决策的一个有效的数学技术。

本节通过下面一个简单的实例来引入具体的线性规划模型。

例 5-1 经统计分析，某个大型商场对售货员（售货员每周工资为 1000 元）的需求如表 5-1 所示。

表 5-1 商场对售货员的需求

时间	所需售货员人数/人
星期日	250
星期一	180
星期二	150
星期三	120
星期四	190
星期五	200
星期六	320

商场的售货员采取的是一周 5 天工作制，即一周工作 5 天，休息 2 天，且休息的 2 天是连续的，问应该如何安排售货员的作息时间，才能既满足工作需要，又使得配备的售货员总工资最低。

解： 设 $x_i (i=1,2,\cdots,7)$ 分别表示星期一到星期日开始休息的人数。

该问题实质上是要求售货员人数尽量少，又因为每个售货员都工作 5 天，休息 2 天，所以只需要将每天开始休息的人员总数相加就可得到一周所需售货员的总数量，从而有如下目标函数：

$$\min 1000(x_1+x_2+x_3+x_4+x_5+x_6+x_7)$$

再按照一周中每天所需要的售货员人数给出约束条件，例如，星期日需要 250 人，由条件假设，除了星期六和星期天开始休息的售货员，所有售货员都应该上班，即星期一到星期五开始休息的售货员上班，故有 $x_1+x_2+x_3+x_4+x_5 \geqslant 250$，最终建立如下数学模型：

$$\min 1000(x_1+x_2+x_3+x_4+x_5+x_6+x_7)$$

$$\text{s.t.}\begin{cases} x_1+x_2+x_3+x_4+x_5\geqslant 250\\ x_2+x_3+x_4+x_5+x_6\geqslant 180\\ x_3+x_4+x_5+x_6+x_7\geqslant 150\\ x_4+x_5+x_6+x_7+x_1\geqslant 120\\ x_5+x_6+x_7+x_1+x_2\geqslant 190\\ x_6+x_7+x_1+x_2+x_3\geqslant 200\\ x_7+x_1+x_2+x_3+x_4\geqslant 320\\ x_i\geqslant 0,\ i=1,2,\cdots,7 \end{cases}$$

上面模型的特点是：目标函数是诸决策变量的线性函数，约束条件用诸决策变量的线性方程或不等式来表示，将具有上面特征的求最大值或最小值的问题称为线性规划。满足线性约束条件的解称为可行解，由所有可行解组成的集合称为可行域。决策变量、约束条件、目标函数是线性规划的三要素。

自 1947 年丹兹格提出求解线性规划问题的单纯形方法以来，线性规划在理论研究上日趋成熟，被日益广泛地应用于各领域。特别地，在能应用计算机处理带有成千上万个约束条件和决策变量的线性规划问题之后，线性规划的应用领域就更广泛了。

线性规划问题的标准形式为

$$\min \boldsymbol{c}^{\mathrm{T}}\boldsymbol{x}$$

$$\text{s.t.}\begin{cases} \boldsymbol{A}\cdot\boldsymbol{x}\leqslant\boldsymbol{b}\\ \boldsymbol{A}_{\mathrm{eq}}\cdot\boldsymbol{x}=\boldsymbol{b}_{\mathrm{eq}}\\ \boldsymbol{l}_b\leqslant\boldsymbol{x}\leqslant\boldsymbol{u}_b \end{cases}$$

例如，在线性规划问题

$$\min 2x_1+3x_2-5x_3$$

$$\text{s.t.}\begin{cases} x_1+x_2+x_3=2\\ 2x_1-5x_2+x_3\geqslant 10\\ x_1+3x_2+x_3\leqslant 12\\ 0\leqslant x_i\leqslant 7, i=1,2,3 \end{cases} \tag{5.3}$$

中，$\boldsymbol{c}=[2,3,-5]^{\mathrm{T}}$，$\boldsymbol{x}=[x_1,x_2,x_3]^{\mathrm{T}}$，

$$\boldsymbol{A}=\begin{bmatrix}-2 & 5 & -1\\ 1 & 3 & 1\end{bmatrix},\quad \boldsymbol{b}=\begin{bmatrix}-10\\ 12\end{bmatrix}$$

$$\boldsymbol{A}_{\mathrm{eq}}=[1,1,1],\quad b_{\mathrm{eq}}=2$$

$$\boldsymbol{l}_b=\begin{bmatrix}0\\0\\0\end{bmatrix},\quad \boldsymbol{u}_b=\begin{bmatrix}7\\7\\7\end{bmatrix}$$

目前，可求解线性规划问题的软件包括 LINGO 软件、MATLAB 软件等。

例如，用 MATLAB 求解问题式（5.3），只需要在命令窗口输入：

```
[x,fval,exitflag,output,lambda] = linprog(c,A,b,Aeq,beq,lb,ub)
```

LINGO 是一个利用线性规划和非线性规划来简洁地阐述、分析和解决复杂问题的工具。其特点是程序执行速度很快，易于输入、修改、分析和求解一个数学规划问题，因此在教育、科研和工业界得到了广泛应用。

对于问题式（5.3），利用 LINGO 求解的代码如下：

```
model:
min = 2 * x1 + 3 * x2 - 5 * x3;
x1 + x2 + x3 = 7;
2 * x1 - 5 * x2 + x3 > 10;
x1 + 3 * x2 + x3 < 12;
x1 < 7;
x2 < 7;
x3 < 7;
end
```

得最优解为$[3,0,4]^{\mathrm{T}}$，最优值为-14。

需要指出的是，LINGO 软件不但可以用于解决简单的线性规划问题，还可以用于求解一些其他软件难于求解的问题，如整数规划问题、0-1 规划问题等，下面给出两个具体的实例。

例5-2 （生产计划的安排）一工厂生产三种型号的同一产品（大小不同），已知三类产品对原料、劳动时间的需求，利润，以及每个周期原料的供应量、拥有的劳动时间量如表 5-2 所示，试制订一个周期的生产计划，使得工厂的利润最大。

表 5-2　产品生产数据

已知量	型号一	型号二	型号三	现有量
原料/kg	15	30	50	6000
劳动时间/h	28	25	40	6000
利润/元	2000	3000	4000	

解：设每个周期生产三种型号产品的数量分别为x_1, x_2, x_3，总利润为z，则得到的线性整数规划模型为

$$\max z = 2000x_1 + 3000x_2 + 4000x_3$$

$$\text{s.t.}\begin{cases} 15x_1 + 30x_2 + 50x_3 \leqslant 6000 \\ 28x_1 + 25x_2 + 40x_3 \leqslant 6000 \\ x_1, x_2, x_3 \geqslant 0 \\ x_i\text{为整数，} i = 1,2,3 \end{cases}$$

利用 LINGO 求解的代码如下：

```
model:
max=2000*x1+3000*x2+4000*x3;
15*x1+30*x2+50*x3<6000;
28*x1+25*x2+40*x3<6000;
@gin(x1);@gin(x2);@gin(x3);
end
```

求得最优解为$[64,168,0]^{T}$，最优值为 632000。

例 5-3 （**任务安排**）4 名工人完成 4 项任务所需时间如表 5-3 所示，要求每人完成一项任务，每项任务一人完成，则如何安排生产计划，可使 4 项任务的完工总时间最短？

表 5-3　工人完成任务所需时间

工人	任务 1	任务 2	任务 3	任务 4
工人 1	66 分钟	75 分钟	87 分钟	58 分钟
工人 2	57 分钟	66 分钟	76 分钟	53 分钟
工人 3	78 分钟	67 分钟	84 分钟	59 分钟
工人 4	70 分钟	74 分钟	69 分钟	57 分钟

解：记工人i完成任务j的时间为c_{ij}，引入 0-1 变量：

$$x_{ij}=\begin{cases}1, & 选择工人i完成任务j\\0, & 其他\end{cases}$$

根据条件，每人完成一项任务，故约束条件为$\sum_{j=1}^{4}x_{ij}=1,\ i=1,2,3,4$。

每项任务安排一人完成，故约束条件为$\sum_{i=1}^{4}x_{ij}=1,\ j=1,2,3,4$。

当选择工人i完成任务j时，$c_{ij}x_{ij}$表示完成时间，否则有$c_{ij}x_{ij}=0$。于是，最后完成时间可表示为

$$z=\sum_{i=1}^{4}\sum_{j=1}^{4}c_{ij}x_{ij}$$

综上所述，可将问题表示为 0-1 规划模型：

$$\min z=\sum_{i=1}^{4}\sum_{j=1}^{4}c_{ij}x_{ij}$$

$$\text{s.t.}\begin{cases}\sum_{j=1}^{4}x_{ij}=1, & i=1,2,3,4\\\sum_{i=1}^{4}x_{ij}=1, & j=1,2,3,4\\x_{ij}\in\{0,1\}\end{cases}$$

利用 LINGO 求解的代码如下：

```
model:
sets:
pe/1..4/;
rw/1..4/;
link(pe,rw):c, x;
endsets
data:
```

```
c= 66 75 87 58 57 66 76 53 78 67 84 59 70 74 69 57;
enddata
min=@sum(link:c*x);
@for(pe(i):@sum(rw(j):x(i,j))=1;);
@for(rw(i):@sum(pe(j):x(j,i))=1;);
@for(link:@bin(x));
end
```

求得最优解为$x_{14}=1, x_{21}=1, x_{32}=1, x_{43}=1$，即选择工人 1 完成任务 4，选择工人 2 完成任务 1，选择工人 3 完成任务 2，选择工人 4 完成任务 3，花费总时间为 251 分钟。

5.3 非线性优化问题

5.3.1 向量和矩阵范数

在非线性优化算法分析中，一般会用到向量和矩阵范数的概念及相关理论。

用$\mathbf{R}^n$表示 n 维向量空间，用$\mathbf{R}^{n\times n}$表示 n 阶矩阵全体构成的线性空间。向量$\boldsymbol{x}\in\mathbf{R}^n$的范数$\|\boldsymbol{x}\|$是一个非负实数，且满足下面的条件：

（1）$\|\boldsymbol{x}\|\geqslant 0$，若$\|\boldsymbol{x}\|=0\Leftrightarrow 0$；

（2）$\|\lambda\boldsymbol{x}\|=|\lambda|\|\boldsymbol{x}\|$，$\lambda\in\mathbf{R}$；

（3）$\|\boldsymbol{x}+\boldsymbol{y}\|\leqslant\|\boldsymbol{x}\|+\|\boldsymbol{y}\|$。

常用的向量范数如下：

1-范数：$\|\boldsymbol{x}\|_1=\sum\limits_{i=1}^{n}|x_i|$；

2-范数：$\|\boldsymbol{x}\|_2=(\sum\limits_{i=1}^{n}x_i^2)^{\frac{1}{2}}$；

∞-范数：$\|\boldsymbol{x}\|_\infty=\max\limits_{1\leqslant i\leqslant n}|x_i|$。

若矩阵$\boldsymbol{A}\in\mathbf{R}^{n\times n}$的范数$\|\boldsymbol{A}\|$为非负实数，则除了满足范数的三个条件，还必须满足：

$$\|\boldsymbol{AB}\|=\|\boldsymbol{A}\|\|\boldsymbol{B}\|,\ \boldsymbol{A},\boldsymbol{B}\in\mathbf{R}^{n\times n}$$

常用的矩阵范数如下：

$$列范数：\|\boldsymbol{A}\|_\infty=\max_{1\leqslant i\leqslant n}\sum_{j=1}^{n}|a_{ij}|$$

$$行范数：\|\boldsymbol{A}\|_1=\max_{1\leqslant j\leqslant n}\sum_{i=1}^{n}|a_{ij}|$$

$$谱范数：\|\boldsymbol{A}\|_2=\max_{1\leqslant i\leqslant n}\{\sqrt{\lambda}\mid\lambda为\boldsymbol{A}^{\mathrm{T}}\boldsymbol{A}的特征值\}$$

上述向量范数和矩阵范数具有如下关系：

$$\|A\|_\mu = \max_{x\neq 0}\frac{\|Ax\|_\mu}{\|x\|_\mu} = \max_{\|x\|_\mu=1}\|Ax\|_\mu,\quad A\in\mathbf{R}^{n\times n},\quad \mu=1,2,\infty$$

5.3.2　函数的可微性

下面主要介绍 n 元函数的一阶导数和二阶导数。

设有 n 元实值函数 $f(\boldsymbol{x})$，其中自变量 $\boldsymbol{x}=[x_1,x_2,\cdots,x_n]^{\mathrm{T}}$，则称向量

$$\nabla f(\boldsymbol{x})=\left[\frac{\partial f}{\partial x_1},\frac{\partial f}{\partial x_2},\cdots,\frac{\partial f}{\partial x_n}\right]^{\mathrm{T}}$$

为 $f(\boldsymbol{x})$ 在 $\boldsymbol{x}$ 处的一阶导数（梯度）；称矩阵

$$\nabla^2 f(\boldsymbol{x})=\begin{bmatrix} \dfrac{\partial^2 f}{\partial x_1^2} & \dfrac{\partial^2 f}{\partial x_1\partial x_2} & \cdots & \dfrac{\partial^2 f}{\partial x_1\partial x_n} \\ \dfrac{\partial^2 f}{\partial x_2\partial x_1} & \dfrac{\partial^2 f}{\partial x_2^2} & \cdots & \dfrac{\partial^2 f}{\partial x_2\partial x_n} \\ \vdots & \vdots & \ddots & \vdots \\ \dfrac{\partial^2 f}{\partial x_n\partial x_1} & \dfrac{\partial^2 f}{\partial x_n\partial x_2} & \cdots & \dfrac{\partial^2 f}{\partial x_n^2} \end{bmatrix}$$

为 $f(\boldsymbol{x})$ 在 $\boldsymbol{x}$ 处的二阶导数（Hesse 矩阵）。若梯度 $\nabla f(\boldsymbol{x})$ 的每个分量在 $\boldsymbol{x}$ 处都连续，则称 $f(\boldsymbol{x})$ 在 $\boldsymbol{x}$ 处一阶连续可微；若 Hesse 矩阵 $\nabla^2 f(\boldsymbol{x})$ 的每个分量在 $\boldsymbol{x}$ 处都连续，则称 $f(\boldsymbol{x})$ 在 $\boldsymbol{x}$ 处二阶连续可微。若 $f(\boldsymbol{x})$ 在开集 D 的每一点处都一阶连续可微，则称 $f(\boldsymbol{x})$ 在 D 上一阶连续可微；若 $f(\boldsymbol{x})$ 在开集 D 的每一点处都二阶连续可微，则称 $f(\boldsymbol{x})$ 在 D 上二阶连续可微，并且 $\nabla^2 f(\boldsymbol{x})$ 为对称矩阵。

例 5-4　设二次函数 $f(\boldsymbol{x})=4x_1+3x_2+x_1^2+2x_1x_2+2x_2^2=[4\ \ 3]\begin{bmatrix}x_1\\x_2\end{bmatrix}+\frac{1}{2}[x_1\ \ x_2]\begin{bmatrix}2&2\\2&4\end{bmatrix}\begin{bmatrix}x_1\\x_2\end{bmatrix}$，

则 $f(\boldsymbol{x})$ 的梯度为

$$\nabla f(\boldsymbol{x})=\begin{bmatrix}4+2x_1+2x_2\\3+2x_1+4x_2\end{bmatrix}=\begin{bmatrix}4\\3\end{bmatrix}+\begin{bmatrix}2&2\\2&4\end{bmatrix}\begin{bmatrix}x_1\\x_2\end{bmatrix}$$

Hesse 矩阵为

$$\nabla^2 f(\boldsymbol{x})=\begin{bmatrix}2&2\\2&4\end{bmatrix}$$

对于一般的二次函数 $f(\boldsymbol{x})=\boldsymbol{c}^{\mathrm{T}}\boldsymbol{x}+\frac{1}{2}\boldsymbol{x}^{\mathrm{T}}\boldsymbol{H}\boldsymbol{x}$，其中，$\boldsymbol{c}\in\mathbf{R}^n,\boldsymbol{H}\in\mathbf{R}^{n\times n}$ 是对称矩阵，$f(\boldsymbol{x})$ 的梯度及 Hesse 矩阵分别为

$$\nabla f(\boldsymbol{x})=\boldsymbol{c}+\boldsymbol{H}\boldsymbol{x},\quad \nabla^2 f(\boldsymbol{x})=\boldsymbol{H}$$

5.3.3 凸集和凸函数

1. 凸集

一般地，对于集合 $S \subset \mathbf{R}^n$，若其内任意两点间连线上的点都在 S 内，数学描述为对任意 $\boldsymbol{x},\boldsymbol{y} \in S$ 和任意实数 $\lambda \in [0,1]$，都有 $\lambda\boldsymbol{x}+(1-\lambda)\boldsymbol{y} \in S$，则称 S 为凸集。

在欧几里得几何中，凸集就是一个向四周凸起的图形，如一维空间中的一个点或一条直线（包括线段、射线）；二维空间中的三角形、椭圆、锥形扇面、凸多边形等；三维空间中的长方体、球体等。

凸集和非凸集示意如图 5-2 所示。

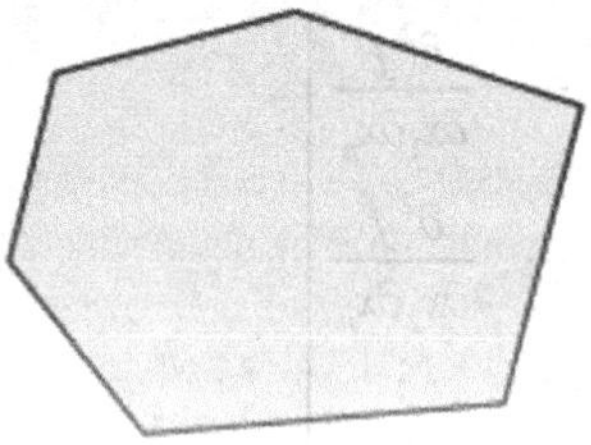

（a）凸集

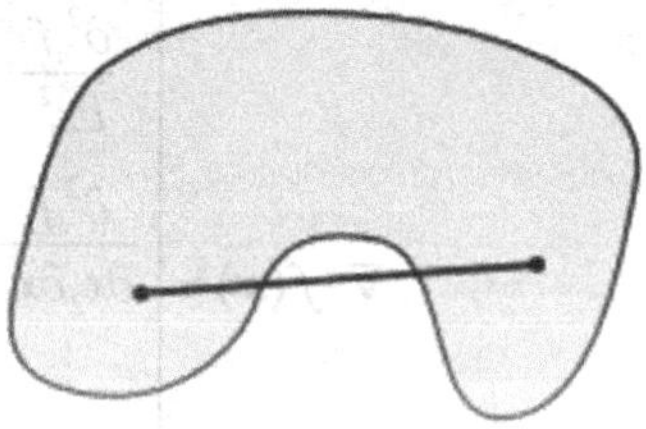

（b）非凸集

图 5-2 凸集和非凸集示意

2. 超平面

一个超平面上的所有点（向量）构成集合 X，满足

$$\boldsymbol{c}^{\mathrm{T}}\boldsymbol{x} = C \tag{5.4}$$

其中，$\boldsymbol{x} \in \mathbf{R}^n$；$\boldsymbol{c}$ 为系数；C 为一个常数。在二维空间中，式（5.4）表示一条直线；在三维空间中，式（5.4）表示一个平面。例如，直线 $2x_1+x_2=3$ 可写为 $[2\quad 1]\begin{bmatrix}x_1\\x_2\end{bmatrix}=3$。

引入超平面的作用在于其能将凸集分成两个部分：$\boldsymbol{c}^{\mathrm{T}}\boldsymbol{x}>C$ 和 $\boldsymbol{c}^{\mathrm{T}}\boldsymbol{x}<C$。

凸集 S 的支撑超平面指的是：S 边界点满足 $\boldsymbol{c}^{\mathrm{T}}\boldsymbol{x}=C$，其余的点位于超平面一侧，即 S 中的所有点满足 $\boldsymbol{c}^{\mathrm{T}}\boldsymbol{x}>C$ 或 $\boldsymbol{c}^{\mathrm{T}}\boldsymbol{x}<C$。

3. 凸函数

凸函数图像上任意两点的连线位于这两点间曲线的上方。数学上描述为：凸函数是一个定义在某个向量空间的凸子集 S（区间）上的实值函数 $f(\boldsymbol{x})$，且对任意两点 $\boldsymbol{x},\boldsymbol{y} \in S$ 和任意 $\lambda \in [0,1]$，都有

$$f(\lambda\boldsymbol{x}+(1-\lambda)\boldsymbol{y}) \leqslant \lambda f(\boldsymbol{x})+(1-\lambda)f(\boldsymbol{y})$$

常见的凸函数有线性函数、幂函数、对数函数及向量范数等，由凸函数构成的最优化问题（凸优化）具有较好的性质：

（1）凸优化的局部极小（大）值点也是全局极小（大）值点；

（2）凸优化的任意局部最优解也是全局最优解。

5.4　无约束非线性优化问题

下面讨论无约束优化问题

$$\min_{x\in\mathbf{R}^n} f(\boldsymbol{x}) \tag{5.5}$$

的一阶和二阶最优性条件。

一阶必要条件：设 $f(\boldsymbol{x})$ 在开集 D 上一阶连续可微，若 $\boldsymbol{x}^*\in D$ 是问题式（5.5）的一个局部极小值点，则必有 $\nabla f(\boldsymbol{x}^*)=\boldsymbol{0}$。

二阶必要条件：设 $f(\boldsymbol{x})$ 在开集 D 上二阶连续可微，若 $\boldsymbol{x}^*\in D$ 是问题式（5.5）的一个局部极小值点，则必有 $\nabla f(\boldsymbol{x}^*)=\boldsymbol{0}$ 且 $\nabla^2 f(\boldsymbol{x}^*)$ 是半正定矩阵。

二阶充分条件：设 $f(\boldsymbol{x})$ 在开集 D 上二阶连续可微，若 $\boldsymbol{x}^*\in D$ 满足条件 $\nabla f(\boldsymbol{x}^*)=\boldsymbol{0}$ 和 $\nabla^2 f(\boldsymbol{x}^*)$ 是正定矩阵，则 $\boldsymbol{x}^*$ 是问题式（5.5）的一个局部极小值点。

对于凸函数来说，有下面的结论。

设 $f(\boldsymbol{x})$ 在 $\mathbf{R}^n$ 上是凸函数且一阶连续可微，则 $\boldsymbol{x}^*\in\mathbf{R}^n$ 是问题式（5.5）的全局极小值点的充要条件是 $\nabla f(\boldsymbol{x}^*)=\boldsymbol{0}$。

基于上面的结论，给出问题式（5.5）的一般求解方法。在求解过程中，一般采取的是迭代方法，其主要思想是：给定一个初始点 $\boldsymbol{x}^*\in\mathbf{R}^n$，按照某一规则产生一系列点 $\boldsymbol{x}_1,\boldsymbol{x}_2,\cdots,\boldsymbol{x}_k,\cdots$ 若该序列有限，最后一个点为问题式（5.5）的一个局部极小值点；若该序列为无穷点列，则该序列存在极限，且极限点为问题式（5.5）的一个局部极小值点。

设 $\boldsymbol{x}_k$ 为第 k 次迭代点，$\boldsymbol{d}_k$ 为第 k 次的搜索方向，α_k 为第 k 次的搜索步长，则第 k 次迭代完得到的新迭代点为

$$\boldsymbol{x}_{k+1}=\boldsymbol{x}_k+\alpha_k\boldsymbol{d}_k$$

由此得到求解问题式（5.5）的一般算法框架。

算法 5-1（无约束优化问题的一般框架）

步骤 0：给定初始化的参数和初始点 $\boldsymbol{x}_0\in\mathbf{R}^n$，置 $k:=0$。

步骤 1：若 $\boldsymbol{x}_k$ 满足某种终止准则，停止迭代，以 $\boldsymbol{x}_k$ 作为近似极小值点。

步骤 2：通过求解 $\boldsymbol{x}_k$ 处的某个子问题确定下降方向 $\boldsymbol{d}_k$。

步骤 3：通过某种搜索方式确定步长 α_k，使得 $f(\boldsymbol{x}_k+\alpha_k\boldsymbol{d}_k)<f(\boldsymbol{x}_k)$。

步骤 4：令 $\boldsymbol{x}_{k+1}=\boldsymbol{x}_k+\alpha_k\boldsymbol{d}_k$，$k:=k+1$，转步骤 1。

一般地，将 $\boldsymbol{s}_k=\alpha_k\boldsymbol{d}_k$ 称为算法 5-1 第 k 次迭代的位移。不同的位移（不同的搜索方向和步长）导致了不同的迭代算法。为了保证算法的收敛性，一般要求搜索的方向为下降方向，即方向 $\boldsymbol{d}_k$ 满足：若存在 $\bar{\alpha}$，则对任意 $\alpha\in[0,\bar{\alpha}]$，都有

$$f(\boldsymbol{x}_k+\alpha_k\boldsymbol{d}_k)<f(\boldsymbol{x}_k)$$

在 $f(\boldsymbol{x})$ 是凸函数且一阶连续可微的情况下，$\boldsymbol{d}_k$ 为 $f(\boldsymbol{x})$ 在 $\boldsymbol{x}_k$ 处的一个下降方向的充要条件是 $\nabla f(\boldsymbol{x}_k)^{\mathrm{T}}\boldsymbol{d}_k<0$。

很自然地可以想到，当 $\nabla f(\boldsymbol{x})\neq\boldsymbol{0}$ 时，一定有 $-\nabla f(\boldsymbol{x}_k)^{\mathrm{T}}\nabla f(\boldsymbol{x}_k)<0$，即 $-\nabla f(\boldsymbol{x}_k)$ 是一个下降方向。在算法 5-1 中，取 $\boldsymbol{d}_k=-\nabla f(\boldsymbol{x}_k)$，就得到了最速下降法（梯度法）。

除了最速下降法，当下降方向不同时，就产生了如下不同的求解问题式（5.5）的方法。

Newton 法：$\boldsymbol{d}_k = -\nabla^2 f(\boldsymbol{x}_k)^{-1}\nabla f(\boldsymbol{x}_k)$，要求 Hesse 矩阵每次迭代时都可逆。

共轭梯度法：$\boldsymbol{d}_k = \begin{cases} -\nabla f(\boldsymbol{x}_k), & k=0 \\ -\nabla f(\boldsymbol{x}_k) + \beta_{k-1}\boldsymbol{d}_{k-1}, & k\geqslant 1 \end{cases}$。其中 β_{k-1} 的一些常见取法如下：

$$\beta_{k-1} = \frac{\nabla f(\boldsymbol{x}_k)^{\mathrm{T}}\nabla f(\boldsymbol{x}_k)}{\nabla f(\boldsymbol{x}_{k-1})^{\mathrm{T}}\nabla f(\boldsymbol{x}_{k-1})} \quad \text{（FR 公式）}$$

$$\beta_{k-1} = \frac{\nabla f(\boldsymbol{x}_k)^{\mathrm{T}}\nabla f(\boldsymbol{x}_k)}{\boldsymbol{d}_{k-1}^{\mathrm{T}}\nabla f(\boldsymbol{x}_{k-1})} \quad \text{（Dixon 公式）}$$

$$\beta_{k-1} = \frac{\nabla f(\boldsymbol{x}_k)^{\mathrm{T}}\nabla f(\boldsymbol{x}_k)}{\boldsymbol{d}_{k-1}^{\mathrm{T}}(\nabla f(\boldsymbol{x}_k) - \nabla f(\boldsymbol{x}_{k-1}))} \quad \text{（Dai-Yuan 公式）}$$

$$\beta_{k-1} = \frac{\nabla f(\boldsymbol{x}_k)^{\mathrm{T}}(\nabla f(\boldsymbol{x}_k) - \nabla f(\boldsymbol{x}_{k-1}))}{\boldsymbol{d}_{k-1}^{\mathrm{T}}(\nabla f(\boldsymbol{x}_k) - \nabla f(\boldsymbol{x}_{k-1}))} \quad \text{（HS 公式）}$$

$$\beta_{k-1} = \frac{\nabla f(\boldsymbol{x}_k)^{\mathrm{T}}(\nabla f(\boldsymbol{x}_k) - \nabla f(\boldsymbol{x}_{k-1}))}{\nabla f(\boldsymbol{x}_{k-1})^{\mathrm{T}}\nabla f(\boldsymbol{x}_{k-1})} \quad \text{（PRP 公式）}$$

拟 Newton 算法：在 Newton 法中，用其他的对称正定矩阵代替 Hesee 矩阵的逆矩阵。

在算法 5-1 中，除了要确定下降方向 $\boldsymbol{d}_k$，还要确定搜索步长 α_k。当下降方向 $\boldsymbol{d}_k$ 确定后，一定存在 $\alpha>0$，使得

$$\varphi(\alpha) = f(\boldsymbol{x}_k + \alpha_k\boldsymbol{d}_k) < f(\boldsymbol{x}_k) = \varphi(0)$$

显然在 $\boldsymbol{x}_k$ 和 $\boldsymbol{d}_k$ 已知的情况下，$\varphi(\alpha)$ 为一元函数，故寻找 α_k 的方法称为一维搜索（线性搜索），其分为精确的和非精确的两种。

精确一维搜索：指求 α_k，使得目标函数 $f(\boldsymbol{x})$ 沿着方向 $\boldsymbol{d}_k$ 达到极小，即

$$f(\boldsymbol{x}_k + \alpha_k\boldsymbol{d}_k) = \min_{\alpha>0} f(\boldsymbol{x}_k + \alpha\boldsymbol{d}_k) \text{ 或 } \varphi(\alpha_k) = \min_{\alpha>0}\varphi(\alpha)$$

当 $f(\boldsymbol{x})$ 一阶连续可微时，由精确一维搜索得到的 α_k 满足

$$\nabla f(\boldsymbol{x}_k + \alpha_k\boldsymbol{d}_k)^{\mathrm{T}}\boldsymbol{d}_k < 0$$

常见的精确一维搜索有 0.618 法、抛物线法等。

精确一维搜索潜在的缺点是在求解过程中需要计算很多函数值和梯度值，导致耗费较多的计算资源。故既能使目标函数具有可接受的下降量，又能使最终形成的迭代序列收敛的非精确一维搜索越来越流行，常用的有 Wolfe 准则和 Armijo 准则。

Wolfe 准则：给定 $\rho\in(0,0.5)$，$\sigma\in(\rho,1)$，求 α_k 使不等式

$$f(\boldsymbol{x}_k + \alpha_k\boldsymbol{d}_k) \leqslant f(\boldsymbol{x}_k) + \rho\alpha_k\nabla f(\boldsymbol{x}_k)^{\mathrm{T}}\boldsymbol{d}_k \tag{5.6}$$

$$\nabla f(\boldsymbol{x}_k + \alpha_k\boldsymbol{d}_k)^{\mathrm{T}}\boldsymbol{d}_k \geqslant \sigma\nabla f(\boldsymbol{x}_k)^{\mathrm{T}}\boldsymbol{d}_k \tag{5.7}$$

成立。式（5.7）用

$$\left|\nabla f(\boldsymbol{x}_k + \alpha_k\boldsymbol{d}_k)^{\mathrm{T}}\boldsymbol{d}_k\right| \leqslant -\sigma\nabla f(\boldsymbol{x}_k)^{\mathrm{T}}\boldsymbol{d}_k$$

代替时，该准则称为强 Wolfe 准则。

Armijo 准则：给定 $\beta\in(0,1)$，$\sigma\in(0,0.5)$，取步长 $\alpha_k=\beta^{m_k}$，其中，m_k 是满足不等式

$$f(\boldsymbol{x}_k+\beta^m\boldsymbol{d}_k)\leqslant f(\boldsymbol{x}_k)+\sigma\beta^m\nabla f(\boldsymbol{x}_k)^{\mathrm{T}}\boldsymbol{d}_k$$

的最小正整数，即 m_k 可以从 0 开始找一个正整数来满足上式。

在 MATLAB 中，求解无约束优化问题的方法如下。

例 5-5　求 $\max f(\boldsymbol{x})=3x_1^2+2x_1x_2+x_2^2$，初始点为 $\boldsymbol{x}_0=[1,1]^{\mathrm{T}}$。

解：先创建目标函数的 M 文件，具体如下：

```
Function y=myfun(x)
        y=3*x(1)^2+2*x(1)*x(2)+x(2)^2;
end
```

再在命令窗口中调用命令：

```
[x,fval,exitflag]=fmincon(@myfun,x0)
```

5.5　约束非线性优化问题

考虑一般的约束非线性优化问题：

$$\min f(\boldsymbol{x})$$
$$\text{s.t.}\begin{cases}g_i(\boldsymbol{x})\leqslant 0,\ i=1,2,\cdots,m\\ h_j(\boldsymbol{x})=0,\ j=1,2,\cdots,l\end{cases}\tag{5.8}$$

其中，指标集记为 $I=\{1,2,\cdots,m\}$，$E=\{1,2,\cdots,l\}$。

问题式（5.8）的一个重要结论称为 K-T 条件。

K-T 条件（一阶必要条件）　设 $\boldsymbol{x}^*$ 是约束优化问题式（5.8）的一个局部极小值点，在 $\boldsymbol{x}^*$ 处的有效约束集记为

$$S(\boldsymbol{x}^*)=E\cup I(\boldsymbol{x}^*)=E\cup\{i\,|\,g_i(\boldsymbol{x}^*)=0\}$$

并设 $f(\boldsymbol{x}),g_i(\boldsymbol{x})(i\in I),h_j(\boldsymbol{x})(j\in E)$ 在 $\boldsymbol{x}^*$ 处可微。若向量组 $\nabla g_i(\boldsymbol{x})(i\in I(\boldsymbol{x}^*))$, $\nabla h_j(\boldsymbol{x})(j\in E)$ 线性无关，则存在向量 $(\lambda_1^*,\cdots,\lambda_m^*,\mu_1^*,\cdots,\mu_l^*)^{\mathrm{T}}$，使得

$$\begin{cases}\nabla f(\boldsymbol{x}^*)+\sum\limits_{i=1}^{m}\lambda_i^*\nabla g_i(\boldsymbol{x}^*)+\sum\limits_{j=1}^{l}\mu_j^*\nabla h_j(\boldsymbol{x}^*)=0\\ g_i(\boldsymbol{x}^*)\leqslant 0,\ \lambda_i^*\geqslant 0,\ \lambda_i^*\nabla g_i(\boldsymbol{x}^*)=0\\ h_j(\boldsymbol{x}^*)=0,\ j\in E\end{cases}\tag{5.9}$$

成立。式（5.9）称为问题式（5.8）的 K-T 条件，满足该条件的点 $\boldsymbol{x}^*$ 称为 K-T 点，$(\lambda_1^*,\cdots,\lambda_m^*,\mu_1^*,\cdots,\mu_l^*)^{\mathrm{T}}$ 称为拉格朗日乘子。$\lambda_i^*\nabla g_i(\boldsymbol{x}^*)=0(i\in I)$ 称为互补松弛性条件，即 λ_i^* 和 $\nabla g_i(\boldsymbol{x}^*)$ 中至少有一个为 0；若其中一个为 0，另一个严格大于 0，则称为严格互补松弛性条件。

一般而言，K-T 条件得到的不一定是局部极小值点，但如果问题是凸优化问题，即 $f(\boldsymbol{x}),g_i(\boldsymbol{x})(i\in I)$ 都是凸函数，$h_j(\boldsymbol{x})(j\in E)$ 为线性函数，那么有如下结论：

若 $\boldsymbol{x}^*$ 是约束凸优化问题式（5.8）的一个 K-T 点，则 $\boldsymbol{x}^*$ 必是该问题的全局极小值点。

常见的求解式（5.8）的方法是罚函数方法，包括外罚函数方法和内罚函数方法两种。其主要思想是将约束问题转化成无约束问题。

外罚函数方法：外罚函数为$P(\boldsymbol{x},\sigma)=f(\boldsymbol{x})+\sigma\left\{\sum_{i=1}^{m}[\max\{0,g_i(\boldsymbol{x})\}]^2+\sum_{j=1}^{l}h_j^2(\boldsymbol{x})\right\}$，其中，$\sigma>0$为罚参数或罚因子。不难发现，当$\boldsymbol{x}\in\Omega$，$\boldsymbol{x}$为可行点时，$P(\boldsymbol{x},\sigma)=f(\boldsymbol{x})$，此时，目标函数没有受到额外的惩罚；当$\boldsymbol{x}\notin\Omega$，$\boldsymbol{x}$为不行点且$\sigma$取得足够大时，有$P(\boldsymbol{x},\sigma)>f(\boldsymbol{x})$。当$\sigma$充分大时，要使$P(\boldsymbol{x},\sigma)$达到极小，惩罚项$\sigma\left\{\sum_{i=1}^{m}[\max\{0,g_i(\boldsymbol{x})\}]^2+\sum_{j=1}^{l}h_j^2(\boldsymbol{x})\right\}$应充分小，从而使$P(\boldsymbol{x},\sigma)$的极小值点充分逼近可行域$\Omega$，并使其极小值自然地逼近$f(\boldsymbol{x})$在$\Omega$上的极小值。这样求解一般的约束优化问题式（5.9）就可以化为求解一系列无约束优化问题$\min P(\boldsymbol{x},\sigma_k)$，其中，$\{\sigma_k\}$为正数序列，且$\sigma_k\to+\infty$。

内罚函数方法：内罚函数方法适用于如式（5.10）所示的只含不等式约束的优化问题。

$$\begin{aligned}&\max f(\boldsymbol{x})\\&\text{s.t. } g_i(\boldsymbol{x})\leqslant 0,\ i=1,2,\cdots,m\end{aligned}\tag{5.10}$$

可行域记为$\Omega=\{\boldsymbol{x}\mid g_i(\boldsymbol{x})\leqslant 0,i=1,2,\cdots,m\}$，其内部$\Omega=\{\boldsymbol{x}\mid g_i(\boldsymbol{x})<0,i=1,2,\cdots,m\}$非空。内罚函数方法的基本思想是保持每个迭代点$\boldsymbol{x}_k$都是可行域$\Omega$的内点，当迭代点靠近边界时，罚函数的值骤然增大，以示惩罚，并阻止迭代点穿越边界。

常用的内罚函数如下：

$$H(\boldsymbol{x},\tau)=f(\boldsymbol{x})+\tau\sum_{i=1}^{m}-\frac{1}{g_i(\boldsymbol{x})}$$

$$H(\boldsymbol{x},\tau)=f(\boldsymbol{x})-\tau\sum_{i=1}^{m}\ln(-g_i(\boldsymbol{x}))$$

其中，内罚函数因子序列$\{\tau_k\}$为正数序列，且$\tau_k\to+\infty$。

在 MATLAB 中，求解约束优化问题的一般步骤如下。

例 5-6 设求解的问题为

$$\min f(\boldsymbol{x})=2x_1^2+2x_2^2-2x_1x_2-4x_1-6x_2$$

$$\text{s.t.}\begin{cases}x_1+5x_2^2\leqslant 0\\x_1+x_2\leqslant 2\\x_1,x_2\geqslant 0\end{cases}$$

求解步骤如下：

创建目标函数的 M 文件 myobj.m：

```
function f=myobj(x)
f=2*x(1)^2+2*x(2)^2-2*x(1)*x(2)-4*x(1)-6*x(2);
end
```

创建非线性约束函数 M 文件 mycon.m：

```
function[c,ceq]=mycon(x)
c(1)=x(1)+5*x(2)^2-5;
```

```
ceq=[];    %无等式约束
end
```

在命令窗口调用命令：

```
[x,fval,exitflag]=fmincon(@myobj,x0,A,b,[],[],lb,ub,@mycon,options)
```

其中：

A=[1, 1]为线性不等式约束系数矩阵；

b=[2]为线性不等式约束右边向量；

Aeq=[]为线性等式约束系数矩阵；

beq=[]为线性等式约束右边向量；

lb=[0;0]为自变量下限；

ub=[inf;inf]为自变量上限；

x0=[1 ;1]为初始值。

下面介绍一类特殊的非线性优化问题——二次规划（Quadratic Programming）问题。

二次规划问题的一般形式为：

$$\min f(\boldsymbol{x})=\frac{1}{2}\boldsymbol{x}^{\mathrm{T}}\boldsymbol{H}\boldsymbol{x}+\boldsymbol{c}^{\mathrm{T}}\boldsymbol{x}$$

$$\text{s.t.}\begin{cases}\boldsymbol{A}\boldsymbol{x}\leqslant 0\\ \boldsymbol{A}_{\mathrm{eq}}\boldsymbol{x}=\boldsymbol{b}_{\mathrm{eq}}\\ \boldsymbol{l}_b\leqslant\boldsymbol{x}\leqslant\boldsymbol{u}_b\end{cases}$$

其中，$\boldsymbol{H}\in\mathbf{R}^{n\times n}$ 为 n 阶实对称矩阵。

对于只含有不等式约束的二次规划问题：

$$\min f(\boldsymbol{x})=\frac{1}{2}\boldsymbol{x}^{\mathrm{T}}\boldsymbol{H}\boldsymbol{x}+\boldsymbol{c}^{\mathrm{T}}\boldsymbol{x}$$

$$\text{s.t. } \boldsymbol{A}\boldsymbol{x}\leqslant 0$$

当 $\boldsymbol{H}$ 正定时，目标函数为凸函数，线性约束下的可行域又是凸集，该问题称为凸二次规划。凸二次规划是一种最简单的非线性规划，具有如下性质：

（1）K-T 条件不仅是最优解的必要条件，而且是充分条件；

（2）局部最优解就是全局最优解。

对于一般的二次规划问题，MATLAB 中专门提供了用于求解二次规划问题的 quadprog 函数，具体调用方法如下。

假设求解问题为

$$\min f(\boldsymbol{x})=\frac{1}{2}x_1^2+x_2^2-x_1x_2-2x_1-6x_2$$

$$\text{s.t.}\begin{cases}x_1+x_2\leqslant 2\\ -x_1+2x_2\leqslant 2\\ 2x_1+x_2\leqslant 3\\ x_1,x_2\geqslant 0\end{cases}$$

首先将上述问题转化成为 MATLAB 标准型，可知其相关矩阵为

$$\boldsymbol{H}=\begin{bmatrix}1 & -1\\ -1 & 2\end{bmatrix},\ \boldsymbol{c}=\begin{bmatrix}-2\\ -6\end{bmatrix}$$

求解问题的 MATLAB 代码如下：

```
H=[1 -1;-1 2];
c=[-2;-6];
A=[1 1;-1 2;2 1];
b=[2;2;3];
lb=zeros(2,1);
[x,fval,exitflag,output,lambda]=quadprog(H,c,A,b,[],[],lb)
```

其中，出现的两个[]表示没有等式约束。

5.6 支持向量机的优化模型及求解

支持向量机（Support Vector Machine，SVM）是数据挖掘中的一项重要技术，是借助最优化方法来解决机器学习问题的工具。支持向量机于 1995 年被提出，它在解决小样本、非线性及高维模式识别问题方面表现出许多特有的优势，并能够推广应用到函数拟合等其他机器学习问题中，近几年来在理论研究和算法实现等方面都取得了很大的进展，逐渐成为解决维数灾难和过学习等问题的强有力手段，其理论基础和实现途径的基本框架都已形成。

图 5-3（a）是已有数据，圆圈和方格分别代表两个不同类别。数据显然是线性可分的，但将两类数据分开的直线不止一条。图 5-3（b）和图 5-3（c）分别给出了两种不同的分类方法，其中黑实线作为分界线（也称决策面），每个决策面都对应一个线性分类器。虽然从分类结果看，两个分类器有同样的效果，但性能有差距。

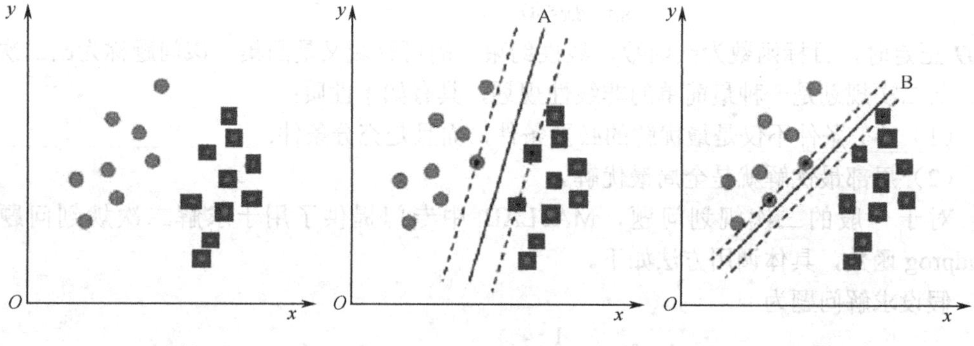

（a）已有数据　（b）分类器一　（c）分类器二

图 5-3　两类数据的分类

例如，如图 5-4 所示，在两种分类器不变的情况下，加入一个数据（箭头指向的点）。可以看出，分类器一依然可以对两类数据进行分类，但分类器二会出现分类错误，从而可以判断分类器一的决策面位置优于分类器二的决策面位置。这符合支持向量机的要求。

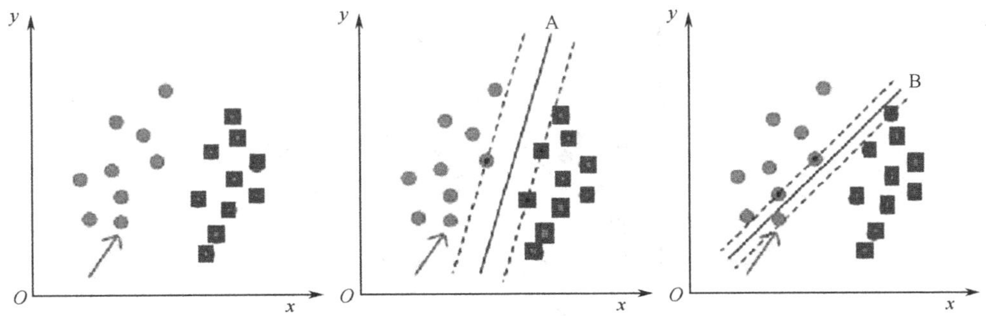

（a）已有数据　　（b）分类器一　　（c）分类器二

图 5-4　分类器的比较

支持向量机的主要思想是找到一个超平面，使得这个超平面尽可能多地将两类数据正确分开，并且使分开的两类数据距离分类面最远。具体地，设训练数据集为 $\boldsymbol{x}_1,\boldsymbol{x}_2,\cdots,\boldsymbol{x}_m\in\Omega\subset\mathbf{R}^n$，$\Omega$ 称为输入空间，输入空间中的每个点 $\boldsymbol{x}_i$ 由 n 个属性特征组成，且假定每个数据点 $\boldsymbol{x}_i$ 的分类标签为 $y_i=-1$ 或 1，从而训练数据和标签集可转换成如下形式：

$$(\boldsymbol{x}_1,y_1),(\boldsymbol{x}_2,y_2),\cdots,(\boldsymbol{x}_m,y_m),\ \ \boldsymbol{x}_i\in\mathbf{R}^n,\ \ y_i=-1\text{或}1,\ \ i=1,2,\cdots,m$$

线性可分的支持向量机可以描述为：对上述的训练数据，若存在 $\boldsymbol{\omega}\in\mathbf{R}^n$，$b\in\mathbf{R}$ 和正数 ε，使标签为 $y_i=1$ 对应的数据点 x_i 有 $\boldsymbol{\omega}^{\mathrm{T}}\boldsymbol{x}_i+b\geqslant\varepsilon$，$y_i=-1$ 对应的数据点 x_i 有 $\boldsymbol{\omega}^{\mathrm{T}}\boldsymbol{x}_i+b\leqslant-\varepsilon$，则称训练数据集线性可分，对应的分类问题是线性可分的。

对于线性可分的数据集，存在唯一的规范超平面 $\boldsymbol{\omega}^{\mathrm{T}}\boldsymbol{x}_i+b=0$，使得

$$\begin{cases}\boldsymbol{\omega}^{\mathrm{T}}\boldsymbol{x}_i+b\leqslant-1,\ \ y_i=-1\\ \boldsymbol{\omega}^{\mathrm{T}}\boldsymbol{x}_i+b\geqslant1,\ \ y_i=1\end{cases}\tag{5.11}$$

式（5.11）中满足 $\boldsymbol{\omega}^{\mathrm{T}}\boldsymbol{x}_i+b=\pm1$ 的向量称为普通的支持向量。对于线性可分的数据来说，普通支持向量只在建立分类超平面时起作用，一般地，普通支持向量只占训练数据的一小部分，说明支持向量具有稀疏性。

$y_i=1$ 对应的数据点与规范超平面的距离为

$$\min_{y_i=1}\frac{\left|\boldsymbol{\omega}^{\mathrm{T}}\boldsymbol{x}_i+b\right|}{\|\boldsymbol{\omega}\|}=\frac{1}{\|\boldsymbol{\omega}\|}$$

$y_i=-1$ 对应的数据点与规范超平面的距离为

$$\min_{y_i=-1}\frac{\left|\boldsymbol{\omega}^{\mathrm{T}}\boldsymbol{x}_i+b\right|}{\|\boldsymbol{\omega}\|}=\frac{1}{\|\boldsymbol{\omega}\|}$$

从而可知普通支持向量在垂直于规范超平面方向上的距离为 $\dfrac{2}{\|\boldsymbol{\omega}\|}$，而最优超平面意味着最大化 $\dfrac{2}{\|\boldsymbol{\omega}\|}$，超平面 $\boldsymbol{\omega}^{\mathrm{T}}\boldsymbol{x}+b=\pm1$ 称为分类边界，如图 5-5 所示。

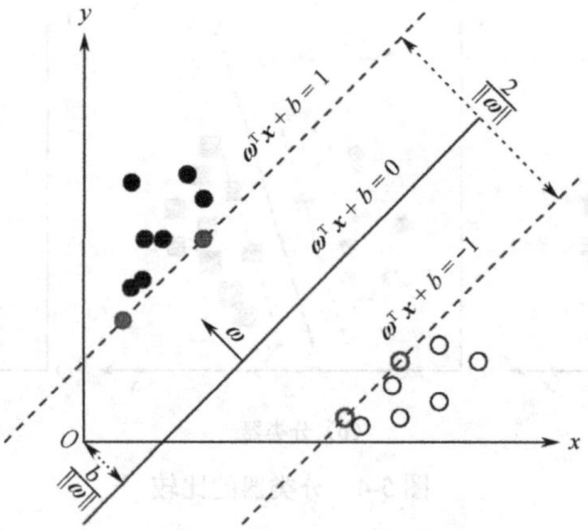

图 5-5　线性可分的支持向量机

寻找最优超平面问题可以转化为如下最优化问题：

$$\min \frac{1}{2}\|\omega\| \quad\quad (5.12)$$

$$\text{s.t. } y_i(\omega^T x_i + b) \geqslant 1，i = 1,2,\cdots,m$$

上面优化问题的特点是目标函数是 ω 的凸二次函数，并且约束条件都是线性的，因此问题式（5.12）是一个凸二次规划问题。

对于问题式（5.12），引入拉格朗日函数：

$$L(\omega,b,\alpha) = \frac{1}{2}\|\omega\|^2 + \sum_{i=1}^{m}\alpha_i[1 - y_i(\omega^T x_i + b)] \quad\quad (5.13)$$

其中，$\alpha = [\alpha_1,\alpha_2,\cdots,\alpha_m]^T \in \mathbf{R}^{m+}$ 为拉格朗日乘子。

通过求解优化问题：

$$\max_{\alpha} -\frac{1}{2}\sum_{i=1}^{m}\sum_{j=1}^{m} y_i y_j \alpha_i \alpha_j (x_i^T x_j) + \sum_{i=1}^{m}\alpha_i$$

$$\text{s.t.}\begin{cases} \sum_{i=1}^{m} y_i\alpha_i = 0，i = 1,2,\cdots,m \\ \alpha_i \geqslant 0，i = 1,2,\cdots,m \end{cases}$$

得最优解 $\alpha^* = [\alpha_1^*,\alpha_2^*,\cdots,\alpha_m^*]^T$，进而计算得

$$\omega^* = \sum_{i=1}^{m}\alpha_i^* y_i x_i$$

在 α^* 中选择一个正分量，记为 α_i^*，并计算 $b^* = y_j - \sum_{i=1}^{m} y_i\alpha_i^*(x_i^T x_j)$，最终得分类函数 $f(x) = \text{sign}((\omega^*)^T x + b^*)$，从而可对未知样本分类。

当训练集 $(x_1,y_1),(x_2,y_2),\cdots,(x_m,y_m)$，$x_i \in \mathbf{R}^n$，$y_i = -1$ 或 1，$i = 1,2,\cdots,m$ 的两类样本点集重合的区域很大时，上述用来处理线性可分问题的线性支持向量机就不适用了，需要通过引进从输入空间 Ω 到另一个高维 Hilbert 空间 H 的变换 $x \to \varphi(x)$。将原输入空间 Ω 的训练集

$$T=\{(\boldsymbol{x}_1,y_1),(\boldsymbol{x}_2,y_2),\cdots,(\boldsymbol{x}_m,y_m)\}\in(\Omega\times Y)^m$$

转为 Hilbert 空间 H 中新的训练集：

$$\overline{T}=\{(\overline{\boldsymbol{x}_1},y_1),(\overline{\boldsymbol{x}_2},y_2),\cdots,(\overline{\boldsymbol{x}_m},y_m)\}=\{(\varphi(\boldsymbol{x}_1),y_1),(\varphi(\boldsymbol{x}_2),y_2),\cdots,(\varphi(\boldsymbol{x}_m),y_m)\}$$

使其在 Hilbert 空间 H 中线性可分，Hilbert 空间 H 也称为特征空间，然后在 H 中求得超平面 $\boldsymbol{\omega}^{\mathrm{T}}\varphi(\boldsymbol{x})+b=0$，该超平面可以硬性划分训练集 $\overline{T}$，这样，原问题就转化为下面的二次规划问题：

$$\begin{aligned}&\min\frac{1}{2}\|\boldsymbol{\omega}\|\\&\text{s.t. } y_i(\boldsymbol{\omega}^{\mathrm{T}}\varphi(\boldsymbol{x}_i)+b)\geqslant 1,\ i=1,2,\cdots,m\end{aligned}\tag{5.14}$$

采用满足以下条件的核函数 K：

$$K(x_i,x_j)=[\varphi(\boldsymbol{x}_i)]^{\mathrm{T}}\varphi(\boldsymbol{x}_j)$$

将避免在高维特征空间中进行复杂的运算。不同核函数形成不同算法，常见的核函数如下：

线性内核函数：$K(\boldsymbol{x}_i,\boldsymbol{x}_j)=\boldsymbol{x}_i^{\mathrm{T}}\boldsymbol{x}_j$；

多项式核函数：$K(\boldsymbol{x}_i,\boldsymbol{x}_j)=[\boldsymbol{x}_i^{\mathrm{T}}\boldsymbol{x}_j+1]^q$；

径向基核函数：$K(\boldsymbol{x}_i,\boldsymbol{x}_j)=\mathrm{e}^{-\frac{\|x_i-x_j\|^2}{\sigma^2}}$；

S 型内核函数：$K(\boldsymbol{x}_i,\boldsymbol{x}_j)=\tanh[v\boldsymbol{x}_i^{\mathrm{T}}\boldsymbol{x}_j+c]$；

傅里叶核函数：$K(\boldsymbol{x}_i,\boldsymbol{x}_j)=\sum_{k=1}^{n}\frac{1-q^2}{2[1-2q\cos(x_i^k-x_j^k)+q^2]}$。

对于问题式（5.14），同样可求解其拉格朗日对偶问题：

$$\begin{aligned}&\max_{\alpha}-\frac{1}{2}\sum_{i=1}^{m}\sum_{j=1}^{m}y_iy_j\alpha_i\alpha_jK(\boldsymbol{x}_i,\boldsymbol{x}_j)+\sum_{i=1}^{m}\alpha_i\\&\text{s.t.}\begin{cases}\sum_{i=1}^{m}y_i\alpha_i=0,\ i=1,2,\cdots,m\\\alpha_i\geqslant 0,\ i=1,2,\cdots,m\end{cases}\end{aligned}\tag{5.15}$$

若 K 是正定核，则对偶问题是一个凸二次规划问题，一定有唯一解，求解问题式（5.15），得最优解 $\boldsymbol{\alpha}^*=[\alpha_1^*,\alpha_2^*,\cdots,\alpha_m^*]^{\mathrm{T}}$，选择 $\boldsymbol{\alpha}^*$ 中的一个正分量记为 α_i^*，并计算

$$b^*=y_j-\sum_{i=1}^{m}y_i\alpha_i^*K(\boldsymbol{x}_i,\boldsymbol{x}_j)$$

构造分类函数：$f(\boldsymbol{x})=\mathrm{sign}(\sum_{i=1}^{m}y_i\alpha_i^*K(\boldsymbol{x}_i,\boldsymbol{x})+b^*)$，从而对未知样本进行分类。

5.7 BP 神经网络优化模型及解法

人工神经网络（Artificial Neural Networks，ANNs）简称神经网络（NNs），或称作

连接模型（Connection Model），是一种模仿动物神经网络系统的组织和运转机能进行分布式并行信息处理的数学模型。这种网络依靠系统的复杂程度，通过调整内部大量节点之间相互连接的关系来达到处理信息的目的。

20 世纪 40 年代，心理学家 W.Mcculloch 和数理逻辑学家 W.Pitts 在分析、总结神经元基本特性的基础上首先提出神经元的数学模型——MP 模型。此模型沿用至今，并且直接影响着这一领域的研究进展。因此，他们被称为人工神经网络研究的先驱。

20 世纪 50 年代，两个重要事件带来了人工神经网络的第一次崛起：一是人工智能学科的形成；二是计算机的发明。典型代表是 J.Neumann 和 F.Rosenblatt，虽然，J.Neumann 的名字是与普通计算机联系在一起的，但他也是人工神经网络研究的先驱之一。而 F.Rosenblatt 于 1958 年提出了著名的感知器模型，同时证明了两层感知器的收敛定理。感知器模型是第一个有实用价值的神经网络模型，成为现代神经网络的出发点。

20 世纪 80 年代，由于超大规模集成电路的制作工艺已接近成熟，以及传统的人工智能算法理论在解决知识发现上表现得无能为力，人们从神经网络算法上寻求突破。

1982 年，美国加州理工学院物理学家 J.J.Hopfield 提出了 Hopfield 神经网格模型，引入了计算能量的概念，并给出了网络稳定性的判断方法。1984 年，他又提出了连续时间 Hopfield 神经网络模型，为神经计算机的研究做了开拓性的工作，开创了神经网络用于联想记忆和优化计算的新途径，有力地推动了神经网络的研究工作。

1985 年，Ackley、Hinton 和 Sejnowski 提出了波耳兹曼模型，在学习中采用了统计热力学模拟退火技术，从而保证了整个系统趋于全局稳定点。

1986 年，Hinton、Rumelhart 和 Williams 发现，误差的反向传播可以有效地解决多层网络中隐层节点的学习问题，证明 Ninkey 对多层网络不存在有效学习方法这一断言并不正确。同时，他们提出了多层前馈神经网络的学习算法，即反向传播算法（BP 算法），该算法成为深度学习的又一个理论基础。

在介绍 BP 神经网络之前，先介绍一下 Rosenblatt 感知器。感知器是用于线性可分模式分类的最简单的神经网络模型，单层感知器的结构如图 5-6 所示。

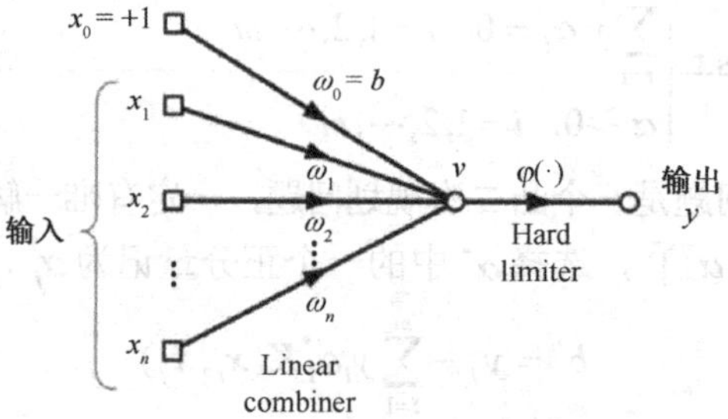

图 5-6　单层感知器的结构

在该神经网络中，输入层由样本集中的某个向量 $\boldsymbol{X}=[x_1,x_2,\cdots,x_n]$ 和一个偏置 x_0（常取 1）构成，一般地，会将偏差 ω_0 作为神经元突触权值向量的第一个分量加到权值向量中，这样输入向量可记为 $\boldsymbol{X}=[1,x_1,x_2,\cdots,x_n]$，感知器的权值向量记为 $\boldsymbol{W}=[\omega_0,\omega_1,\cdots,\omega_n]$，$\omega_0$ 为偏差。因此二值阈值元件的输入可重新写为

$$v = \boldsymbol{W}\boldsymbol{X}^{\mathrm{T}}$$

令上式等于零，即可得 n 维信号空间中单层感知器的判决超平面。

此时，对于一个样本 $\boldsymbol{X}$ 的激励 $\phi(v)$，取一个简单的分段函数：

$$\phi(v) = \begin{cases} 1, & v \geqslant 0 \\ -1, & v < 0 \end{cases}$$

感知器的学习算法如下。

（1）设置变量和参数：

$\boldsymbol{X}(k) = [1, x_1(k), x_2(k), \cdots, x_n(k)]$ 为输入向量（训练样本）；

$\boldsymbol{W}(k) = [\omega_0(k), \omega_1(k), \cdots, \omega_n(k)]$ 为权值向量，$\omega_0(k)$ 为偏差；

$y(k)$ 为实际输出；$d(k)$ 为期望输出；$0 < \eta < 0$ 为学习速率；k为迭代次数。

（2）初始化，赋予$\boldsymbol{W}(0)$ 每个分量一个较小的随机非零值（或 0），$k = 0$；对一组输入样本 $\boldsymbol{X}(k) = [1, x_1(k), x_2(k), \cdots, x_n(k)]$，指定其期望输出，$\boldsymbol{X}(k) \in l_1$，$d(k) = 1$；$\boldsymbol{X}(k) \in l_2$，$d(k) = -1$。

（3）计算实际输出：

$$y(k) = \boldsymbol{W}(k)\boldsymbol{X}(k)^{\mathrm{T}}$$

（4）调整感知器的权值向量：

$$\boldsymbol{W}(k+1) = \boldsymbol{W}(k) + \eta[d(k) - y(k)]\boldsymbol{X}(k)$$

判断是否满足条件，若满足，算法结束；若不满足，将k值增加 1，转到步骤（3）重新执行。

在感知器提出几年后，Bernard Widrow 和 Tedd Hoff 提出了 Adaline 算法，该算法阐明了代价函数的核心概念，并对代价函数做了最小化优化。

基于 Adaline 规则的权重更新是通过一个连续的线性激励函数完成的，而不像 Rosenblatt 感知器那样使用单位阶跃函数。Adaline 算法中作用于净输入的激励函数为 $\phi(v) = v = \boldsymbol{W}\boldsymbol{X}^{\mathrm{T}}$。

在 Adaline 算法中，将代价函数 J 定义为通过模型得到的输出和实际类标之间的误差平方和：

$$J(\boldsymbol{W}) = \frac{1}{2}\sum_k [y(k) - \boldsymbol{W}\boldsymbol{X}(k)^{\mathrm{T}}]^2$$

与单位阶跃函数相比，连续型激励函数的主要优点在于：其代价函数是可导的，并且为凸函数，因此可通过简单高效的梯度算法来得到权重。具体地，在每次迭代过程中，基于代价函数 $J(\boldsymbol{W})$，沿着其梯度 $\nabla J(\boldsymbol{W})$ 做权值的更新：

$$\boldsymbol{W}(k+1) = \boldsymbol{W}(k) + \eta\nabla J(\boldsymbol{W})$$

$$\nabla J(\boldsymbol{W}) = \left[\frac{\partial J}{\partial \omega_0}, \frac{\partial J}{\partial \omega_1}, \cdots, \frac{\partial J}{\partial \omega_n}\right] \frac{\partial J}{\partial \omega_j} = -\sum_k [y(k) - \boldsymbol{W}\boldsymbol{X}(k)^{\mathrm{T}}]x_j(k),\ j = 0, 1, \cdots, n$$

基于自适应感知器，Rumelhart 和 McClelland 于 1985 年提出了 BP 网络的 BP 算法。BP 神经网络引入新的分层和逻辑，基本解决了非线性分类问题，其结构如图 5-7 所示。

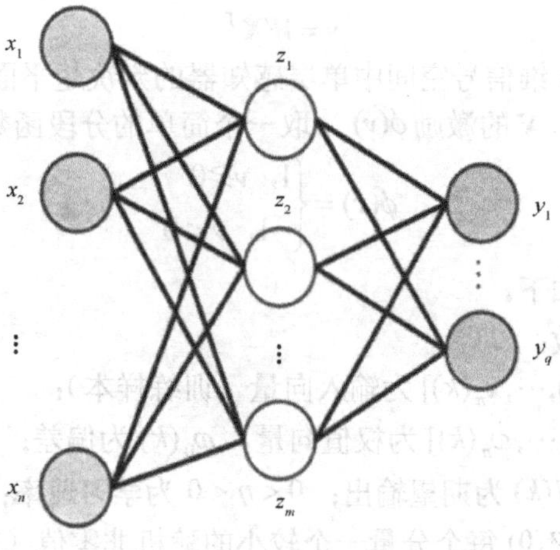

图 5-7　BP 神经网络的结构

从图 5-7 中可以看出，BP 神经网络的基本结构分为以下几个部分：

（1）输入层。输入向量 $\boldsymbol{X}=[1,x_1,x_2,\cdots,x_n]$；偏置 $x_0=1$；输入层与隐含层的链接权值为 ω_{ih}。

输入层就是输入数据集构成的向量，其第一个元素为偏置。

（2）隐含层。输出向量 $\mathbf{HO}=[\mathrm{ho}_1,\mathrm{ho}_2,\cdots,\mathrm{ho}_m]$，其中，$\mathrm{ho}_h=f(\mathrm{net}_h)$，$h=1,2,\cdots,m$；$\mathrm{net}_h=\sum_{i=1}^{n}\omega_{ih}x_i$。偏置为 ho_0；隐含层与输出层的链接权值为 ω_{ho}。

隐含层可以是一层，也可以是多层，但在 BP 神经网络中，一般不超过两层。它的输入是上一层输出和权重的点积变量，输出是点积标量的激励函数值。

（3）输出层。输出向量为 $\boldsymbol{Y}=[y_1,y_2,\cdots,y_q]$，其中，$y_o=f(\mathrm{net}_o)$，$o=1,2,\cdots,q$；$\mathrm{net}_o=\sum_{h=1}^{m}\omega_{\mathrm{ho}}\mathrm{ho}_h$。

输出层的输入是上一隐含层输出和权重的点积标量，输出为点积标量的激励函数值，计算结果是最终预期的分类权值。

期望输出：$\boldsymbol{D}=[d_1,d_2,\cdots,d_n]$。

常用的激励函数如下：

单极性 Sigmoid 函数：$f(x)=\dfrac{1}{1+\mathrm{e}^{-x}}$；

双极性 Sigmoid 函数：$f(x)=\dfrac{1-\mathrm{e}^{-x}}{1+\mathrm{e}^{-x}}$。

在 BP 神经网络中，每层都计算与预期结果的误差，并反向传播给上一层，像自适应的感知器网络一样，修正上一层的权重。

5.8 回归分析中的优化模型及求解方法

所谓回归分析法，是在掌握大量观察数据的基础上，利用数理统计方法建立因变量与自变量之间的回归关系函数表达式（称为回归方程）。

在回归分析中，当所研究的变量间的因果关系只涉及因变量和一个自变量时，称这样的问题为一元回归分析；当所研究的变量间的因果关系涉及因变量和两个以上（包括两个）的自变量时，称这样的问题为多元回归分析。即根据自变量的个数来分，回归分析包含一元回归分析和多元回归分析。此外，在回归分析中，从描述自变量与因变量之间因果关系的函数来看，其可分为线性回归分析和非线性回归分析。通常来说，线性回归分析法是最基本的分析方法，对非线性回归问题也往往需要借助数学手段将其转化为线性回归问题来处理。

回归分析法预测是利用回归分析方法，根据一个或一组自变量的变动情况预测与其有相关关系的某随机变量的未来值。进行回归分析需要建立描述变量间相关关系的回归方程。

5.8.1 一元线性回归

如图 5-8 所示，对于某个数据集(x_i,y_i)，$i=1,2,\cdots,m$，需要找到一条趋势线来表达数据集对应点所指的方向。

先用直线

$$y=ax+b$$

来表示这条趋势线，数据集中的各点一定位于趋势线的上、下两侧，或落在趋势线上。将样本点(x_i,y_i)到趋势线的垂直距离定义为残差ζ_i，则过点(x_i,y_i)且与趋势线平行的样本函数为$y_i=ax_i+b+\zeta_i$。若样本点(x_i,y_i)位于趋势线上侧，则残差$\zeta_i>0$；反之，$\zeta_i<0$；若样本点落在趋势线上，则$\zeta_i=0$。

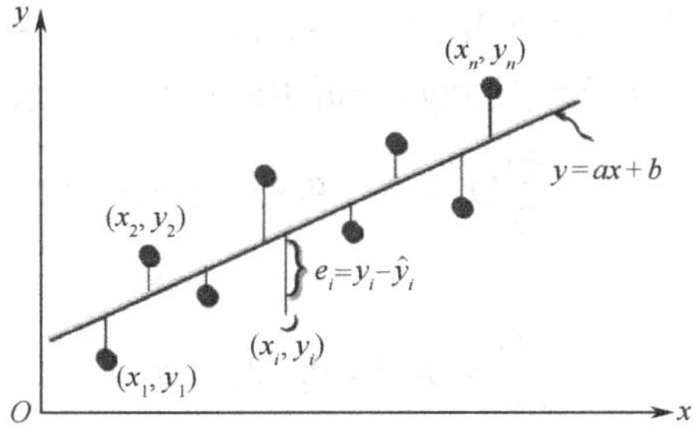

图 5-8 一元线性回归示意

要求得趋势线，只要求出a,b，使得残差的平方和最小，即

$$\min Q=\sum_{i=1}^{m}\zeta_i^2=\sum_{i=1}^{m}(y_i-ax_i-b)^2$$

很明显，Q 是一个二次凸函数，极值是唯一的，且为驻点（偏导数为 0 的点），从而满足：

$$\frac{\partial Q}{\partial a}=2\sum_{i=1}^{m}-(y_i-ax_i-b)=-2\left(\sum_{i=1}^{m}y_i-a\sum_{i=1}^{m}x_i-nb\right)=0$$

$$\frac{\partial Q}{\partial b}=2\sum_{i=1}^{m}-x_i(y_i-ax_i-b)=-2\left(\sum_{i=1}^{m}x_iy_i-a\sum_{i=1}^{m}x_i^2-b\sum_{i=1}^{m}x_i\right)=0$$

因此有

$$\begin{cases}\sum\limits_{i=1}^{m}y_i-a\sum\limits_{i=1}^{m}x_i-nb=0\\ \sum\limits_{i=1}^{m}x_iy_i-a\sum\limits_{i=1}^{m}x_i^2-b\sum\limits_{i=1}^{m}x_i=0\end{cases}$$

令 $\overline{x}=\dfrac{\sum\limits_{i=1}^{m}x_i}{n}$，$\overline{y}=\dfrac{\sum\limits_{i=1}^{m}y_i}{n}$，求解上述方程得

$$a=\frac{\sum\limits_{i=1}^{m}x_iy_i-n\overline{xy}}{\sum\limits_{i=1}^{m}x_i^2-n\overline{x}^2}，\ b=\overline{y}-a\overline{x}$$

从而得到趋势线方程，该方程称为样本集的最小二乘解，该求解方法称为最小二乘法。

5.8.2 多元线性回归

设 m 个样本点为 $(\boldsymbol{x}_1,y_1),(\boldsymbol{x}_2,y_2),\cdots,(\boldsymbol{x}_m,y_m)$，其中

$$\boldsymbol{x}_i=[x_{i,1},x_{i,2},\cdots,x_{i,n}],\ i=1,2,\cdots,m$$

多元线性回归模型为

$$Y=a_0+a_1X_1+a_2X_2+\cdots+a_nX_n+\varepsilon$$

其中，ε为残差。由样本点可得

$$y=a_0+a_1x_{i,1}+a_2x_{i,2}+\cdots+a_nx_{i,n}+\varepsilon_i,\ i=1,2,\cdots,m$$

和一元线性回归一样，多元线性回归分析中的最小二乘法也要极小化下列目标函数：

$$\min Q=\sum_{i=1}^{m}\zeta_i^2=\sum_{i=1}^{m}(y_i-a_0-a_1x_{i,1}-a_2x_{i,2}-\cdots-a_nx_{i,n})^2$$

为此，只需要令

$$\frac{\partial Q}{\partial a_i}=0,\ i=0,1,2,\cdots,n$$

得

$$\begin{cases}\dfrac{\partial Q}{\partial a_0}=-2\sum\limits_{i=1}^{m}(y_i-a_0-a_1x_{i,1}-a_2x_{i,2}-\cdots-a_nx_{i,n})=0\\ \dfrac{\partial Q}{\partial a_i}=-2\sum\limits_{i=1}^{m}(y_i-a_0-a_1x_{i,1}-a_2x_{i,2}-\cdots-a_nx_{i,n})x_{i,j}=0,\ j=1,2,\cdots,n\end{cases}$$

整理后得

$$\begin{cases} a_0 m + a_1\sum_{i=1}^{m} x_{i,1} + a_2\sum_{i=1}^{m} x_{i,2} + \cdots + a_n\sum_{i=1}^{m} x_{i,n} = \sum_{i=1}^{m} y_i \\ a_0\sum_{i=1}^{m} x_{i,1} + a_1\sum_{i=1}^{m} x_{i,1}^2 + a_2\sum_{i=1}^{m} x_{i,1}x_{i,2} + \cdots + a_n\sum_{i=1}^{m} x_{i,1}x_{i,n} = \sum_{i=1}^{m} x_{i,1}y_i \\ \vdots \\ a_0\sum_{i=1}^{m} x_{i,n} + a_1\sum_{i=1}^{m} x_{i,n}x_{i,1} + a_2\sum_{i=1}^{m} x_{i,n}x_{i,2} + \cdots + a_n\sum_{i=1}^{m} x_{i,n}^2 = \sum_{i=1}^{m} x_{i,n}y_i \end{cases}$$

上述方程式称为正规方程，令

$$\boldsymbol{X} = \begin{bmatrix} 1 & x_{1,1} & \cdots & x_{1,n} \\ 1 & x_{2,1} & \cdots & x_{2,n} \\ \vdots & \vdots & \ddots & \vdots \\ 1 & x_{n,1} & \cdots & x_{n,n} \end{bmatrix}, \quad \boldsymbol{Y} = \begin{bmatrix} y_1 \\ y_2 \\ \vdots \\ y_n \end{bmatrix}, \quad \boldsymbol{A} = \begin{bmatrix} a_0 \\ a_1 \\ \vdots \\ a_n \end{bmatrix}$$

则正规方程的矩阵形式为 $\boldsymbol{X}^{\mathrm{T}}\boldsymbol{X}\boldsymbol{A} = \boldsymbol{X}^{\mathrm{T}}\boldsymbol{Y}$，解为 $\boldsymbol{A} = (\boldsymbol{X}^{\mathrm{T}}\boldsymbol{X})^{-1}\boldsymbol{X}^{\mathrm{T}}\boldsymbol{Y}$。

在 MATLAB 中求线性回归系数只需要调用基本命令：A = regress(Y , X)。

例 5-7　已知两组数据：

X=1, 1, 4, 6, 8, 11, 14, 17, 21；

Y= 2.49, 3.30, 3.68, 12.20, 27.04, 61.10, 108.80, 170.90, 275.50。

找出两组数据之间的函数关系。

解：首先画出两组数据的散点图，如图 5-9 所示。

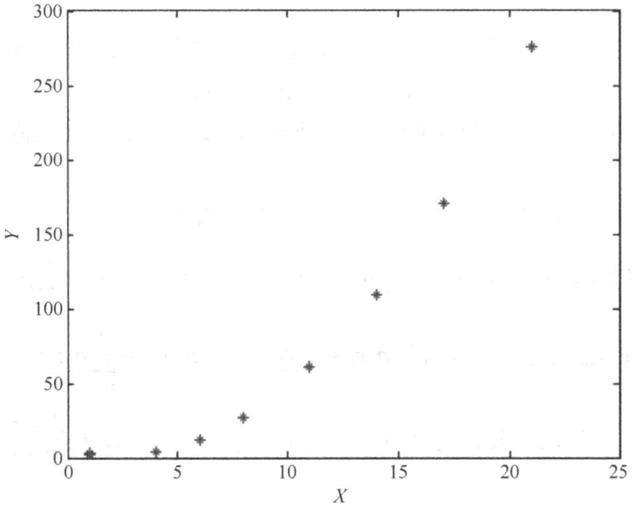

图 5-9　数据 *X* 与 *Y* 确定的散点图

从图 5-9 中不难发现，*Y* 与 *X* 有较强的线性关系，为此利用 MATLAB 进一步进行一元线性回归，具体代码如下：

```
X=[1,1,4,6,8,11,14,17,21]';
```

```
Y=[2.49,3.30,3.68,12.20,27.04,61.10,108.80,170.90,275.50]';
X=[ones(9,1),X];
b=regress(Y,X)
```

得 $b=[-42.9761,12.6772]$，由此认为 Y 与 X 的函数关系为

$$Y=-42.9761+12.6772X$$

多项式回归也可看作多元线性回归，具体包括一元多项式回归和多元多项式回归。

1. 一元多项式回归

在 MATLAB 中，可用命令 polyfit、polyval、polyconf 来实现一元多项式回归。

（1）回归。

确定多项式系数的命令：[p,S] = polyfit(x,y,m)。其中，$\mathrm{x}=[x_1,x_2,\cdots,x_n]^{\mathrm{T}}$；$\mathrm{y}=[y_1,y_2,\cdots,y_n]^{\mathrm{T}}$；$\mathrm{p}=[a_0,a_1,\cdots,a_m]^{\mathrm{T}}$，为多项式 $y=a_0+a_1x+a_2x^2+\cdots+a_mx^m$ 的系数；S 用于估计预测误差。

（2）预测和预测误差估计。

预测时可使用如下命令。

Y= polyval(p, m)：求使用 polyfit 得到的回归多项式在 X 处的预测值 Y；

[Y,delta]=polyconf(p,x,s,alpha)：求使用 polyfit 得到的回归多项式在 X 处的预测值 Y 及预测值显著性为 1-alpha 的置信区间 Y±delta，alpha 默认值取 0.5。

需要指出的是，一元多项式回归也可化为多元线性回归，只要将多项式中的幂 $x^i(i=1,2,\cdots,m)$ 看作 m 个变量 $z_i(i=1,2,\cdots,m)$，就可将多项式 $y=a_0+a_1x+a_2x^2+\cdots+a_mx^m$ 看作 m 元线性函数 $y=a_0+a_1z_1+a_2z_2+\cdots+a_mz_m$。

2. 多元二项式回归

MATLAB 统计工具箱提供了一个用于多元二项式回归的命令，具体用法为

rstool(X,Y,model,alpha)

其中，X，Y 分别为 $n\times m$ 矩阵和 n 维向量；alpha 为显著水平，默认值为 0.05；model 有以下四种选择：

（1）线性（Linear）：$y=a_0+a_1x_1+a_2x_2+\cdots+a_mx_m$；

（2）纯二次（Purequadratic）：$y=a_0+a_1x_1+a_2x_2+\cdots+a_mx_m+\sum_{i=1}^{m}b_ix_i^2$；

（3）交叉（Interaction）：$y=a_0+a_1x_1+a_2x_2+\cdots+a_mx_m+\sum_{i=1}^{m}b_{ij}x_ix_j$；

（4）完全二次（Quadratic）：$y=a_0+a_1x_1+a_2x_2+\cdots+a_mx_m+\sum_{i=1}^{m}\sum_{j=m}^{m}b_{ij}x_ix_j$。

5.8.3 非线性回归

非线性回归是指因变量 y 对回归系数 $a_1,a_2,\cdots,a_m$ 是非线性的。例如：在研究某化学反应的过程中，建立的反应速度和反应物含量的数学模型为

$$y=\frac{a_4x_2-\dfrac{x_3}{a_5}}{1+a_1x_1+a_2x_2+a_3x_3}$$

其中，$a_1,a_2,\cdots,a_5$ 为未知参数；x_1,x_2,x_3 为三种反应物的含量；y 为反应速度。

MATLAB 中可用命令 nlinfit、nlpredci 来实现非线性回归。

1. 回归

确定回归系数的命令：[beta,r,J] = nlinfit(X,Y,modelfun,beta0)。其中，X，Y 分别为 $n\times m$ 矩阵和 n 维向量，对于一元非线性回归，X 为 n 维向量；modelfun 为事先定义好的非线性函数；beta0 为非线性函数中参数 beta 的初始值；r（残差）、J（Jacobian 矩阵）为估计预测误差时需要利用的数据。

2. 预测和预测误差估计

预测和预测误差估计所用命令：[Ypred,delta] = nlpredci(modelfun,X,beta,r, J)，可用来求由 nlinfit 得到的回归函数在 X 处的预测值 Y 及预测值显著性为 95%的置信区间 $\text{Ypred}\pm\text{delta}$ 。

例 5-8　已知两组数据：

X=9, 5, 1, 8, 2, 6, 10, 4, 7, 3；

Y= 14.8894, 4.4913,1.3595,11.0328,1.8318,6.0593,20.0952,3.3298,8.1758, 2.4693。

找两组数据之间的函数关系。

解：数据散点图如图 5-10 所示。

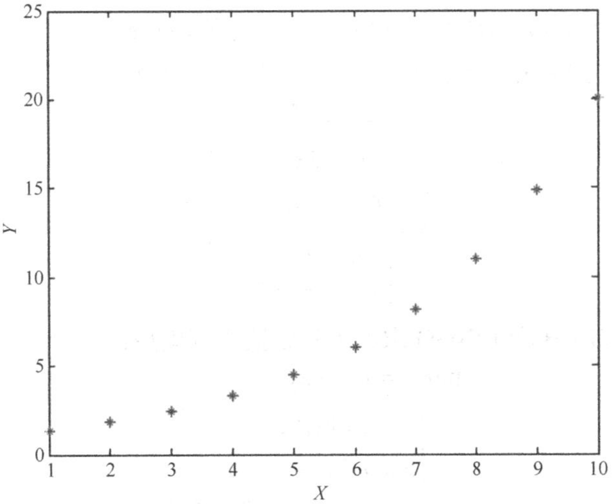

图 5-10　*X* 与 *Y* 确定的散点图

选用如下的函数表达式：

$$y=\mathrm{e}^{\beta x}$$

建立回归函数的 M 文件 fun1.m，如下：

```
Function y=fun1(beta x)
y=exp(beta.*x);
end
```

回归代码的 M 文件 nolR.m 如下：

```
function nolR
    X=[9, 5, 1, 8, 2, 6, 10, 4, 7, 3];
    Y= [14.8894, 4.4913, 1.3595, 11.0328, 1.8318, 6.0593, 20.0952, 3.3298, 8.1758, 2.4693]
    beta0=1;
    [beta,r,J] = nlinfit(X,Y,'fun1',beta0)
end
```

运行后得 beta = 0.3001，故回归方程为 $y = \mathrm{e}^{0.3001x}$。

再利用[yx,delta]=nlpredci('fun1',X,beta,r,J)进行预测，得预测数据如下：

```
yx=14.8894    4.4913    1.3595    11.0328    1.8318    6.0593    20.0952    3.3298
8.1758    2.4693
```

需要说明的是，该问题也可以转化为线性回归问题，只需要令 $z = \ln y$，就可得 z 与 x 之间的线性关系：

$$z = \beta x$$

然后可利用 regress 命令回归得系数 β 。

习题

1. 计算函数 $f(x,y) = xy + \ln(x^2 + xy + y^2)$ 的梯度和 Hesse 矩阵。
2. 计算函数 $f(x,y,z) = x\mathrm{e}^{x+y+z} + y^2 + z^2$ 的梯度和 Hesse 矩阵。
3. 试利用 MATLAB 和 LINGO 求解下列线性规划模型：

$$\max z = x_1 + 2x_2 - 3x_3$$

$$\text{s.t.}\begin{cases} 3x_1 + 2x_2 + x_3 \leqslant 6 \\ 4x_1 + 7x_2 - 6x_3 \geqslant 8 \\ 2x_1 + x_2 + 5x_3 = 8 \\ x_1, x_2, x_3 \geqslant 0 \end{cases}$$

4. 试利用 MATLAB 和 LINGO 求解下列整数规划模型：

$$\min z = 2x_1 + x_2 - 3x_3$$

$$\text{s.t.}\begin{cases} x_1 + x_2 + x_3 \leqslant 5 \\ 2x_1 + 2x_2 - x_3 = 1 \\ x_1, x_2, x_3 \geqslant 0\text{，且为整数} \end{cases}$$

5. 试利用 LINGO 求解下列 0-1 规划模型：

$$\max z = 36x_1 + 40x_2 + 50x_3 + 22x_4 + 20x_5 + 30x_6 + 25x_7 + 48x_8 + 58x_9 + 61x_{10}$$

$$\text{s.t.}\begin{cases} 10x_1 + 12x_2 + 15x_3 + 8x_4 + 7x_5 + 9x_6 + 8x_7 + 14x_8 + 16x_9 + 18x_{10} \leqslant 72 \\ x_1 + x_2 + x_3 \leqslant 2 \\ x_4 + x_5 \geqslant 1 \\ x_6 + x_7 \geqslant 1 \\ x_8 + x_9 + x_{10} \geqslant 2 \\ x_i = 0 \text{或} 1,\ i = 1,2,\cdots,10 \end{cases}$$

6. 利用 MATLAB 求解下列二次规划问题：

$$\max z = x_1^2 - x_1x_2 + 2x_2^2 - 3x_1 - x_2$$

$$\text{s.t.}\begin{cases} x_1 + x_2 \leqslant 5 \\ 3x_1 - x_2 \leqslant 2 \\ x_1, x_2 \geqslant 0 \end{cases}$$

7. 求向量 $\boldsymbol{x} = (7,3,9,8,1)^{\mathrm{T}}$ 的 1-范数、2-范数和∞-范数。

8. 求矩阵 $\boldsymbol{A} = \begin{bmatrix} 16 & 2 & 3 & 13 \\ 5 & 11 & 10 & 8 \\ 9 & 7 & 6 & 12 \\ 4 & 14 & 15 & 1 \end{bmatrix}$ 的 1-范数和∞-范数。

9. 用线性回归研究下面两组数据之间的关系：

X：143 145 146 147 149 150 153 154 155 156 157 158 159 160 162 164；

Y：88　85　88　91　92　93　93　95　96　98　97　96　98　99　100　102。

10. 试利用表 5-4 中的数据给出非线性回归模型 $y = \dfrac{1}{a + b\mathrm{e}^{-x}}$ 中的参数 a,b 。

表 5-4　习题 10 的数据

x	1	1.47	1.93	2.4	2.87	3.33	3.8	4.27	4.73	5.2	5.67
y	1714	1941	2388	3041	3905	4944	6423	8496	9740	11672	14360

本章参考文献

[1] 马昌凤. 最优化方法及其 MATLAB 程序设计[M]. 北京：科学出版社，2010.
[2] 柴园园，贾利民，陈钧. 大数据与计算智能[M]. 北京：科学出版社，2017.
[3] 胡运权，郭耀煌. 运筹学教程[M]. 5 版. 北京：清华大学出版社，2018.
[4] 江小银，周保平，侯志敏. 数学软件与数学实验[M]. 北京：科学出版社，2015.
[5] 赵静，但琦，严尚安. 数学建模与数学实验[M]. 北京：高等教育出版社，2014.
[6] Lan Goodfellow, Yoshua Bengio, Aaron Courville. 深度学习[M]. 赵神剑，黎彧君，符天凡，等，译. 北京：人民邮电出版社，2017.
[7] 周志华. 机器学习[M]. 北京：清华大学出版社，2016.

第 6 章　大数据分析中的图论基础

现实世界的很多问题都可以抽象成图论问题，如旅行商问题、地图着色问题、哈密顿回路问题等。在大数据分析与挖掘中，图论不仅是海量原始数据结构的存储和表示载体，而且是大数据挖掘所产生的知识的表示载体和表现形式。目前，许多数据挖掘的算法都是以图论的知识结构为基础设计的。本章首先介绍图论的基本概念，然后重点介绍几个经典的数据分析算法及相关图论知识。

6.1　树、图的基本概念

6.1.1　树的定义

树（全称为树状图）是一种数据结构，是由 n 个点构成的集合。根据 n 的值，可把树（T）分为空树和非空树。当 $n=0$ 时，T 是空树；当 $n>0$ 时，T 是非空树，表示为

$$T=\begin{cases}\varnothing, & n=0\\ \{r,T_1,T_2,\cdots,T_n\}, & n>0\end{cases} \tag{6.1}$$

其中，r 表示 T 的根（Root），而 $T_1,T_2,\cdots,T_n$ 表示除根 r 以外互不相交的集合。其中，每个集合都为一棵树，它们被称为 r 的子树。

树的示意如图 6-1 所示。

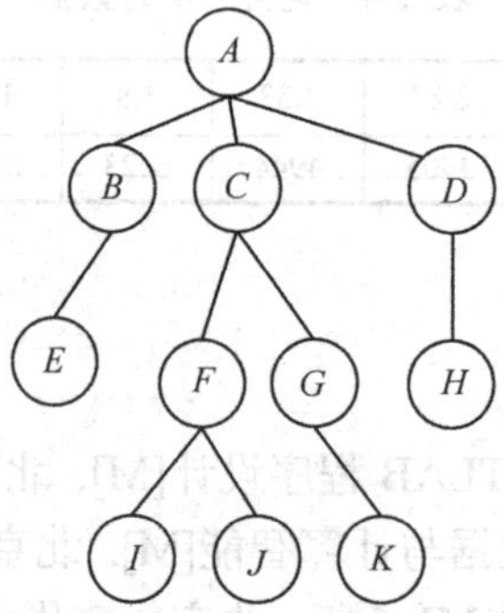

图 6-1　树的示意

在树中，一个节点只有一个前驱，如节点 B 只有一个前驱节点 A，节点 J 只有一个前驱节点 F。但是，它可以有多个后继，整个树中有且只有一个节点没有前驱，这个节点就是根节点。

6.1.2 树的常用术语

节点（Node）：包含一个数据项及指向其他节点的分支。例如，在图 6-1 中，一共有 11 个节点，每个节点都由字母表示，$T=\{A,B,C,D,\cdots,K\}$。

节点的度（Degree）：节点所拥有的子树数目。例如，在图 6-1 中，节点 E、I、J、K 和 H 的度是 0，节点 C 的度是 2，节点 A 的度是 3。

叶节点（Leaf）：度为 0 的节点，又称为终端节点。例如，在图 6-1 中，$\{E,I,J,K,H\}$ 构成 T 的叶节点集合。

分支节点（Branch）：除叶节点以外的其他节点。例如，在图 6-1 中，$\{B,C,D,F,G\}$ 为分支节点的集合。

子节点（Child）：若节点 m 拥有子树，则子树的根节点即节点 m 的子节点。例如，在图 6-1 中，节点 A 有 3 个子节点$\{B,C,D\}$，节点 C 有两个子节点$\{F,G\}$，而节点 K 没有子节点。

父节点（Parent）：若节点 m 有子节点，它就是这些子节点的父节点。例如，在图 6-1 中，节点 B,C,D 的父节点为 A，而节点 A 没有父节点。

兄弟节点（Sibling）：同一父节点的子节点互为兄弟节点。例如，在图 6-1 中，节点 B,C,D 互为兄弟节点，节点 F 和 G 也互为兄弟节点，但节点 E 和 F 不是兄弟节点。

祖先节点：从根节点到该节点所经分支上的所有节点。例如，在图 6-1 中，节点 K 的祖先节点为$\{G,C,A\}$。

节点层次（深度）：从根节点到该节点所在路径上的分支条数。例如，在图 6-1 中，根节点 A 为树的第一层，它的子节点$\{B,C,D\}$为树的第二层。一棵树上每个节点的层次都是该节点的父节点的层次加 1。通常，节点所在的层次也被称为节点的深度。

树的深度（高度）：树中所有节点层次的最大值，即与根节点距离最远的节点所在的层次称为树的深度。在图 6-1 中，I,J,K 三个节点距离根节点最远，它们的层次为 4，所以该树的深度为 4。

树的度：树中最大的节点的度。如在图 6-1 中，树的度为 3。

森林：$n\,(n\geqslant 0)$ 个树的集合。森林和树在计算机数据结构表示中的差距非常小，如果删去一棵非空树的根节点，那么树就会变成一个森林（也有空森林的存在）；如果增加一个节点，让森林所有的根节点都成为该节点的子节点，那么森林就会变成树。

6.1.3 树的数据结构实现

树的抽象数据结构实现伪代码如下：

```
Class Tree{
   Tree(); //生成树的结构并进行初始化
   Position Root() ;//返回根节点地址，若树为空，则返回 0
   BuildRoot(const T & value); //建立树的根节点
   Position FirstChild(Position p); //返回 p 的第一个子节点地址，若没有，则返回 0
   Position NextSibling(Position p); //返回 p 的下一个兄弟节点地址，若没有，则返回 0
   Position Parent(position P); //返回 p 的父节点地址，若 p 为根，则返回 0
```

```
    Bool InsertChild(const position p, const T &value);
    //在节点 p 下插入值为 value 的新子女，若插入失败，则返回 false；否则返回 true
    bool DeleteChild(position p,int i);
    //删除节点 p 的第 i 个子女及其全部子孙节点，若删除失败，则函数返回 false
    //若删除成功，则函数返回 true
    bool IsEmpty(); //判断树是否为空
};
```

6.1.4 图的定义

图是一种网状的数据结构，由顶点（Vertex）之间的关系组合而成，其形式化定义为$G=(V,E)$。其中，顶点集合$V=\{x\mid x\in$某个数据对象集$\}$是有限个非空元素的集合；$E=\{(x,y)|x,y\in V\}$是边集合，是图的顶点之间的关系的有限集合。$\text{Path}(x,y)$表示从顶点x到顶点y的一条单向通路，是有方向的。

6.1.5 与图相关的概念

有向图：就有向图而言，顶点对(x,y)是有顺序的，即表示从顶点x到顶点y的一条有向边。在有向图中，(x,y)和(y,x)不是同一条边。

无向图：就无向图而言，顶点对(x,y)是没有顺序的，即表示连通x和y的一条边。在无向图中，(x,y)和(y,x)是同一条边。

图 6-2（a）为无向图，它的边集为$E=\{(0,1),(1,2)\}$；图 6-2（b）为有向图，它的边集为$E=\{(0,1),(1,0),(1,2),(2,1)\}$。

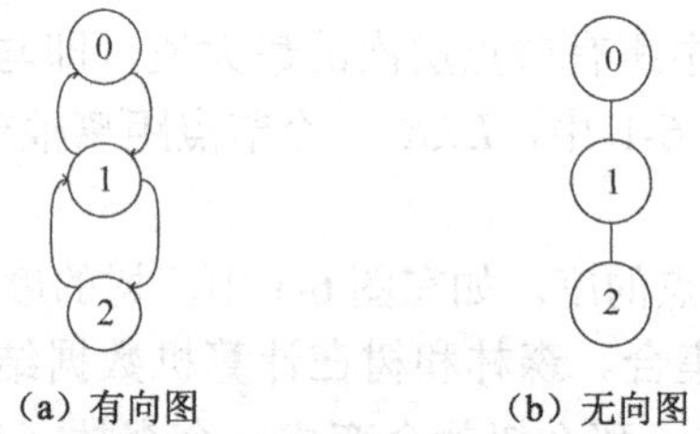

图 6-2　有向图和无向图

在讨论图时，常常给定一些限制：

（1）对于顶点自身而言，不考虑直接连接自身的边（自环）。

（2）在无向图中，任意两个顶点之间不能有多条边直接相连。

在这些限制下，下面继续介绍图中的一些基本概念：

完全图（Complete Graph）：给定一个由n个顶点组成的无向图，若存在$n(n-1)/2$条边，则称其为无向完全图；给定一个由n个顶点组成的有向图，若存在$n(n-1)$条边，则称其为有向完全图。

权（Weight）：通常，在一些图中会给定与边相对应的数值，称其为权重。在实际生活中，权重可能被表示为顶点之间的距离、使用的时间、花费的代价等。这种带权重的图也被称为网络。

邻接点（Adjacent Vertex）：给定图 $G=(V,E)$，如果 (u,v) 是图中的一条边，那么 u 和 v 就是一对邻接点。边 (u,v) 的两端是图的顶点 u 和 v。

子图（Subgraph）：给定图 $G=(V,E)$ 和 $G'=(V',E')$，若 $v'\in V$ 且 $E'\in E$，则称图 G' 是图 G 的子图。

度（Degree）：顶点 v 的度通常定义为与其相关联的边数，记为 $\deg(V)$。对于有向图，顶点 v 的度由这个顶点的入度和出度两部分组成。其中，以 v 为终点的有向边条数为顶点 v 的入度，记为 $\text{indeg}(V)$；以 v 为起点的有向边条数为顶点 v 的出度，记为 $\text{outdeg}(V)$。

路径（Path）：在图 $G=(V,E)$ 中，若从顶点 v 到顶点 p 的路径会沿着一些边经过若干个顶点 $v_1,v_2,\cdots,v_m$，则称 $\{v,v_1,v_2,\cdots,v_m,p\}$ 是从顶点 v 到顶点 p 的路径。

连通图与连通分量（Connected Graph, Connected Component）：对于无向图而言，若顶点 v_1 与顶点 v_2 之间存在路径，则称这两个顶点是连通的。若一个图的任意两个顶点都是连通的，则称该图为连通图。连通分量表示为非连通图的最大连通子图。

生成树（Spanning Tree）：一个无向连通图的生成树就是其极小连通子图，如果该图有 n 个顶点，那么其生成树有 $n-1$ 条边。如果该图是有向图，那么可能会获得由其若干个有向树构成的生成森林。

图的抽象数据结构实现伪代码如下：

```
Class graph{
    Public:
        Graph(); //建立一个空图
        Void insertVertex( const T & vertex) //在图中插入一个顶点 vertex
        Void insertEdge(int v1, int v2, int weight)//v1,v2 为构成一条边的两个顶点，在图中插入一条边(v1,v2)
        Void removeVertex(int v)//若图中的顶点被删除，则需要删除顶点 v 和与其关联的边
        Void removeEdge(int v1, int v2)// v1,v2 为构成一条边的两个顶点，删除图中一条边(v1,v2)
        Bool IsEmpty() //若图没有变，则返回 true；否则返回 false
}
```

6.2　图的最短路径问题

寒假到了，身在南京的小明想要自驾游到深圳度假，在出发前，他想提前确定南京到深圳的最短路线，以尽量减少消耗在路上的时间。现在给定一幅中国道路交通图，上面标出了所有相邻城市的距离，如何帮助小明确定一条最短的路径呢？

最简单的方法当然是穷举法，即先把从南京到深圳的所有路径都找出来，然后把每条路径的距离都列出来，最后选出其中最短的路径。然而，这种做法需要检查的路径太多，而且大多数路径其实是不需要检查的，如一条从南京出发，途经乌鲁木齐，最后到达深圳的路径明显是不符合要求的，因为乌鲁木齐偏离深圳太远了。

假设给定的地图是一个加权的图$G=(V,E,W)$，其中，V为图中的顶点；E为图中的边；W为边上的权重，在本例中为边E的长度。假设$p(u,v)$表示一条从顶点u到顶点v的路径，那么这条路径的长度可以记为$w(p(u,v))$，是这条路径上所有边的权重之和：

$$w(p(u,v))=\sum_{e\in p(u,v)} w(e) \tag{6.2}$$

同样，用$m(u,v)$表示从顶点u到顶点v的最短路径，那么$m(u,v)=\text{Min}(p(u,v))$。在本节，我们将着重介绍 Dijkstra 算法。这个算法采用了贪心策略。一开始，算法赋予除源节点s以外的每个顶点v一个从s到v的距离初始值$d(v)=+\infty$，表示暂时的最短距离，而$d(s)=0$。在以后的操作中，每一步操作都会有一个顶点的最短路径被确定下来，而该顶点与相邻顶点的暂时距离就会得到更新。这样，经过若干轮后，所有顶点的最短路径就会得到确认。下面详细介绍这个算法。

6.2.1 Dijkstra 算法介绍

Dijkstra 算法的思路如下：从一个顶点（源节点）出发，找出周边的一个顶点，将其连到源节点上，从而形成一棵最短路径树 T。在每轮的操作中，从树 T 外的顶点中找到一个顶点，并连接到这棵树中，直至连到目的节点为止。

Dijkstra 算法主要分为两个部分：初始化部分和循环加节点部分。

1. 初始化部分

初始化实现伪代码如下：

```
for each vertex v∈V
    d(v) = +∞
    pre(v)=nil
end
d(s)=0
```

在这个初始化中，将源节点的暂时最短距离设定为 0，由于其余节点还未连入，将暂时最短路径设置为+∞。$\text{Pre}(v)$表示节点v的父节点，边$(\text{pre}(v),v)\in p(s,v)$。

2. 循环加节点部分

这部分要循环若干次，主要完成以下两个工作。

（1）找出最短路径树T外具有最小$d(u)$的节点u。

假设O为最短路径树T以外的节点集合，那么u的求解可以表示为

$$u=\text{argMin}(d(u)) \quad (u\in O) \tag{6.3}$$

（2）更新顶点u的邻居v。

u成为树的一部分后，它到邻居v的距离可能会更短。从顶点u到顶点v的最短路径为$d(u)+w(u,v)$。那么，若v不在最短路径树T内，且$d(u)+w(u,v)<d(v)$，则需要对此进行更新，更新的代码如下：

```
for each  v∈Adj(u)
    if  d(u)+w(u,v)<d(v)
```

```
        d(v)=d(u)+w(u,v)
        pre(v)=u
    end
end
```

这样，我们就能得到完整的 Dijkstra 算法，具体的伪代码如下：

```
for each vertex   v∈V
    d(v) = +∞
    pre(v)=nil
end
d[s]=0
p=∅  //p 表示需要连接的路径
O=V-s  //一开始，除源节点 s 以外均为剩余节点
while  O≠∅
    u=argMin(d(u))
    p=p∪{pre(u),u}
    for each  v∈Adj(u)
        if  d(u)+w(u,v)<d(v)
            d(v)=d(u)+w(u,v)
            pre(v)=u
        end
    end
end
return p
End
```

6.2.2　图例

有 *A*,*B*,*C*,*D*,*E*,*F* 六个节点，其拓扑初始结构如图 6-3（a）所示，用 Dijkstra 算法找出以顶点 *A* 为源点、*F* 为终点的最短路径，过程如图 6-3（b）～图 6-3（g）所示。

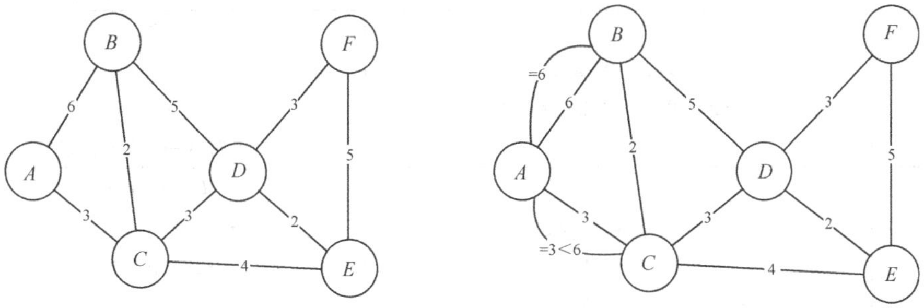

（a）初始　　（b）步骤 1

图 6-3　Dijkstra 算法图解

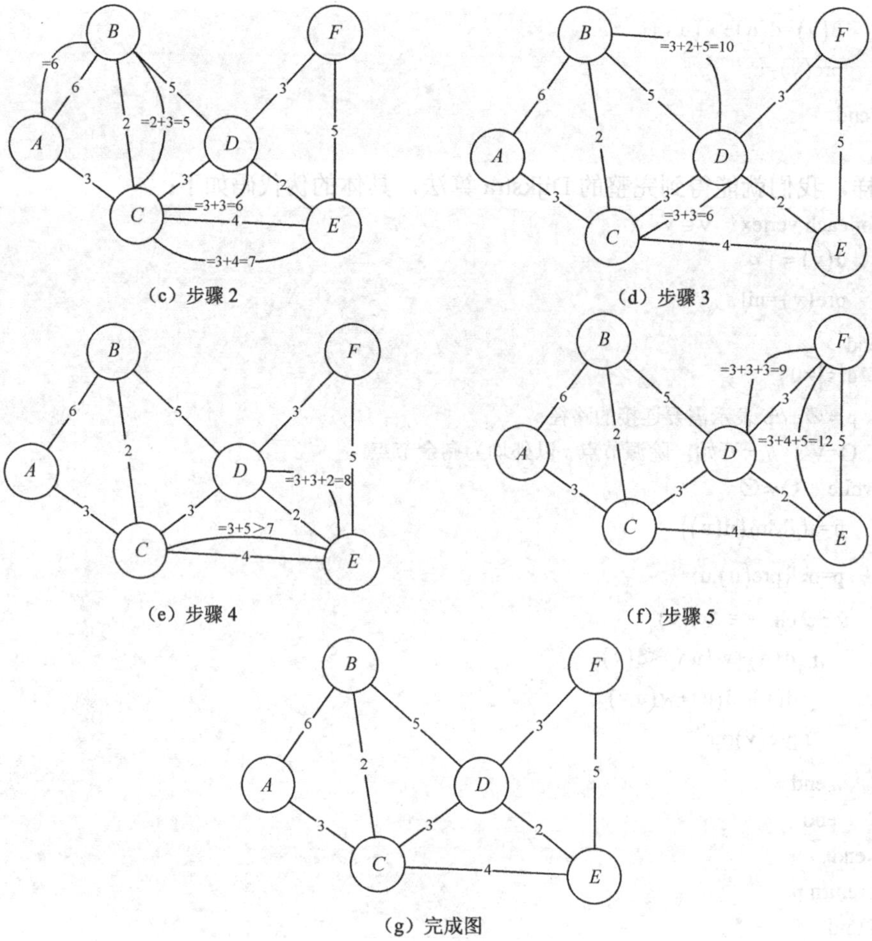

(c) 步骤 2　(d) 步骤 3　(e) 步骤 4　(f) 步骤 5　(g) 完成图

图 6-3　Dijkstra 算法图解（续）

具体的操作过程如表 6-1 所示。

表 6-1　Dijkstra 算法操作过程

步骤	*P* 集合（path 集合）	*U* 集合（未选节点集合）
1	选定 A，$P=\{A\}$。 把 A 当作中间节点开始寻找	$U=\{B,C,D,E,F\}$。 $A\to B=6$； $A\to C=3$。 此时 $A\to C$ 为最短路径
2	选定 C，此时 $P=\{A,C\}$。 此时的最短路径： $A\to C=3$。 把 C 当作中间节点开始寻找，从 $A\to C=3$ 这条最短路径寻找	$U=\{B,D,E,F\}$。 $A\to C\to B=5<6(A\to B)$； 此时到 B 的路径： $A\to C\to B=5$； $A\to C\to D=6$； $A\to C\to E=7$。 此时 $A\to C\to B=5$ 最短

续表

步骤	P 集合（path 集合）	U 集合（未选节点集合）
3	选定 B，此时 $P=\{A,C,B\}$。 此时的最短路径： $A\to C=3$； $A\to C\to B=5$。 把 B 当作中间点开始寻找，从 $A\to C\to B=5$ 这条最短路径开始寻找	$U=\{D,E,F\}$。 $A\to C\to B\to D=10>6(A\to C\to D)$； 此时到 D 的路径：$A\to C\to D$。 发现 $A\to C\to D=6$ 最短
4	选定 D，此时 $P=\{A,C,B,D\}$。 此时的最短路径： $A\to C=3$； $A\to C\to B=5$； $A\to C\to D=6$。 把 D 当作中间点，从 $A\to C\to D=6$ 这条最短路径开始寻找	$U=\{E,F\}$。 $A\to C\to D\to E=8>7(A\to C\to E)$； 此时到 E 的路径： $A\to C\to E$； $A\to C\to D\to F=9$。 发现 $A\to C\to E=7$ 最短
5	选定 E，此时 $P=\{A,C,B,D,E\}$。 此时的最短路径： $A\to C=3$； $A\to C\to B=5$； $A\to C\to D=6$； $A\to C\to E=7$。 把 E 当作中间点，从 $A\to C\to E=7$ 这条最短路径开始寻找	$U=\{F\}$。 $A\to C\to E\to F=12>9$ $(A\to C\to D\to F)$； 此时到 F 的路径：$A\to C\to D\to F$。 发现 $A\to C\to D\to F=9$ 最短
完成	选定 F，此时 $P=\{A,C,B,D,E,F\}$。 此时的最短路径： $A\to C=3$； $A\to C\to B=5$； $A\to C\to D=6$； $A\to C\to E=7$； $A\to C\to D\to F=9$。 最终，到 F 的最短路径： $A\to C\to D\to F=9$	$U=\varnothing$。 集合已经查找完毕

6.3　图的深度优先搜索

当一个应用问题建模成一个无向图或有向图时，有时需要对图中的每个节点，或每条边都进行访问，这种有序的访问通常称为图的周游（Graph Travel），有时也称为遍历。当然，周游有时并不是最终目的，有些问题可能不能通过周游算法直接求解，但我们可以在周游图的同时加上一些操作（如常用的“增、删、改、查”）来满足实际的应用需求。那么，一个周游算法的好坏就会严重影响整个算法的质量。现阶段的周游算法有很多，如枚举、广度搜索、深度搜索、回溯和蒙特卡罗树等。本节将介绍其中的深度优先搜索（Depth First Search，DFS）算法。

深度优先搜索算法在网络和大数据领域应用十分广泛。搜索引擎中的爬虫算法就经常采用深度搜索来抓取用户需要的网页。当用户在搜索引擎中输入关键字并单击搜索时，网站的爬虫往往会利用深度优先搜索算法首先到达搜索树的一个节点（一般为 HTML 文件），并找到该文件的超链接继续深入。当搜索树的叶节点无法再深入（没有超链接的 HTML 文件），表明该分支已经搜索完毕，算法会返回到该节点的某个祖先节点搜索其余未被搜索的叶节点，直到没有其他超链接可以选择，搜索结束。

深度优先搜索算法还被用于许多著名的问题，如拓扑排序问题、有向图强连通分支问题、无向图的双连通问题等都可以直接利用深度优先搜索算法来解决。下面将先介绍深度优先搜索算法的基本策略，然后通过一个实例来介绍深度优先搜索算法的过程，最后给出其伪代码（递归形式伪代码和非递归形式伪代码）。

6.3.1 基本策略

深度优先搜索从图中的某个顶点 s 开始，进行遍历。假设图上有一个顶点 u，当邻居 u 被访问后，DFS 继续访问 u 的前向邻居 v，并将 v 作为 u 的子节点。然后，暂时不考虑 u 的其他邻居节点，而是从新加入的子节点 v 中继续访问 v 的邻居，以此类推。当访问完 v 的所有邻居后，DFS 将回溯到节点 u，再继续访问刚刚没有访问的 u 的另一个邻居 w。作为 u 的子节点，DFS 将重复访问 v 的过程来访问 w 的全部子节点，最后返回到 u。当访问完 u 的所有邻居节点后，DFS 又会回溯到 u 的父节点 $\text{prev}(u)$，假设节点 u 就是起始点 s，那么算法搜索结束。

需要注意的是，在 DFS 执行过程中，有可能会出现节点 u 的某个邻居 x 被作为 v 的子节点提前访问的情况。在这种情况下，x 将作为 v 的子节点进行搜索。当 v 节点访问完毕回溯到 u 节点时，不会将 x 作为 u 的子节点进行访问。

另外，如果整个图不是一个连通图（这种情况在有向图中经常出现），那么在一轮 DFS 以后，图中还会有一些节点没有访问到。这时，算法会把没有访问到的某个节点作为新的起点 s，再做一轮 DFS。重复上述过程，直至图中所有的节点都被遍历为止。

6.3.2 实例说明

下面通过一个实例来说明 DFS 算法的执行过程。

用 3 种颜色来表示深度优先搜索算法中各节点的状态，初始每个节点都为白色，当节点被遍历过一次后，变为灰色。当一个节点的邻居节点全部被探索完毕后，该节点变为黑色。

实例的初始状态如图 6-4（a）所示，DFS 算法执行过程如图 6-4（b）～图 6-4（o）所示。步骤 1～步骤 3 分别将节点 1、节点 2（节点 1 的子节点）、节点 3（节点 2 的子节点）标为灰色。当进行到步骤 4 时，发现节点 3 没有任何子节点，将节点 3 转为黑色节点，并回溯到节点 2。步骤 5 寻找到节点 2 的另一个子节点 4，并将节点 4 标为灰色。步骤 6 从节点 4 出发，找到节点 4 的子节点 5，并将节点 5 标为灰色。步骤 7 发现节点 5 仅有的子节点 1 已经被标为灰色，则将节点 5 标记为黑色并回溯到节点 4。步骤 8～步骤 10 发现节点 4、节点 2、节点 1 均没有其余子节点，则将节点 4、节点 2、节点 1 分别标为黑色。

在步骤 10 中，起始节点 1 已经被标为黑色节点，第一遍 DFS 结束。然而，图中的节点 6 和节点 7 并没有被遍历过，于是，第二遍 DFS 将节点 6 作为起始起点开始遍历。步骤 11～步骤 14 重复上述 DFS 过程，直至将节点 6 和节点 7 标为黑色。步骤 14 完成后，图中所有的节点均标为黑色，算法结束。

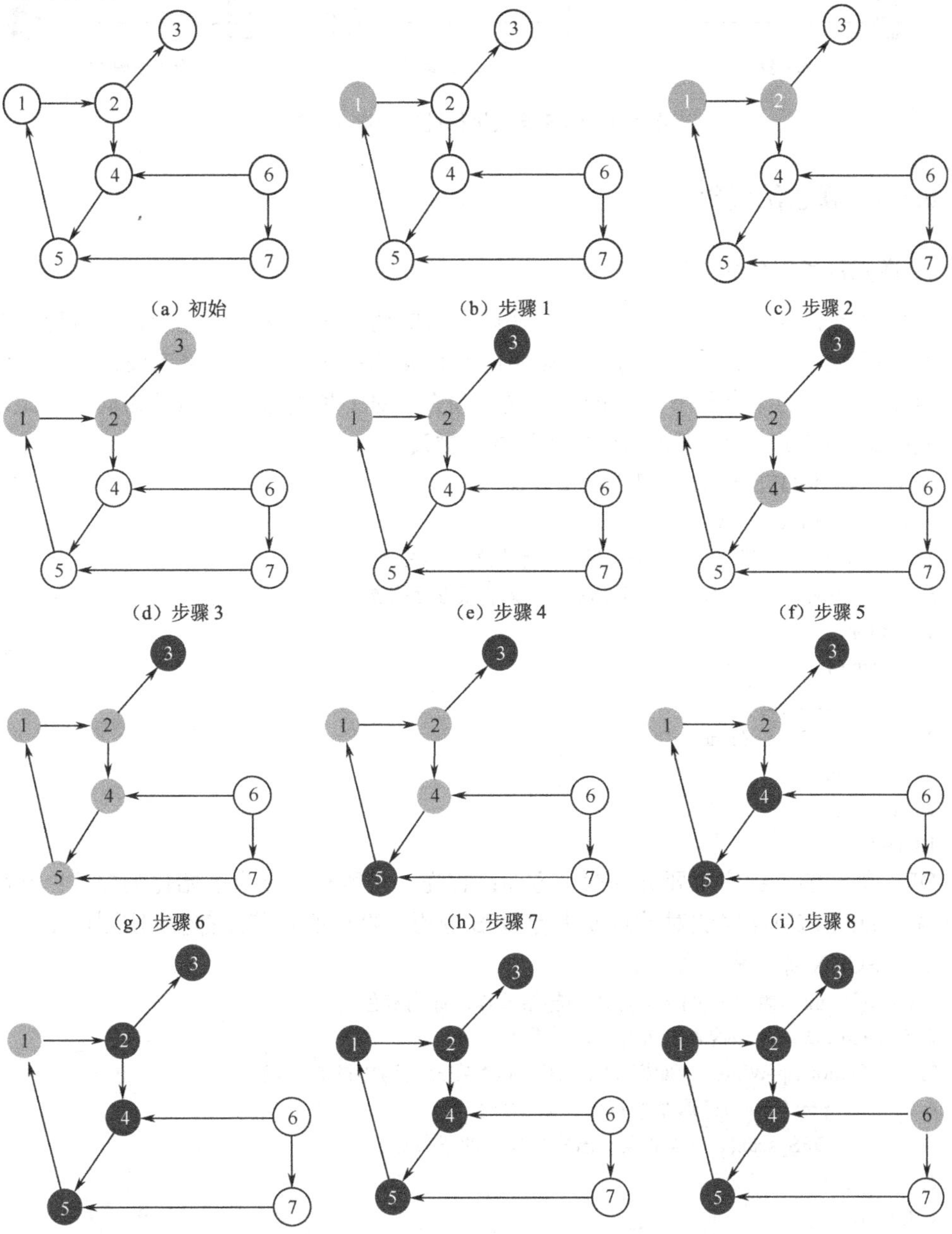

（a）初始　（b）步骤 1　（c）步骤 2

（d）步骤 3　（e）步骤 4　（f）步骤 5

（g）步骤 6　（h）步骤 7　（i）步骤 8

（j）步骤 9　（k）步骤 10　（l）步骤 11

图 6-4　DFS 算法执行过程示意

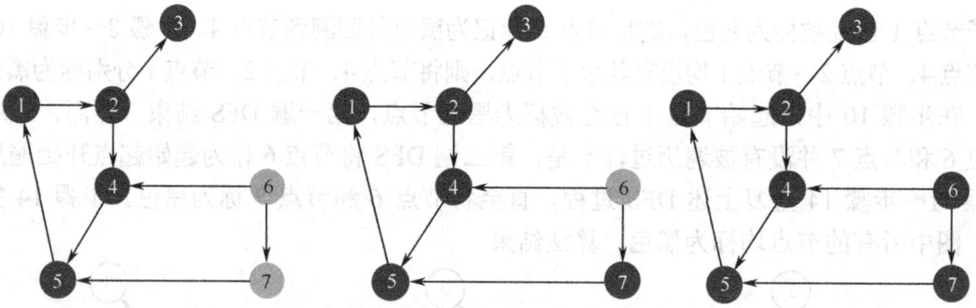

（m）步骤 12　　（n）步骤 13　　（o）步骤 14

图 6-4　DFS 算法执行过程示意（续）

6.3.3　算法伪代码

1. 递归形式伪代码

根据上述的实例，很容易给出一个递归形式的伪代码。深度优先搜索具有递归的性质，因为每当搜索一个顶点 u 时，必须访问所有 u 的邻居节点才能算完成对节点 u 的访问，而完成对 u 的某个子节点 v 的访问又必须完成对 v 所有邻居节点的访问。因此，深度优先搜索（DFS）算法可以用递归的形式来展现。

首先，描述 DFS 算法主程序如下：

```
for each vertex  u∈V
        color[u]=White  //首先将所有节点初始化为白色
        prev[u]=nil  //这些节点暂时没有父节点进行回溯
end for
for each vertex  u∈V
        if color[u]=White
            DFS_Scan(u)
        end if
    end for
end
```

DFS 算法的主程序主要分为两个方面：首先，将所有的顶点初始化为白色；其次，依次调用 DFS-SCAN 算法对节点 u 进行 DFS 遍历，直至所有节点都被遍历为止。

DFS-SCAN 算法程序如下：

```
color[s]=gray //将当前的 s 节点作为起始节点，标为灰色
for each v∈adj[s] //搜索 s 所有的邻居节点
      if color[u]=White   //如果 s 的邻居节点存在没被遍历过的节点 v
            prev[v]=s //把这个节点 v 作为 s 的子节点
            DFS_scan(v) //从节点 v 出发寻找 v 的子节点
      end if
End for
color[s]=black //如果 s 的所有节点都已遍历完毕，将 s 标为黑色，结束 DFS，回溯上一层
end
```

递归程序 DFS_SCAN 每次都将节点 s 作为起始节点，遍历 s 的所有邻居节点，如果存在一个没有被遍历过的邻居节点 v，则将 v 作为 s 的子节点，并重新调用 DFS 寻找 v 的子节点，如此往复。当遍历完 s 的所有邻居节点后，算法将节点 s 标为黑色，结束这一轮的 DFS 调用。

2. 非递归形式伪代码

下面将给出一个非递归形式的 DFS 算法伪代码。非递归形式的 DFS 算法和递归形式的 DFS 算法复杂度相同，是递归形式的一种具体实现，可更加方便地解决具体应用问题。

非递归形式的 DFS 算法采用数据结构中的堆栈模型来求解。一开始，起始节点 s 首先被访问，压入栈中，并被标记为灰色，随后每次访问栈顶的节点。假设当前节点 u 被压入栈内，那么，随后的访问都会分为以下 3 种情况。

（1）顶点 u 的所有邻居都已经被访问过了。此时，顶点 u 从栈顶弹出，并被标记为黑色。

（2）顶点 u 的下一个邻居 v 是白色，说明 v 还没有被访问过。此时将节点 v 压入栈内，标记为灰色，并记录 v 的父节点 $\text{prev}(v)=u$ 。

（3）顶点 u 的下一个邻居 v 是灰色，说明 v 已经被其他节点访问过了。此时不将 v 压入栈中，而是继续寻找下一个邻居节点进行搜索。

根据这 3 种情形，可写出非递归形式的 DFS 算法伪代码，其中主程序如下：

```
color[s]=grey
S=∅  //栈初始化为空
Push(S,s); //将第一个节点 s 压入栈 S 中
while   S≠∅
    u=Top(S); //当前栈顶的节点为 u
    v = u's next neighbor, v ∈adj(u) //在 u 的邻接表中找到下一个邻居 v
    if  v =∅ //表明当前节点 u 已经没有邻居节点了，执行情况 1
          color(u)=black;
             Pop(S) //u 从栈顶弹出
     end if
     If color(v)=white //如果 v 没有被访问过，执行情况 2
          color(v)=grey
          prev(v)=u
          push(S,v)
       end if
 end while
end
```

6.4　频繁模式和关联规则

6.4.1　经典频集方法

早在 1993 年，Agrawal 等人提出了一个关联规则问题，主要挖掘有关顾客交易的数

据库中项集的关联，该问题的主要思想是把频集作为基本理论的递推方法。此后，许多研究者开始使用关联规则来挖掘、研究问题，如优化原有算法以提高算法的效率，引入并行化的思想、随机采样的方法等；提出各种关联规则的变体，如引入周期的、泛化的关联规则等，这些进一步扩大了关联规则的应用。

Agrawal 等人提出了关于关联规则的一个重要方法——Apriori 算法，该算法将关联规则算法分解为以下两个子问题：

（1）首先，找到所有频集（Frequent Itemset），即支持度大于最小支持度的项集（Itemset）。

（2）使用上一步找到的频集设定期望的规则。

其中，第 2 步较为简单。设存在一个频集 $Y = I_1 I_2 \cdots I_n$，$n \geqslant 2$，$I_j \in I$，则会生成含有集合 $\{I_1, I_2, \cdots, I_n\}$ 中的项的所有规则（最多有 n 条），并且每条规则的右部有且仅有一项，（形如 $[Y - I_i] \Rightarrow I_i$，$\forall 1 \leqslant i \leqslant n$）。当规则生成后，仅有大于预先设定的最小置信度的规则才能被保留下来。

这里主要使用递推方法来找到所有的频集。其主要思想如下：

```
L1 = {large 1-itemsets};
    for (n=2; Ln-1≠Φ; n++) do begin
        Cn=apriori-gen(Ln-1);     //新的候选集
        for all transactions m∈D do begin
            Cm=subset(Cn,m); //事务 m 包含的所有候选集
        for all candidates k∈ Cm  do
        k.count=++;
      end
      Ln={k∈ Cn|k.count≥minsup}
    end
    Answer=⋃nLn;
```

该算法的主要思想是从 1 开始，依次产生频繁 r-项集 L_r，直至某个 r 值使得 L_r 为空，算法终止。假定算法循环 n 次，首先生成与候选 n-项集对应的集合 C_n，其中每个项集都是通过对两个属于 L_{n-1} 频集（其中只有一个项是不同的）进行(n−2)-连接产生的。C_n 中的项集是产生频集的候选集，最后产生的频集 L_n 必定是 C_n 的一个子集。在交易数据库中，需要对 C_n 中的每个元素都进行验证，进而来判断其是否纳入 L_n，该过程会降低算法的性能。如果交易数据库规模很大，则多次扫描需要很大的 I/O 负载，即当频集包含 10 个项时，就需要扫描 10 次。

为了减小候选集 C_n，Agrawal 等人使用了修剪技术（Pruning），进而大幅度地改进了生成所有频集算法的性能。该修剪技术的主要思想是：若一个频集和它所有的子集都为频集，则该频集为一个项集。意思是，如果其中的某个候选项集的一个(n−1)-子集不属于 L_{n-1}，那么就不必考虑修剪掉这个项集，这个过程可以大大减小计算代价。

6.4.2 关联规则的基本定义

关联规则挖掘通常能够在大数据中发现项集之间的相关联系或有趣的关联。关联规

则是关联分析方法中一种常用的技术，其主要目的是寻找在同一个事件中分别出现的不同项之间的相关性。关联规则的形式化定义如下。

假定集合 $L=\{X_1, X_2,\cdots, X_n\}$。假设数据库事务的集合是任务相关的数据 D，其中，每个事务 T 都是项的集合，即 $T\subseteq L$。每个事务均有统一的标识符 TID。设 M 是一个项集，同时事务 T 包含项集 M，即 $M\subseteq T$。那么关联规则（Association Rule）可以被形式化表达为 $M{=}{=}{>}N$，其中，$M\subset L$，$N\subset L$，并且 $X\cap Y=\varnothing$。在事务集 D 中，规则 $M{=}{=}{>}N$ 成立，那么支持度 s 是数据 D 中事务包含 $M\cup N$（M 和 N）的百分比，它的概率是 $P(M\cup N)$。如果事务集 D 中同时包含 A 的事务和 B 的事务的百分比是 c，规则 $M{=}{=}{>}N$ 在事务集 D 中的置信度为 c。同时，如果条件概率为 $P(N|M)$，即 support（$M{=}{=}{>}N$）= $P(M\cup N)$；confidence（$M{=}{=}{>}N$）= $P(N|M)$。

此外，若关联规则既大于 min_sup（最小支持度阈值）又大于 min_conf（最小置信度阈值），那么就称此关联规则为强规则。一般情况下，使用 0～100%的值来代表支持度和置信度，而不是用 0～1 的比值。

上述介绍了项集的概念——项的集合。若项集包含 k 个项，则称其为 k-项集，其出现的频率称为计数、支持计数和项集频率，表示包含的项集的事务数。如果项集满足 min_supt，那么表示出现频率大于或等于最小支持度与事务集 D 中事务总数的乘积。频集的支持度不小于最小支持度。

关联规则的思想主要分为两步：

（1）找出所有的频集，这些项集出现的频繁性应大于或等于预先定义的最小支持度。

（2）从频集中产生强关联规则，此时关联规则需要大于最小支持度的值和最小置信度的值。

6.4.3 关联规则的分类

关联规则可以按照以下几种情况分类。

1）根据处理数据的类型，可分为数值型和布尔型

数值型关联规则可以与多维或多层关联规则相结合，可以直接处理原始数据，也可以对数值型的字段进行动态分割处理。另外，数值型关联规则还支持处理包含种类变量的数据。而布尔型关联规则用来表示变量之间的关系，适合处理具有离散、种类化特点的数据。

例如，布尔型关联规则：性别=“女” => 喜好=“逛街”，因为没有涉及数值型的信息。数值型关联规则：性别=“女” => 年龄=20，涉及数值类型的年龄信息。

2）根据处理数据的抽象层次，可分为单层和多层

如果是单层关联规则，那么考虑的变量层次具有单一性，不考虑多层次的现实数据；如果是多层关联规则，那么考虑的变量就具有多层性，每层都经过了充分的考虑。

例如，单层关联规则：HP 台式机 => HP P1108 打印机，是关于细节数据的关系。多层关联规则：台式机 => HP P1108 打印机，是关于较高层次与细节层次之间的关系。

3）根据处理数据的维度，可分为单维和多维

如果是单维的关联规则，那么只考虑数据的一个维度。如果是多维的关联规则，需要考虑数据的多个维度。单维的关联规则考虑单个属性中的一些关系，而多维的关联规则考虑各属性之间的一些关系。

例如，单维的关联规则：牙刷 => 牙膏，只考虑了用户购买的物品。多维的关联规则：性别=“女”=> 喜好=“逛街”，考虑了性别信息和喜好信息这两个字段，是两个维度上的关联规则。

6.4.4 频繁模式树

经典的Apriori算法给出了关联规则挖掘的一个有效的解决方案，但也存在一些瓶颈：①在项集很大的情况下，会生成很大的候选集，如104个频繁1-项集要生成$C_{10^4}^2$个候选2-项集，大约是5×10^7个；②需要多次扫描数据库，大部分数据库都是存储在硬盘上的，计算机读取硬盘的速度比读取内存的速度慢几个数量级，而Apriori算法需要多次读取硬盘，如果最长的模式是n，则需要扫描$n+1$次数据库。

为了突破以上瓶颈，借助图论的知识，运用频繁模式树（Frequent-Pattern-tree，FP-tree）的树结构来压缩数据库，将硬盘的原始数据高度压缩进内存，在内存中进行关联规则挖掘，既提高了挖掘效率，解决了Apriori算法的瓶颈问题，又保持了关联规则挖掘的完备性。

用下面的例子解释挖掘过程。假设数据库中有5条事务记录（见表6-2中的Items bought列），最小支持度为3，挖掘这些商品的关联规则。

表6-2 事务记录

TID	Items bought	ordered frequent items
100	{*f, a, c, d, g, i, m, p*}	{*f, c, a, m, p*}
200	{*a, b, c, f, l, m, o*}	{*f, c, a, b, m*}
300	{*b, f, h, j, o*}	{*f, b*}
400	{*b, c, k, s, p*}	{*c, b, p*}
500	{*a, f, c, e, l, p, m, n*}	{*f, c, a, m, p*}

挖掘步骤如下：

（1）扫描数据库一次，得到每个商品的支持度，去掉支持度小于3的商品，得到频繁1-项集；

（2）把频繁1-项集按支持度递减排序，重新整理事务数据库（见表6-2中的ordered frequent items列）；

（3）再一次扫描数据库，建立FP-tree，具体方法如图6-5所示。

FP-tree构建步骤如下：

① 根据降序频繁1-项集建立头表；

② 建立根节点；
③ 读取经过清理和排序的事务，从根节点出发，建立一条路径；
④ 如果没有节点存在，创建该节点，并将节点的权重设置为 1；
⑤ 如果发现节点已经存在，则相应的节点权重加 1；
⑥ 全部事务数据库读取完成后，从头表节点建立线索指针。

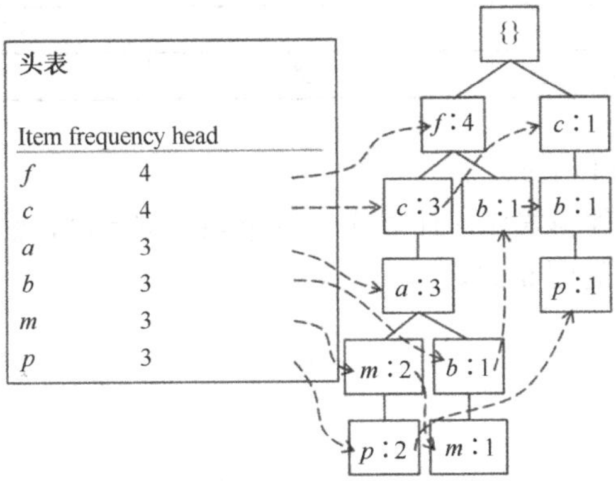

图 6-5 FP-tree 构建

FP-tree 挖掘的优点：在不打破原交易中任何模式的情况下，包含序列模式挖掘时需要的全部信息，因此挖掘具有完备性；在挖掘过程中去除了不相关信息，即不包含非频繁项，数据量减少，提高了挖掘效率。

FP-tree 挖掘在关联规则时的核心步骤如下：

（1）为 FP-tree 中的每个节点都生成一个条件模式库（见表 6-3）；

（2）使用条件模式库来构造对应条件的 FP-tree；

（3）循环递归构造条件 FP-trees，并且增加 FP-trees 包含的频繁集。

表 6-3 节点对应的条件模式

Item	**Cond.pattern base**
c	*f*∶3
a	*fc*∶3
b	*fca*∶1, *f*∶1, *c*∶1
m	*fca*∶2, *fcab*∶1
p	*fcam*∶1, *cb*∶1

具体步骤如下：

步骤 1：生成条件模式库。

从 FP-tree 头表开始，按照每个频繁项的连接遍历 FP-tree，列出可以到达此项的所有可能的前缀路径，获得条件模式库（见表 6-4）。

表 6-4　条件模式库

项	条件模式库	条件 FP-tree
p	{(*fcam*：2),(*cb*：1)}	{(*c*：3)}|*p*
m	{(*fca*：2),(*fcab*：1)}	{(*f*：3,*c*：3,a：3)}|*m*
b	{(*fca*：1),(*f*：1),(*c*：1)}	空
a	{(*fc*：3)}	{(*f*：3,*c*：3)}|*a*
c	{(*f*：3)}	{(*f*：3)}|*c*
f	空	空

步骤 2：构造条件 FP-tree。

首先，对于每个条件模式库，计算库中每个项的支持度，然后用条件模式库中的所有频繁项构造 FP-tree（见图 6-6）。

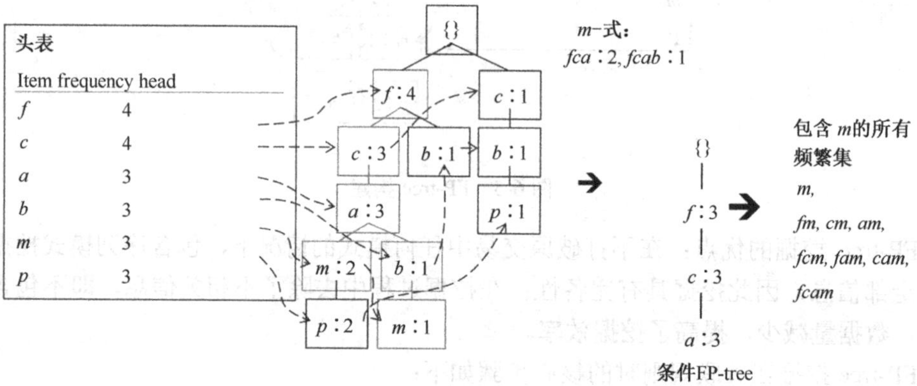

图 6-6　用 FP-tree 构建条件模式库，再用条件模式库建立条件 FP-tree

步骤 3：递归挖掘条件 FP-tree，如图 6-7 所示。

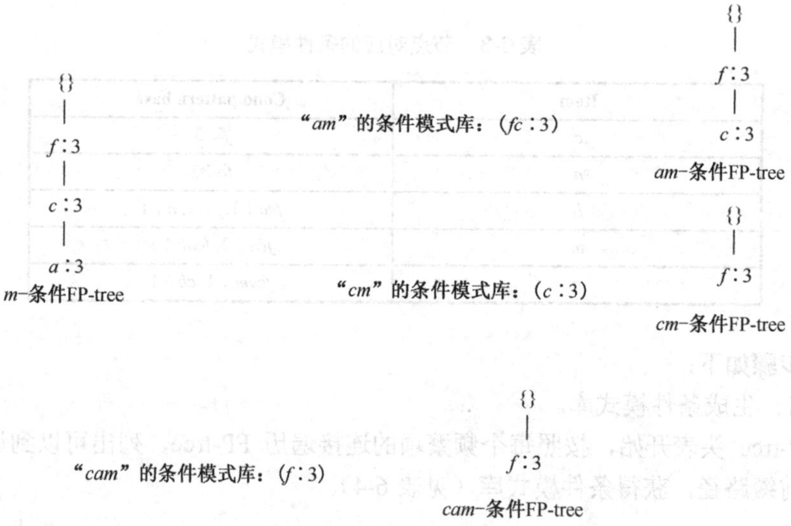

图 6-7　递归挖掘条件 FP-tree

步骤 4：挖掘关联规则。

假定 FP-tree T 中只有路径 P，那么 T 所包含的所有频繁集就是 P 的所有子路径的可能组合，如图 6-8 所示。

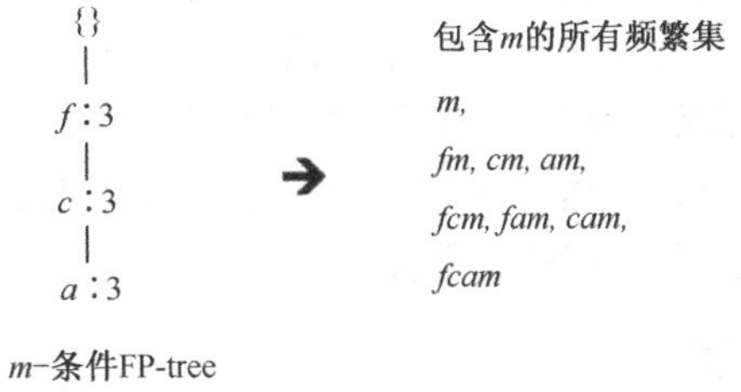

图 6-8　挖掘频繁模式

6.5　频繁子图简介

在大数据时代，图结构数据普遍存在，并且在各领域，很多数据也可以抽象为图结构。例如，生物领域的基因序列结构（如 RNA 分子的二级结构），计算机领域的物理网络结构，互联网中网站浏览日志的存储等。对于图知识的研究与分析已经渗透到生活的方方面面，成为数据研究中十分重要的部分。与此同时，图挖掘也是数据挖掘的一部分，其一般可分为频繁子图挖掘、最大频繁子图挖掘、图分类和图聚类等。频繁子图挖掘的目的是探索图集中频繁出现的子图，其挖掘研究可作为图学习、图预测等其他挖掘工作的前期工作和基础。因此，对频繁子图挖掘的研究具有十分重要的意义。

在早期的研究中，研究者将研究频繁子图挖掘算法的重心放在了小规模数据库和近似技术上，这是由于子图同构问题是一个 NP 难问题。然而，在近期的相关研究中，频繁子图挖掘算法被划分为如下两个不同的类别。

一类是基于广度优先搜索（Broad First Search，BFS）策略。这类算法基本上都采用类 Apriori 性质，主要使用枚举法罗列重复出现的子图，包括 AGM（Apriori-based Graph Mining）算法和 FSG（Frequent Subgraph）算法。AGM 算法的主要思想是找出图集中所有“潜在”的子图。设 G' 为图 G 的潜在子图，则其具有以下性质：节点 $V(G')\subseteq V(G)$，图 G' 的边集是图 G 边集的子集。FSG 算法主要使用较快速的边增长方式来扩展图集中所有的频繁连通子图。然而，基于 Apriori 思想，FSG 算法在边扩展的过程中，由于其针对两个 n 边候选子图进行所有已知边的并集，得到 $n+1$ 边的候选子图，导致过程中产生大量的冗余候选子图，从而降低了算法的整体效率。

另一类是基于深度优先搜索（DFS）策略，它具有更好的执行效率。这类算法主要包括 gSpan、CloseSpan 和 FFSM（Fast Frequent Subgraph Mining）等。这类算法的主要思想都是直接从频繁边集中选取候选扩展边，从而得到频繁子图，但对增加边的扩展路径有所不同。在 DFS 策略中，gSpan 是典型的算法，候选频繁子图 G 是基于上一代子图 G'，并通过扩展一条频繁边得到的。gSpan 算法与上述所提到的枚举潜在子图有所不同，它采用的是 min-DFS-code 技术，可以存储扩展过程的同构子图表。这一技术的优点是通过减少降低算法性能的子图同构的测试次数来减少时间复杂度，但对于图同构的 NP 难问题，gSpan 算法仍然不能完全解决。因此，进一步减少子图挖掘中的同构测试次数，依然是一项具有研究意义且挑战性很大的工作。

至今，人们对图结构的研究大多是基于无向图的，而对于有向图的数据挖掘研究不是很充分，FFSM 算法针对有向图进行挖掘，改善了这一状况。FFSM 算法的核心思想是使用邻接矩阵代替结构图进行操作，然而对矩阵的操作通常比一般序列的操作要复杂得多，所以该算法的编码方式不适合规模大的图集，且其在规模较小的图集中进行挖掘时，优势并不明显，所以具有一定的局限性。

6.5.1 图论简要描述

图论是一门内容丰富的学科，应用十分广泛。随着科学技术的发展，图论逐渐被应用到我们的生活和生产中，能够解决许多实际问题。图论是一门“从实践中来，到实践中去”的研究课题，其概念和定理均与实际问题有关，具有十分关键的作用。下面将详细介绍图论的一些基本概念。

图论最早产生于“柯尼斯堡（Konigsberg）七桥”的实际问题。普雷格尔河横穿柯尼斯堡，河中有两个小岛，分别记为 A 和 D，并有七座桥连接岛与河岸、岛与岛（见图 6-9）。当地居民有这样一个有趣的问题：如何从四个河岸中的某一个河岸开始，通过每座桥且都只经过一次，再回到起点，这个问题就是著名的柯尼斯堡七桥问题。1736 年，瑞典数学家欧拉解决了柯尼斯堡七桥问题，标志着图论诞生。欧拉认为，此问题的关键在于连接河岸和岛的桥及其数目，而与河岸和岛的大小、形状，以及桥的长度、曲直无关，他用点表示河岸和岛，用连接相应点的线表示各座桥，这样就构成一个图 G（见图 6-10），此时柯尼斯堡七桥问题就等价于图 G 中是否存在经过该图中每条边一次且仅一次的“闭路”问题。欧拉不仅论证了此走法是不存在的，还推广了这个问题，从此开启了实际的图论理论研究。

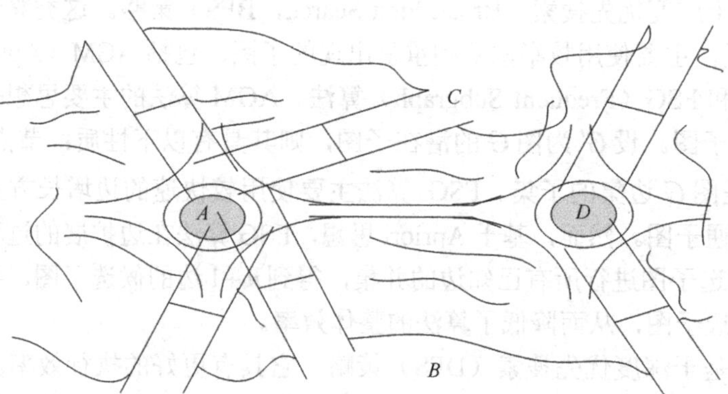

图 6-9　柯尼斯堡七桥问题实际图

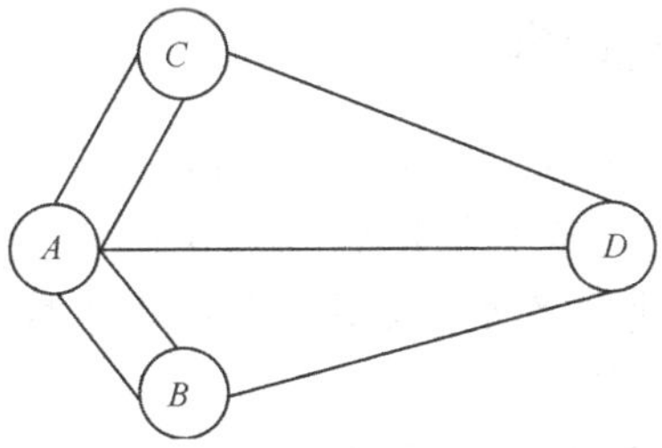

图 6-10　柯尼斯堡七桥问题简化图（图 G）

6.5.2　频繁子图挖掘的背景知识

下面主要介绍图模式挖掘中的基本概念和一些数据处理方式。需要注意的是，下面提及的所有图，如果没有特别说明，均为无向连通的有标签图。

标号图： 任何一张普通（无向）标号图都可以用一个五元组集合 $G=\{V(G),E(G),L(V(G)),L(E((G))),L\}$ 来唯一表示。其中，$V(G)$ 代表图中所有节点 $\{v_1,v_2,\cdots,v_n\}$ 的集合；$E(G)=\left\{e_h=\left(v_i,v_j\right)\middle|v_i,v_j\in V(\mathrm{G})\right\}$ 是图 G 的边集合；顶点标号集合为 $L(V(G))=\left\{L(v_i)\middle|\forall v_i\in V(G)\right\}$；边标号集合为 $L(E(G))=\left\{L(e_h)\middle|\forall e_h\in E(G)\right\}$；$L$ 为标号函数，用于标号向节点与边的映射。输入图数据库为 $\mathrm{GD}=\{G_1,G_2,\cdots,G_n\}$。

图同构与子图同构： 若存在图 G' 与 G''，图 G'' 的节点集合 $V(G'')\subseteq V(G')$，且边集合 $E(G'')\subseteq E(G')$，则称 G'' 为 G' 的子图。在图 G_1 与 G_1 中，若存在一个双射函数 g : $V(G_1)\to V(G_2)$，且 g 满足 $e=(v_i,v_j)$ 是 G_1 的一条边，当且仅当 $e'=\left(g(v_i),g(v_j)\right)$ 是 G_2 的一条边，则称图 G_1 与 G_2 同构，记作 $G_1\cong G_2$；给定标号图 G 与 G'，若 G' 中存在子图 G'' 与图 G 同构，则称 G 与 G' 子图同构，记作 $G\subseteq G'$。由于子图同构问题是 NP 完全问题，所以子图同构测试计算是子图挖掘过程中最耗时的计算。

频繁子图挖掘（Frequent Subgraph Mining）：可以假定输入图数据库为 $\mathrm{GD}=\left\{G_i\middle|i=0,1,\cdots,n\right\}$，最小支持度阈值为 min-sup，如果子图 g 与 G_i 子图同构，则定义 $f(g,G_i)=1$，否则 $f(g,G_i)=0$；令 $\delta(g,\mathrm{GD})=\sum\limits_{G_i\in\mathrm{GD}}f(g,G_i)$，称之为子图 g 的支持度，如果 $\delta(g,\mathrm{GD})\geqslant\text{min}-\text{sup}$，则将子图 g 看作一个频繁子图，那么挖掘工作便是从中找出所有满足条件的子图。如果 g 只含有一条边，那么称其为频繁一边图。

6.6　复杂网络简介

复杂网络是一种具有自组织、自相似、吸引子、小世界和无标度的部分或全部性质的网络，常见的复杂网络有交通网络、航空网络、社交网络和电力网络等。随着近几年网络技术的不断发展和完善，尤其是社交网络用户的急剧增加，复杂网络受到了广泛的研究和关注。本节将介绍复杂网络的基本特征和一些常见的复杂网络。

6.6.1 复杂网络的研究内容

复杂网络的研究内容主要集中在以下 4 个方面：

（1）研究大量的真实网络，基于真实数据集的统计分析来研究真实网络的特性。

（2）根据上述研究来构建网络演化模型（需要具有类似真实网络的性质），借此模型研究真实网络的形成机制和内在机制。

（3）优化网络性能，如健壮性和同步能力、网络拥塞及传播行为等。

（4）研究网络的几何性质、网络的形成机制、统计规律及网络结构的稳定性等。

下面介绍复杂网络中的一些基本概念，然后举例介绍几种常见的复杂网络模型：小世界网络、无标度网络和随机网络每个具体的网络都有其自身特殊的演化机制，而复杂网络的主要任务就是通过分析这些网络的特性，并将其与实际网络相结合，达到统计和预测的效果。

6.6.2 复杂网络的基本概念

1. 全局耦合网络

全局耦合网络是指网络中任意两个节点都有边连接的网络，在图论中被称为完全图。一个节点数为 k 的全局耦合网络共有 $k(k-1)/2$ 条边。

2. 网络聚集系数 C

网络聚集系数（Clustering Coefficient）是表示一个图中节点聚合程度的系数。其具体计算方法是用实际存在的边数除以最多可能存在的边数，即

$$C=\frac{2n}{k(k-1)} \tag{6.4}$$

其中，n 表示当前节点与其他节点的互连边数；k 表示当前节点的相邻节点的个数。

在现实网络中，网络聚集系数可以表示一个节点在网络中的使用程度，网络聚集系数越大的节点使用的程度越高。

3. 网络平均距离 L

假设网络中有两个节点 i 和节点 j，节点 i 和节点 j 之间最短路径边的个数就是 i 和 j 的距离。而网络平均距离 L 是该网络中任意两个节点之间距离的平均值，用公式可以表示为

$$L=\frac{1}{C_N^2}\sum_{1\leqslant i\leqslant j\leqslant N} d_{ij} \tag{6.5}$$

其中，N 表示图中节点的总个数；d_{ij} 表示网络中两个节点 i 与 j 的最短连接距离。

4. 网络的平均度

通常在网络中，定义与一个节点相邻的节点数目为该节点的度。通俗地说，度是连接该节点的所有边的数目。网络中所有节点度的平均值为网络的平均度 k。度分布 $P(k)$ 表示随机选择网络中的某个节点的度恰好是 k 的概率。网络的平均度的计算公式为

$$k = \frac{1}{N}\sum_{i=1}^{N} k_i \tag{6.6}$$

其中，k_i 为网络中节点 i 的度数。

5. 介数

介数反映了相应的节点或边在整个网络中的作用和影响力，这个参数主要分为节点介数和边介数。节点介数是指网络里所有最短路径中经过该节点的比例；边介数是指网络中所有最短路径中经过该边的比例。如果一个节点 v_i 被许多节点经过，那就表示节点 v_i 在网络中非常重要，用 B_i 来表示节点 i 的介数，它被定义为

$$B_i = \sum_{1 \leqslant j \leqslant i \leqslant N} \frac{N_{\text{shortest\_path}(i)}}{N_{\text{shortest\_path}}} \tag{6.7}$$

其中，$N_{\text{shortest\_path}}$ 表示网络中最短路径的总数目；$N_{\text{shortest\_path}(i)}$ 表示经过节点 i 的最短路径的数目。

6.6.3 常见的复杂网络

1. 小世界网络

小世界网络又被称为六度分隔（Six Degrees of Separation）理论，其指出，社交网络中的任何一个成员和任何一个陌生人之间的间隔不会超过 6 个人，所以小世界网络事实上反映的是一种网络平均长度很短、但由很大网络群体组成的网络。

1929 年，匈牙利作家林蒂在其短篇小说《链条》中首次提出了“六度分隔”假说，认为人与人之间的交流最多只需要五层中转。1967 年，哈佛大学心理学教授米尔格兰姆提出了“小世界问题”，他设计了一个信件传递来验证“六度分隔”假说。实验随机选择了两个不同地区的 296 名志愿者进行信件传递，结果发现任意两个人都可以通过平均 6 个人联系到一起。

后来，随着时间的推移，研究者发现，不仅是社会网络，电力网络、生物网络、交通网络等拥有丰富最短路径的大型网络也存在小世界网络，于是小世界网络就被提出和研究了。

小世界网络的构成算法如下：

（1）生成一个规则网络，假设这个网络是一个含有 N 个节点的最近邻耦合网络。

（2）从这个最近邻耦合网络开始，所有网络中的节点被围成一个环（每个节点都与其相邻的 $K/2$ 个节点相连）。其中，K 是偶数，且 $N \gg K \gg \ln(N) \gg 1$。

（3）随机化重连：以概率 p 随机地重新连接网络中的每条边。具体连接方式为将边的一端保持不变，另一端取网络中随机选择的一个节点。其中规定，任意两个不同的节点中间最多只能有一条边，且每个节点不能和自己相连，这样网络就会产生 $pNK/2$ 条边。

根据以上 3 个步骤，即可产生一个小世界网络。

2. 无标度网络

现实世界的很多网络都不是随机网络，因为它们中间只有少数部分的节点被大量地连接，而绝大部分节点很少有连接，甚至没有任何连接。这种网络具有很强的不均衡性，而无标度网络就属于这种类型的网络，它的节点度分布符合幂指数分布。

无标度网络的研究主要集中于 Price 模型和 BA 模型。其中，Price 模型的主要思想是：一篇论文被引用的概率与其引用次数成正比，即如果一篇论文的引用次数非常多，那么这篇论文很有可能被人阅读。网络中一个节点的入度可以表示为该节点被网络引用的次数，Price 模型认为一个新边连接到这个节点的概率与这个节点的入度一定成正比。

BA 模型相较于 Price 模型多考虑了两个因素，即网络规模的变化及网络节点的连接特征。传统的小世界网络假设网络的节点 N 是固定的。但是，在现实世界中，网络的节点会随网络规模的变化而变化。另外，在现实网络中，新节点更倾向于连接度数比较大的旧节点。BA 模型假设如果一个网络具有以上两个特征，那么这个网络一定是无标度网络。

3. 随机网络

随机网络是一种反映多种随机因素的网络。与传统的网络不同，随机网络中的节点、连接线及流量均带有一定程度的不确定性，如时间、费用、资源消耗等因素都是随机变量。在建立模型的过程中，这些因素都是按照一定的概率发生或不发生的，因此随机网络存在很强的不确定性。与其他网络不同的是，随机网络允许存在多个源节点或多个汇聚节点。

目前可以用如下两种等价的表示方法构成随机网络。

（1）ER 模型：假设给定 K 个节点，此时最多存在 $K(K-1)/2$ 条边，然后随机地从这些边中选取 N 条边，即可获得一个随机网络。这种方法一共可以产生 $C_{K(K-1)/2}^{N}$ 种可能性相同的随机图。

（2）二项式模型：假定给定 K 个节点，每两个节点之间都以概率 p 相互连接，这样，所有的连接线都是一个随机变量，这些随机变量的平均值为 $M=pK(K-1)/2$。因此，获得一个节点为 $v_1,v_2,\cdots,v_n$，由 M 条边组成的随机图 G 的概率为

$$P(G)=p^M(1-p)^{\frac{N(N-1)}{2}-M} \tag{6.8}$$

其中，p^M 表示 M 条边同时存在的概率；$(1-p)^{\frac{N(N-1)}{2}-M}$ 表示除这 M 条边以外的边都不存在的概率。

6.6.4 复杂网络的应用

复杂网络在现实生活中的应用十分广泛，主要包括以下几个方面。

（1）社交网络监测：复杂网络可应用在社交网络中，挖掘潜在的客户，并进行关联群体的风险分析。

（2）网络重要性分析：复杂网络可用于搜索引擎中的网页排名、大数据中的核心数据采集等。

（3）网络传播预测：复杂网络可以模拟流行病的传播和舆论传播，帮助有关部门进

行预防。

（4）网络中的用户关系预测：复杂网络模型考虑节点之间的关联性，在现实中也可以对网络用户之间的关系进行分析。

（5）生物学：复杂网络可以与生物体的新陈代谢系统、大脑神经网络相结合，协助研究者进行生物计算。

6.7 最长公共子序列

6.7.1 定义

两个字符序列 A 和 B 中存在一个字符序列 C，它既是 A 的子序列又是 B 的子序列，那么，C 称为序列 A 和序列 B 的公共子序列。在众多公共子序列 C 中，最长的那个称为最长公共子序列（Longest Common Subsequence）。

最长公共子序列一般反映两个序列的相似度，具有非常高的实用价值。下面给出一个最长公共子序列的例子。

例 6-1 在生物学中，经常需要通过比对多个不同生物的 DNA。而 DNA 是由一串称为碱基的分子构成的，DNA 的碱基通常分为腺嘌呤、鸟嘌呤、胞嘧啶和胸腺嘧啶 4 种，对应表示为A、G、C、T 。现在，已知一种生物的DNA表示为$S_1 = \text{ACCGGTCGACTGCCCGG}$，另一种生物的 DNA 表示为$S_2 = \text{GTCGTTCGGAATGCCGT}$ 。我们希望通过比较这两个DNA 来确定它们的相似度。一种可行的方法就是找出两个字符串的最长公共子序列，具体操作如图 6-11 所示。

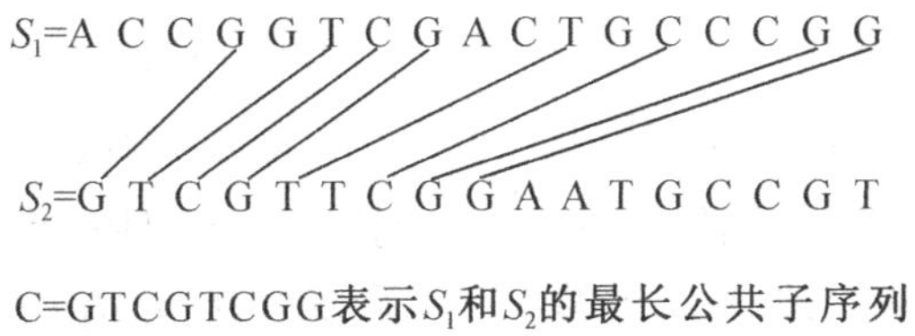

图 6-11 寻找最长公共子序列

从图 6-11 中可以看出，寻找两个字符串公共子序列的过程实际上就是将 S_2 与 S_1 中相同的字符一一配对，直到其中一个字符串搜索完毕。求解最长公共子序列的方法有暴力求解、深度优先搜索、递归法等。

6.7.2 最优子序列性质

在最长公共子序列（LCS）的求解方法中，最简单的是暴力求解，即穷举 A 中所有的字符，然后与 B 中的字符进行比较，直至找到最长公共子序列。但是，这种做法费力费时。假设 A 由 m 个子序列构成，那么 A 一共有 2^m 个子序列。由此可见，暴力求解的时间复杂度是指数复杂度，在遇到较长的字符序列时不适用。

最优子结构：一个问题能够分成多个子问题，若求出子问题的最优解就能够求出整个问题的最优解，则表示这个问题满足最优子结构。

研究发现，LCS 问题具有最优子结构的性质。假设有两个字符串 $A=\{a_1,a_2,\cdots,a_m\}$，$B=\{b_1,b_2,\cdots,b_n\}$，它们的最长公共子序列为 $C=\{c_1,c_2,\cdots,c_k\}$，则有以下 3 个性质：

（1）如果 $a_m=b_n$，那么 $c_k=a_m=b_n$，而且 $\{c_1,c_2,\cdots,c_{k-1}\}$ 一定是 $\{a_1,a_2,\cdots,a_{m-1}\}$ 和 $\{b_1,b_2,\cdots,b_{n-1}\}$ 的 LCS；

（2）如果 $a_m\neq b_n$，而且 $c_k\neq a_m$，那么 C 一定是 $\{a_1,a_2,\cdots,a_{m-1}\}$ 和 B 的 LCS；

（3）如果 $a_m\neq b_n$，而且 $c_k\neq b_m$，那么 C 一定是 A 和 $\{b_1,b_2,\cdots,b_{n-1}\}$ 的 LCS。

由此可见，两个序列的 LCS 一定包含两个序列前缀的 LCS。例如，$\{a_1,a_2,\cdots,a_{m-1}\}$ 和 $\{b_1,b_2,\cdots,b_{n-1}\}$ 的 LCS 一定包含在 A 和 B 中。所以 LCS 问题具有最优子结构性质，一旦问题具有最优子结构性质，就可以利用动态规划方法来解决。

6.7.3 LCS 递归表达式

LCS 问题符合最优子结构性质，那么在求解 $A=\{a_1,a_2,\cdots,a_m\}$，$B=\{b_1,b_2,\cdots,b_n\}$ 的 LCS 时，需要求解如下一个或两个子问题：

（1）如果 $a_m=b_n$，那么只需要求解 $\{a_1,a_2,\cdots,a_{m-1}\}$ 和 $\{b_1,b_2,\cdots,b_{n-1}\}$ 的 LCS，并把 $a_m=b_n$ 放在末尾即可；

（2）如果 $a_m\neq b_n$，那么必须求解两个问题：$\{a_1,a_2,\cdots,a_{m-1}\}$ 和 B 的 LCS，以及 A 和 $\{b_1,b_2,\cdots,b_{n-1}\}$ 的 LCS，并进行比较，其中较长的那个即 A 和 B 的 LCS。

定义 $C[i,j]$ 为 A_i 和 B_j 的 LCS 长度。当 $i=0$ 或 $j=0$，即两个序列的长度均为 0 时，$C[i,j]=0$。根据最优子结构的性质，可以得到以下递归表达式：

$$C[i,j]=\begin{cases}0, & i=0\text{或}j=0\\ C[i-1,j-1]+1, & i,j>0\text{且}a_m=b_n\\ \max\left(C[i,j-1],C[i-1.j]\right), & i,j>0\text{且}a_m\neq b_n\end{cases} \tag{6.9}$$

其中，第二行表达式对应上述（1）的情况，只需要求解 $\{a_1,a_2,\cdots,a_{m-1}\}$ 和 $\{b_1,b_2,\cdots,b_{n-1}\}$ 的LCS；第三行表达式对应上述（2）的情况，需要比较 $\{a_1,a_2,\cdots,a_{m-1}\}$ 和 B 的LCS，以及 A 和 $\{b_1,b_2,\cdots,b_{n-1}\}$ 的 LCS 的长度，取其中最长的一个作为两个序列的 LCS。

6.7.4 动态规划方法求解 LCS

首先，通过式（6.9）求解 LCS 的长度，具体的算法（LCS Length）代码如下：

```
m = length(A); //A 的长度
n=length(B); //B 的长度
for  i=1  to m
      c[i,0]=0;
for  j=1  to m
      c[0,j]=0;
for  i=1  to m
```

```
    for j=1 to m
        if a_m=b_n //式（6.9）的第二种情况
                c[i,j]=c[i-1,j-1]+1;
                d[i,j]="↖";
        else if c[i-1,j]≥c[i,j-1]
                c[i,j]=c[i-1,j];
                d[i,j]="↑";
        else
                c[i,j]=c[i,j-1];
                d[i,j]="←";
return c and d
```

上述代码中，↖,↑,← 分别代表 $C[i,j]$ 的第二种情况，存储在二维数组 $b[m,n]$ 中。根据 LCS 返回的二维数组 c 和 d，可以从 $d[m,n]$ 开始，跟着箭头回溯，最终找到一条通向边界的路径。其中 d[i,j]="↖"，表示 $a[i]=b[j]$，并将这个字符放入公共子串中，下面将通过一个事例来描述这一过程。

例 6-2 假设 $A=\{a,b,c,d,c,b,a\}$，$B=\{b,c,d,a,b,c,d\}$，那么求解 LCS 长度的具体运算过程如图 6-12 所示。

j		0	1	2	3	4	5	6	7
i		B_j	b	c	d	a	b	c	d
0	A_i	0	0	0	0	0	0	0	0
1	a	0	↑ 0	↑ 0	↑ 0	↖ 1	↖ 1	← 1	← 1
2	b	0	↖ 1	← 1	↖ 1	↑ 1	↖ 2	← 2	← 2
3	c	0	↑ 1	↖ 2	← 2	← 2	↑ 2	↖ 3	← 3
4	d	0	↑ 1	↑ 2	↖ 3	← 3	← 3	↑ 3	↖ 4
5	c	0	↑ 1	↖ 2	↑ 3	↑ 3	↑ 3	↖ 4	↑ 4
6	b	0	↖ 1	↑ 2	↑ 3	↑ 3	↖ 4	↑ 4	↑ 4
7	a	0	↑ 1	↑ 2	↑ 3	↖ 4	↑ 4	↑ 4	↑ 4

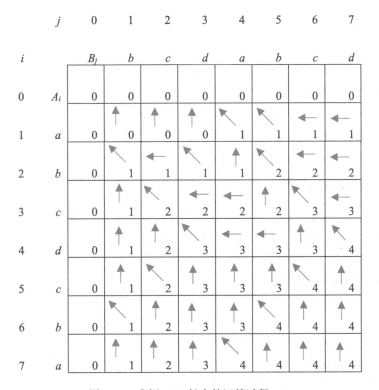

图 6-12 求解 LSC 长度的运算过程

根据求解 LCS 长度的算法和图 6-12，可以输出 *A* 和 *B* 的最长公共子序列，具体算法（Print_LCS）代码如下：

```
if  i==0  or  j==0  //表示没有公共子序列
    return 0;
end
if  d[i,j]=="↖"  //表示当前 A[i]=B[j]
    Print_LCS(A,i-1,j-1,d);
    PrintA[i];
else if  d[i,j]=="↑"
    Print_LCS(A,i-1,j,d);
else
    Print_LCS(A,i,j-1,d);
end
```

算法 LCS_Length 和算法 Print_LCS 都完成后，只需要添加一个调用算法，即可完成整个最长公共子序列的计算。完整的算法如下：

```
LCS_length(A[1...m],B[1...n],c,d);
Print_LCS(d,A,m,n);
end
```

6.8 决策树

机器学习是现阶段研究的热门，人类只需要对机器进行一些训练，就可以让机器像人一样判断周围的事物。机器学习的一个重要环节是分类，即教机器如何对一个数据集合进行判定。常用的分类算法有朴素贝叶斯、决策树、随机森林等。本节首先通过一个简单示例介绍决策树的构造，其次介绍信息增益的概念，最后在此基础上介绍决策树的生成算法。

6.8.1 决策树示例

决策树（Decision Tree）是一种分类算法，通过模拟树的结构进行决策，其过程就相当于人类在面临决策时所产生的很自然的一种处理机制。

下面将通过两个同学讨论是否去打网球的事例来展现决策树的过程：

同学 A：周末要不要去打网球？

同学 B：天气怎么样？下雨就不去。

同学 A：晴天。

同学 B：那天温度高吗？太热我可不去！

同学 A：温度适宜。

同学 B：风大吗？没风我就去，风大我也不去。

同学 A：一般吧，微风。

同学 B：如果是微风的话，那场地怎么样？

同学 A：标准网球场。

同学 B：好，那我们周末去打网球吧。

在这个事例中，同学 B 决定是否去打网球的决策过程就可以看成一个分类树的决策。假设决策标准为：天气晴朗、温度适宜、微风或没有风且场地标准，那么同学 B 的决策树可以用图 6-13 表示。

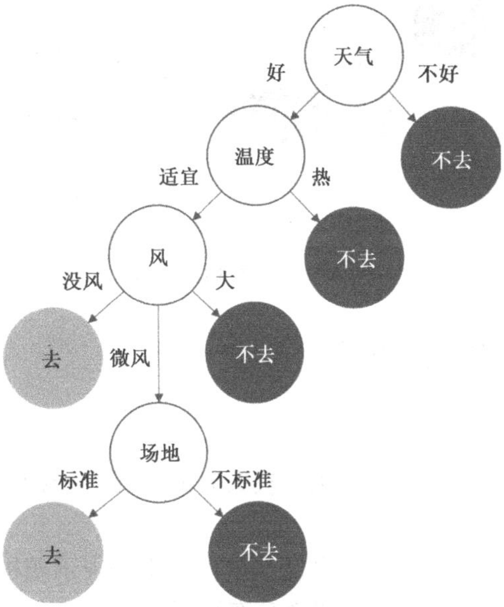

图 6-13　决策树示意图

当然，上述示例只是一个简单的引导，其中的分类标准并没有具体的量化，所以只能算是一棵简单的决策树，如果将其中的标准具体化，就能得到一棵有实际意义的决策树。

在对决策树有了一个直观的认识之后，给出如下定义。

决策树是一个树形的结构（可以表现为二叉树或非二叉树）。决策树的每个非叶节点都代表一个特征属性的测试，每个分支都表示该特征属性关于某个值域的输出，每个叶节点都存放着一个类别。将决策树用于决策的过程是：从根节点开始，测试每个待分类项中的相应特征属性，然后按照分类项的值选择合适的输出分支，一直到叶节点为止，最后将叶节点中存放的类别作为最后的决策结果。

6.8.2　决策树的构成

决策树由决策节点、状态节点、概率枝和方案枝 4 个模块构成，具体如图 6-14 所示。

决策节点又称为方节点，由此节点引出若干条树枝，每条树枝都代表一个方案，这些树枝称为方案枝；状态节点也称为圆节点，从状态节点引出的若干条细枝称为概率枝，每条概率枝都代表一种自然状态，需要在每条细枝上面注明状态的内容及出现的概率。

在每条概率枝的末梢位置处标明该方案在该状态下所获得的结果（可以为收益值或损失值），这样树形图由左向右展开，形成一个树状网络图。

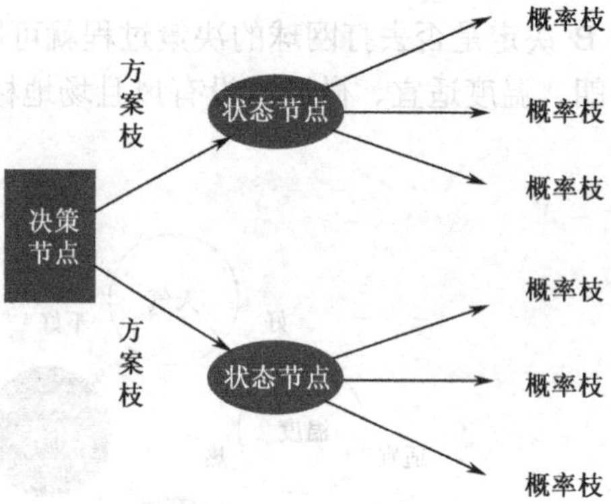

图 6-14　决策树的构成

6.8.3　信息增益和信息增益比

1. 熵的定义

信息增益和信息增益比是决策树进行决策时的重要选择指标，下面将对信息增益和信息增益比进行详细介绍。

根据信息论，熵（Entropy）是一种度量单位，用来表示随机变量的不确定性。设 A 是一个离散随机变量，那么变量 A 的概率分布可表示为

$$P\left(A=a_i\right)=p_i,\ \ i=1,2,\cdots,n \tag{6.10}$$

那么，A 的熵则定义为

$$H\left(A\right)=-\sum_{i=1}^{n}p_i\log p_i \tag{6.11}$$

其中，log 的底数一般取 2 或 e，此时熵的单位分别为比特（bit）或纳特（nat）。从式（6.11）中可以看出，熵只和 A 的概率分布 p_i 有关，而与 A 的取值没有直接关系，所以 A 的熵也可以记为

$$H(p)=-\sum_{i=1}^{n}p_i\log p_i \tag{6.12}$$

熵值用来度量不确定性。一般地，随着熵值的增大，随机变量的不确定性增加。

2. 条件熵

假设有一组随机变量(A,B)，它们的联合概率分布为

$$P\left(A=a_i,B=b_j\right)=p_{ij},\ \ i=1,2,\cdots,n;j=1,2,\cdots,m \tag{6.13}$$

则条件熵 $H\left(B|A\right)$ 表示在已知随机变量 A 的分布的条件下，随机变量 B 分布的不确定性，条件熵的定义为 B 的条件概率密度分布的熵对 A 的数学期望。条件熵可用式（6.14）计算。

$$H\left(B|A\right)=\sum_{i=1}^{n}p_iH\left(B|A=a_i\right) \tag{6.14}$$

其中，p_i 的定义见式（6.10）。

如果一个随机变量的熵和条件熵中的概率都是根据数值估计获得的，那么该随机变量对应的熵、条件熵就称为经验熵（Empirical Entropy）和经验条件熵（Empirical Conditional Entropy）。

3. 信息增益

信息增益（Information Gain）表示因为得知特征 A 的信息，而使得 B 的信息不确定性减少的程度，其定义如下。

特征 C 相对于训练集 D 的信息增益为 $g(D,C)$，定义为训练集 D 的经验熵 $H(D)$ 与特征 C 在给定的条件 D 下的经验条件熵的差值，即

$$g(D,C)=H(D)-H(D|C) \tag{6.15}$$

在决策树中，给定一个训练集 D 和特征 C，经验熵 $H(D)$ 表示机器对数据集 D 分类的不确定性，经验条件熵 $H(D|A)$ 表示在特征 C 给定的条件下，机器对数据集 D 分类的不确定性。信息增益就是它们的差值，表示为特征 C 使机器对数据集 D 分类的不确定性减少的程度。

对于一个数据集 D 来说，一个特征的信息增益越大，说明这个特征具有的分类能力越强。

4. 信息增益比

以信息增益为标准划分训练集，往往存在选择取值较多的特征的问题。在这里，使用信息增益比（Information Gain Ratio）这一概念可以对其进行矫正。信息增益比也是特征选择的一个准则。

信息增益比：特征 C 对训练集 D 的信息增益比 $g_R(D|C)$ 表示信息增益 $g(D,C)$ 与训练集 D 关于特征 C 的熵 $H_c(D)$ 的比值，即

$$g_R(D|C)=\frac{g(D,C)}{H_c(D)} \tag{6.16}$$

其中，$H_c(D)=-\sum_{i=1}^{n}\frac{|D_i|}{|D|}\log_2\frac{|D_i|}{|D|}$，$n$ 为特征 A 的取值个数。

6.8.4　决策树的生成

下面将详细介绍决策树的生成算法（ID3 算法和 C4.5 算法）。

1. ID3 算法

ID3 算法的核心是对决策树的每个节点熵通过信息增益进行特征选择，具体的过程是：从根节点开始，先对每个节点计算该节点的信息增益，然后选择其中具有最大信息增益的特征作为该节点的特征，接着将该特征的取值区间分别作为根节点的子节点；在建立好子节点之后，递归重复调用该方法，直至剩余特征的信息增益太小，或者所有特

征都已选择完毕为止，最后构建出一棵决策树。ID3 算法的具体过程如下：

算法输入：训练集 D、特征集 C、阈值 ε。

算法输出：决策树 T。

算法过程：

（1）如果训练集 D 中所有实例都属于同一类 B_p，那么决策树 T 是一棵单节点树，把类 B_p 作为类标记，返回 T，算法结束。

（2）如果特征集 $C=\varnothing$，那么决策树 T 是一棵单节点树，将训练集 D 中实例数目最多的类 B_p 作为该节点的类标记，返回 T，算法结束；否则执行（3）。

（3）按照式（6.15）计算特征集 C 中各特征对训练集 D 的信息增益，选择其中信息增益最大的特征 C_g。

（4）如果 $C_g<\varepsilon$，则 T 是一棵单节点树，将训练集 D 中实例数目最多的类 B_p 作为该节点的类标记，返回 T，算法结束；否则执行（5）。

（5）对 C_g 的每种可能数值 c_i，按照 $C_g=c_i$ 的规则将训练集 D 划分为若干个非空子集 D_i，分别将 D_i 中实例最多的类作为类标记，构建子节点，并生成一棵新树 T，返回 T。

（6）对于第 i 个子节点，以 D_i 作为训练集，以 $C-C_g$ 作为特征集，递归调用（1）～（5），直至算法结束为止。

2. C4.5 算法

C4.5 算法和 ID3 算法大致相同，但在生成决策树的过程中，C4.5 算法采用信息增益比来选择特征。C4.5 算法的具体过程如下：

算法输入：训练集 D、特征集 C、阈值 ε。

算法输出：决策树 T。

算法过程：

（1）如果训练集 D 中所有实例都属于同一类 B_p，那么决策树 T 是一棵单节点树，将类 B_p 作为类标记，返回 T，算法结束。

（2）如果特征集 $C=\varnothing$，那么决策树 T 是一棵单节点树，将训练集 D 中实例数目最多的类 B_p 作为该节点的类标记，返回 T，算法结束；否则执行（3）。

（3）按照式（6.16）计算特征集 C 中各特征对训练集 D 的信息增益比，选择其中信息增益比最大的特征 C_g。

（4）如果 $C_g<\varepsilon$，则 T 是一棵单节点树，将训练集 D 中实例数目最多的类 B_p 作为该节点的类标记，返回 T，算法结束；否则执行（5）。

（5）对 C_g 的每种可能数值 c_i，按照 $C_g=c_i$ 的规则将训练集 D 划分为若干个非空子集 D_i，分别将 D_i 中实例最多的类作为类标记，构建子节点，并生成一棵新树 T，返回 T。

（6）对于第 i 个子节点，以 D_i 作为训练集，以 $C - C_g$ 作为特征集，递归调用（1）～（5），直至算法结束为止。

习题

1. 给出树和图的定义，并指出它们的联系和区别。

2. 在一个图中，所有顶点的度数之和与边数之和是什么关系？所有顶点的入度之和与出度之和是什么关系？

3. 如图 6-15 所示，从 0 出发，遍历整个图中的节点，边上的数字是距离，请用 Dijkstra 算法求出最短路径。

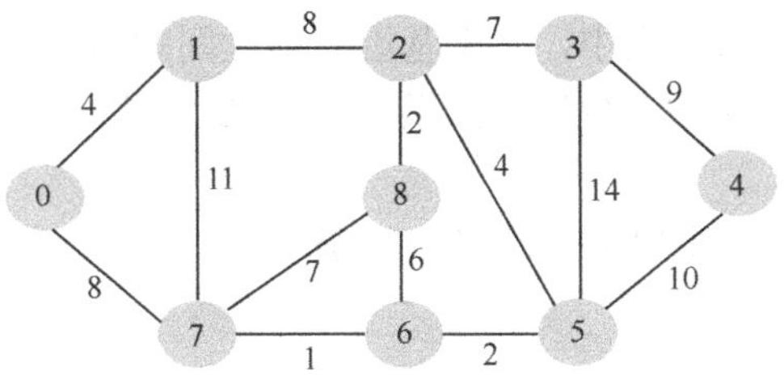

图 6-15　习题 3 图

4. 深度搜索的递归算法和非递归算法的特点是什么？从时间复杂度上看，哪种算法更适合大数据环境下的搜索。

5. 请用深度优先算法遍历图 6-16，并给出具体的遍历路径。

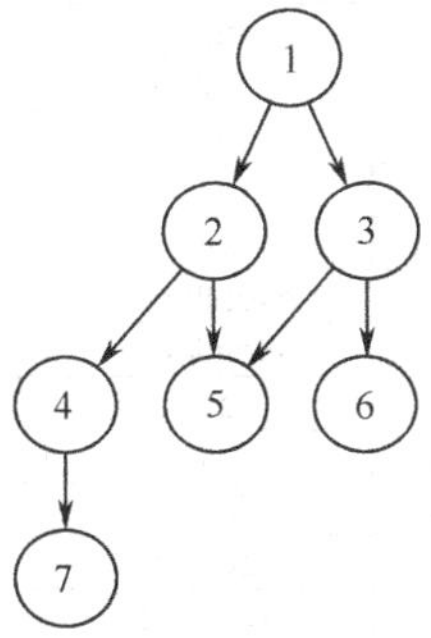

图 6-16　习题 5 图

6. 对图 6-15 用深度搜索算法遍历，从 0 出发，给出遍历路径。

7. Apriori 算法的瓶颈有哪些？

8. 用 FP-tree 算法挖掘如图 6-17 所示的事务数据库中的关联规则，已知最小支持度为 2，最小可信度为 2。

9. 简述频繁子图挖掘中候选集的产生过程。

10. 请列举 3 个频繁子图的应用场景。

交易ID	购买商品
2000	A,B,C
1000	A,C
4000	A,D
5000	B,E,F

图 6-17　习题 8 图

11. 什么是全局耦合网络？拥有 N 个节点的全局耦合网络有多少条边？每条边的度为多少？假设任意一个点到其他点的距离都为 3，则整个网络的平均距离是多少？网络聚集系数是多少？

12. 什么是小世界网络？

13. 分析递归 LCS 算法和非递归 LCS 算法的复杂度。

14. 在生物信息大数据挖掘中，2 个基因序列之间的相似度往往用它们的最长公共子序列表示，但在实际应用中，生物学家很少用 LCS 算法，而是用 Blast 算法，请调研原因。

15. 写出下列序列 1 和序列 2 的递归 LCS 算法。

序列 1：aabcdxy。

序列 2：12abcabcd。

16. 信息熵是什么？

17. C4.5 算法在 ID3 算法的基础上做了哪些改进？

18. 如图 6-18 所示的数据集包含了购买计算机客户的收入、身份、信用等级等，试用 ID3 算法设计是否购买计算机的决策树。

income	student	credit_rating	buys_computer
high	no	fair	no
high	no	excellent	no
high	no	fair	yes
medium	no	fair	yes
low	yes	fair	yes
low	yes	excellent	no
low	yes	excellent	yes
medium	no	fair	no
low	yes	fair	yes
medium	yes	fair	yes
medium	yes	excellent	yes
medium	no	excellent	yes
high	yes	fair	yes
medium	no	excellent	no

图 6-18　习题 18 图

本章参考文献

[1] BAYER R. Symmetric binary B-trees: data structure and maintenance algorithms[J]. Acta Informatica, 1972, 1(4): 290-306.

[2] OBERLY D J, SUMNER D P. Every connected, locally connected nontrivial graph with no induced claw is Hamiltanian[J]. Journal of Graph Theory, 2010, 3(4): 351-356.

[3] DING C, MATETI P. A framework for the automated drawing of data structure diagrams[J]. IEEE Transactions on Software Engineering, 1990, 16(5): 543-557.

[4] 李仕琼. 数据挖掘中关联规则挖掘算法的分析研究[J]. 电子技术与软件工程，2015（4）：200.

[5] 章志刚，吉根林. 一种基于 FP-Growth 的频繁项目集并行挖掘算法[J]. 计算机工程与应用，2014，50（2）：103-106.

[6] 沈向余，李伟华. 几种关联规则挖掘算法的分析[C]. 第二十届全国数据库学术会议，2003.

[7] 王爱平，王占凤，陶嗣干，等. 数据挖掘中常用关联规则挖掘算法[J]. 计算机技术与发展，2010，20（4）：105-108.

[8] YAN X, HAN J. gSpan: Graph-based substructure pattern mining[C]. IEEE International Conference on Data Mining, 2002.

[9] INOKUCHI A, WASHIO T, MOTODA H. An apriori-based algorithm for mining frequent substructures from graph data[C]. European conference on principles of data mining and knowledge discovery, Berlin: Springer, 2000.

[10] DESHPANDE M, KURAMOCHI M, WALE N, et al. Frequent substructure-based approaches for classifying chemical compounds[J]. IEEE Transactions on Knowledge and Data Engineering, 2005, 17(8): 1036-1050.

[11] ISMAIL A S, HASNI R, SUBRAMANIAN K G. Some applications of Eulerian graphs[J]. International Journal of Mathematical Science Education, 2009, 2(2): 1-10.

[12] 侯爱民. 求解图同构的判定算法[J]. 计算机工程与应用，2011，47（16）：52-57，103.

[13] HUAN J, WANG W, PRINS J. Efficient mining of frequent subgraphs in the presence of isomorphism[C]. Third IEEE International Conference on Data Mining. IEEE, 2003.

[14] 谢妞妞. 决策树算法综述[J]. 软件导刊，2015，14（11）：63-65.

[15] SAFAVIAN S R, LANDGREBE D. A survey of decision tree classifier methodology[J]. IEEE transactions on Systems, Man, and Cybernetics, 1991, 21(3): 660-674.